BIBLIOTHÈQUE
SCIENTIFIQUE INTERNATIONALE

PUBLIÉE SOUS LA DIRECTION

DE M. ÉM. ALGLAVE
L X

PHYSIOLOGIE

DES

EXERCICES DU CORPS

PAR

LE Dr FERNAND LAGRANGE

DEUXIÈME ÉDITION REVUE ET AUGMENTÉE

PARIS

ANCIENNE LIBRAIRIE GERMER BAILLIÈRE ET Cie

FÉLIX ALCAN, ÉDITEUR

108, BOULEVARD SAINT-GERMAIN, 108

1889

AVANT-PROPOS

Les questions que nous avons cherché à préciser dans la *Physiologie des exercices du corps* n'avaient pas encore été posées d'une façon bien nette ; mais peut-être étaient-elles, comme on dit, *dans l'air*. Beaucoup de bons esprits commençaient à s'apercevoir qu'une direction scientifique devenait nécessaire pour l'application rationnelle des divers procédés de la gymnastique.

Jusqu'à présent on s'était surtout appliqué à faire ressortir les avantages de l'exercice sous toutes ses formes, et à montrer d'une manière générale les ressources hygiéniques que peut fournir à tout le monde le travail musculaire ; mais il restait à déterminer la meilleure manière d'utiliser pour chacun ce précieux modificateur de la nutrition, et à préciser le rôle de l'exercice suivant l'âge, le sexe, les tempéraments, les diverses conditions de la vie sociale ; — il restait, en un mot, à établir des règles et à formuler des méthodes pour l'application rationnelle de l'exercice musculaire, selon les cas et les sujets.

Pour arriver à ce résultat il fallait étudier avant toute chose les modifications passagères ou durables que produit le travail musculaire dans l'organisme, et distinguer, parmi ces modifications très diverses, celles qui sont plus particulièrement dues à la forme spéciale de tel ou tel exercice, à l'intensité du travail, ou à sa localisation sur telle ou telle région du corps. Cette étude préalable était indispensable pour arriver à déterminer quel exercice s'adapte le mieux aux conditions diverses dans lesquelles peut se trouver le sujet.

Or, la physiologie seule peut nous donner ces notions premières sur lesquelles s'appuiera l'hygiéniste pour établir ensuite

la valeur comparative de chacune des formes de la gymnastique
ou du sport.

La physiologie de l'exercice musculaire est une science encore
toute nouvelle. Elle date, on peut le dire, des magnifiques travaux de M. Marey. A l'aide de la méthode graphique servie par
les procédés mécaniques les plus ingénieux et par la photographie instantanée, M. Marey a pu analyser avec précision les
allures naturelles de l'homme et des animaux ; il a ainsi établi
les véritables bases de la science des mouvements et tracé la
voie où doivent marcher les hygiénistes sous peine de faire
fausse route. Il est indispensable de faire exactement l'analyse
de chaque acte gymnastique avant d'en déduire son opportunité, ou, comme disent les médecins, son *indication* suivant les
cas et les sujets. Mais il est indispensable aussi d'établir par
une sorte de synthèse, toute la série des effets généraux utiles
ou nuisibles qui se font sentir sur les grandes fonctions organiques à la suite de l'exercice musculaire, et de montrer combien ces effets sont différents suivant la dose de travail effectué ; suivant la manière dont l'effort musculaire se localise dans
une région limitée, ou se généralise à tout le corps ; suivant que
l'exercice demande un grand déploiement de force, ou seulement de la vitesse, de la continuité dans le travail, etc.

Jusqu'à présent, il faut bien le reconnaître, l'application de
l'exercice à l'hygiène de l'homme n'a pas été guidée par des
notions physiologiques suffisantes. C'est par des hommes du
monde, des amateurs de sport, des gens de lettres, que sont
écrits la plupart des livres ayant trait aux exercices du corps, et
ces ouvrages, généralement riches en renseignements techni-
ques, ne sauraient fournir au médecin aucun document physiologique sérieux.

Ces travaux, malgré leur insuffisance, n'ont pourtant pas été
tout à fait inutiles, puisqu'ils ont enfin conduit l'esprit public à
admettre, au point de vue général, la haute importance hygiénique de l'exercice.

Il reste au médecin à établir la valeur comparative de chacun
des exercices usités, et à préciser, en s'appuyant sur des arguments physiologiques, la supériorité de chacun d'eux suivant les
circonstances et suivant les sujets.

Il lui resterait aussi, en bonne justice, à préciser les inconvénients et les dangers que peut présenter chaque exercice dans
certains cas ; mais on est, en général, fort mal accueilli quand

on s'avise de faire la critique rationnelle d'un exercice quel qu'il soit, car chacun d'eux a de fervents adeptes disposés à le défendre énergiquement sans admettre qu'il soit passible d'aucun reproche. C'est que tous les exercices du corps ont ce résultat commun de produire dans l'organisme une série d'effets généraux capables d'améliorer la santé et d'augmenter la force physique de l'individu. Aussi tout homme ayant pratiqué assidûment un exercice quel qu'il soit, conserve-t-il à cet exercice une certaine reconnaissance pour les bénéfices très réels qu'il en a retirés. De la reconnaissance à la partialité il n'y a qu'un pas et c'est ainsi qu'on entend proclamer tour à tour, suivant les amateurs auxquels on s'adresse, la supériorité de l'escrime, du canotage, de la marche, de la gymnastique aux appareils, etc.

Quant à ceux qui ne se cantonnent pas dans un exercice unique, mais qui les étudient en les pratiquant tous, ils s'aperçoivent bien vite qu'à côté des effets généraux qui sont communs à toutes les formes du travail musculaire, chaque variété de la gymnastique ou du sport peut avoir un effet local sur telle ou telle partie du corps, des effets spéciaux sur telle ou telle fonction de l'organisme, et enfin des influences très diverses sur le mouvement de nutrition et sur le développement de l'individu.

De là découle forcément cette conclusion que tous les exercices ne sont pas également recommandables dans tous les cas et pour tous les sujets. Il faut faire un choix parmi les différentes formes de la gymnastique suivant le résultat qu'on veut obtenir, et il n'y a pas d'une manière absolue un exercice qui soit meilleur que tous les autres : le meilleur exercice est celui qui produit les effets physiologiques les plus conformes au résultat cherché. Or les résultats qu'on cherche à obtenir à l'aide de l'exercice musculaire sont de nature très diverse. La gymnastique des sapeurs-pompiers, par exemple, a pour but de faire des sauveteurs agiles et hardis, capables d'exécuter les mouvements les plus difficiles, plutôt que des hommes de belle taille et de proportions régulières ; dans la gymnastique des jeunes filles, au contraire, on cherchera, je pense, à favoriser le développement régulier du corps et l'harmonie des formes, plutôt qu'à développer les aptitudes acrobatiques. L'escrimeur veut acquérir la précision des mouvements, la justesse du coup d'œil, l'accord parfait du cerveau avec la main, plutôt qu'il ne cherche à augmenter dans de grandes proportions sa force musculaire. De même l'équitation et beaucoup d'autres formes de sport vise

à développer chez l'homme certaines aptitudes tout à fait
spéciales.

Ces divers résultats de l'exercice devraient être soigneusement
distingués de ses effets purement hygiéniques, et sont pourtant
bien souvent l'objet d'une regrettable confusion.

L'application de l'exercice musculaire à l'hygiène de l'homme
exige la solution d'un double problème. Le médecin doit se
demander : 1° quelles modifications il serait désirable de produire dans la structure du corps ou dans le fonctionnement des
organes pour améliorer l'état physique de son sujet ; 2° quelle
forme de l'exercice serait la plus capable d'amener ces modifications dont il a reconnu l'opportunité. De ces deux questions,
l'une est du ressort de l'hygiène, et l'autre de celui de la physiologie.

Dans la voie qui doit conduire à la médication par l'exercice,
la physiologie du travail musculaire marque la première étape
à franchir : ce livre ne va pas au delà. Il cherche à étudier le
travail, ses effets locaux et généraux sur l'organisme sain et
normal, sans s'occuper des nuances particulières de santé ou de
maladie que peut présenter le sujet. Si on jugeait notre ouvrage
au point de vue de l'hygiène, on y trouverait bien des lacunes,
car il ne tient pas compte des différences individuelles que peuvent présenter les hommes, mais seulement des particularités
diverses qu'offrent dans leurs résultats les différentes formes de
l'exercice.

Aussi n'est-ce point ici un livre d'hygiène, mais une étude de
physiologie.

Un autre volume que nous préparons aura plus spécialement
pour objectif le point de vue d'application ; il aura pour titre le
Rôle hygiénique de l'exercice musculaire, et cherchera à préciser les indications des exercices du corps, et les services
qu'on peut attendre de chacune des formes de la gymnastique
ou du sport suivant l'âge, le sexe, le tempérament, le genre de
vie, etc.

Ce second livre sera le complément de celui-ci.

Limoges, le 1er mai 1888.

PHYSIOLOGIE

DES

EXERCICES DU CORPS

PREMIÈRE PARTIE

LE TRAVAIL MUSCULAIRE

LES ORGANES DU TRAVAIL — LES MOUVEMENTS. — LA CHALEUR. — LES COMBUSTIONS.

CHAPITRE PREMIER

LES ORGANES DU MOUVEMENT.

Exercice et travail. — Le muscle. — Le nerf ; théorie de l'avalanche. — La moelle
épinière ; les réflexes ; les mouvements inconscients. — Le cerveau ; les mouvements provoqués ; les mouvements voulus. — Les centres moteurs ; actes musculaires associés.
La volonté, agent du travail.
La contraction musculaire. — Trajet d'une excitation volontaire ; mode de transmission. — La vibration nerveuse et l'onde musculaire. — Durée de la transmission ; le
temps perdu ; la période d'excitation latente.

On appelle *exercice du corps* un travail exécuté dans le but de
perfectionner l'organisme humain au point de vue de la force,
de l'adresse ou de la santé.

Il n'y a scientifiquement aucune différence entre le labeur professionnel que le besoin impose au paysan ou à l'ouvrier, et
l'exercice plus ou moins élégant auquel s'adonne un *sportsman*.
Le manœuvre qui scie du bois, et le gentleman qui fait des
armes produisent tous les deux du *travail musculaire*. Mais
l'homme du monde fait de l'exercice à ses heures, règle à son
gré le temps qu'il y consacre et prend, suivant les préceptes de
l'hygiène, la nourriture et le repos, tandis que le pauvre hère travaille trop, mange mal et dort peu.

F. LAGRANGE.

C'est pour ces raisons que le travail épuise l'un, pendant que l'exercice fortifie l'autre.

Du reste, ce que l'ouvrier fait par nécessité, l'homme passionné pour les jeux violents peut le faire par excès d'ardeur. Dans les deux cas le résultat est le même, et l'abus d'exercice amène aussi bien que l'excès de travail l'épuisement et le surmenage.

Exercice du corps et travail sont donc synonymes au point de vue physiologique et nous les confondrons dans cette étude en les ramenant à leur acte fondamental, la *contraction musculaire*.

I.

Les agents immédiats du mouvement sont les *muscles*, faisceaux de fibres rougeâtres dont l'ensemble forme les masses charnues qui entourent les différentes pièces du squelette.

Les muscles entrent, comme poids, pour plus de moitié dans la structure du corps humain. De là l'importance de l'exercice musculaire comme modificateur de la nutrition. En effet, le travail change profondément la condition physiologique et la composition chimique des muscles, et beaucoup d'exercices font travailler à la fois toutes les régions musculaires du corps. On comprend ainsi que l'organisme puisse se trouver associé tout entier aux modifications survenues dans une masse si importante de tissus vivants.

Les tissus musculaires du corps sont divisés en faisceaux plus ou moins volumineux, de forme généralement allongée, et présentant deux extrémités dont chacune se termine le plus souvent par un tendon qui la rattache à un os. Chacune de ces divisions constitue un muscle, et chaque muscle se subdivise en faisceaux secondaires. Enfin, les faisceaux secondaires eux-mêmes se décomposent en *fibres primitives*, éléments fondamentaux de l'organe.

Les fibres primitives du muscle sont constituées essentiellement par une sorte de gaine membraneuse appelée *sarcolemme*, dont le contenu est le *suc musculaire*.

Le suc musculaire, ou *plasma*, est complètement liquide à une basse température.— Kühn en rapporte une curieuse preuve : il a vu un helminthe vivant nager dans l'intérieur d'une fibre primitive. —Mais on ne peut constater la fluidité du plasma que par les froids rigoureux qui congèlent les autres matériaux du muscle. Pour le voir à l'état liquide, il faut l'observer à — 3°. Il tend déjà à se coaguler à 0°, et, quand la température dépasse 45°, il passe tout à fait à l'état solide.

Le plasma ne se coagule pas seulement sous l'influence de la chaleur. Il tend aussi à se solidifier par le contact de certains acides, et notamment de l'acide lactique qui se forme dans les muscles en travail.

Nous verrons, en parlant des phénomènes de la fatigue, quel rôle important joue dans le surmenage aigu la coagulation des sucs musculaires sous l'influence de la chaleur excessive et des produits acides abondants qui se développent dans les muscles *forcés*.

Les muscles sont doués de la propriété de se *contracter*, c'est-à-dire de se raccourcir en rapprochant leurs extrémités, à la façon d'un cordon de caoutchouc distendu qui revient sur lui-même.

Quand un muscle se contracte, il attire à lui les os auxquels il est attaché. Grâce à des effets variés de levier, de poulie, de pivot, etc., qui se passent dans les articulations, ce mouvement fondamental de traction se transforme à l'infini, et les membres se fléchissent, se tendent, se tournent et se retournent dans tous les sens.

Les muscles sont chargés d'exécuter les mouvements ; mais ils ne peuvent les provoquer par eux-mêmes, sans le secours d'un agent qui les fasse entrer en contraction. La force contractile du muscle est une force latente comparable à celle de la poudre à canon qui ne peut détoner sans l'étincelle. Le muscle livré à lui-même reste inerte et ne peut sortir de son inaction, de son *repos*, s'il n'y est sollicité par un excitant quelconque.

L'excitant le plus habituel du muscle est la *Volonté*, mais beaucoup d'autres agents peuvent mettre en jeu ses propriétés contractiles. Toute action mécanique, physique ou chimique portée sur le muscle, un choc, une piqûre, une décharge électrique, le contact d'un acide énergique, etc., peut jouer le rôle d'excitant, et provoquer des contractions et des mouvements.

Pour mettre en jeu l'*irritabilité* du muscle, propriété grâce à laquelle l'organe excité entre en contraction, il suffit que l'agent excitant soit appliqué directement sur la fibre musculaire. Ainsi, sur un animal qu'on vient de sacrifier, il suffit de mettre un muscle à nu et d'en pincer fortement les fibres pour voir ce muscle se contracter et faire mouvoir les os auxquels il s'attache.

Au premier abord, on serait tenté de croire que la volonté, aussi bien que les autres excitants du muscle, agit directement sur l'organe moteur.

Le fait de vouloir et le fait d'agir paraissent si intimement liés l'un à l'autre qu'ils semblent se confondre. Au moindre commandement, notre main saisit un objet, le place ou le déplace, et obéit avec tant de ponctualité et de rapidité que la volonté semble exciter directement les muscles. Il n'en est rien, et cette faculté a besoin, pour leur transmettre ses ordres, d'un enchaînement très compliqué d'organes intermédiaires, sans lesquels son action est nulle.

Ces intermédiaires sont les *nerfs,* la *moelle épinière* et le *cerveau.*

Si on coupe les nerfs du bras, la volonté la plus énergique s'épuise en vain pour chercher à mouvoir le membre : les muscles ne se contractent plus.

On dit généralement que la section des nerfs moteurs *paralyse* les muscles. L'expression n'est pas exacte : ces muscles n'ont pas perdu la faculté de se contracter, mais ils sont soustraits à l'influence de la volonté, et ne reçoivent plus ses ordres. Sous l'influence d'autres causes d'excitation, ils continueraient à entrer en contraction et à faire mouvoir les os auxquels ils s'attachent. Si l'on électrise ces muscles qui semblent paralysés, si même on se contente de les pincer fortement, on y provoque des contractions et des mouvements.

Une section de la moelle épinière, une lésion du cerveau, ont aussi pour résultat de mettre les muscles hors de l'atteinte de la volonté, sans, pour cela, détruire leur contractilité.

La contractilité est une force inhérente au muscle et qui ne lui vient pas de son nerf moteur. Si l'on détruit avec soin tous les filaments nerveux qui se rendent à un muscle, celui-ci, réduit à ses seuls éléments, ne perd pas pour cela la faculté d'entrer en contraction sous l'influence d'une excitation quelconque.

Le muscle a une individualité et une puissance propres, en dehors de toute action nerveuse.

En détachant un muscle de la cuisse sur un chien qui vient d'être sacrifié, on peut faire exécuter du travail par ce muscle ainsi isolé et qui n'est plus qu'un lambeau du corps de l'animal. Si on fixe le muscle à un clou par une de ses extrémités, tandis qu'on attache à l'autre extrémité un poids qu'on laisse retomber verticalement, il suffit, le muscle étant ainsi tendu, de pincer fortement ses fibres, pour le voir entrer en contraction et soulever le poids.

Le muscle a une grande puissance de vie et conserve longtemps la faculté d'agir, pourvu qu'il reçoive une excitation suffisante. Aussi, dans beaucoup de cas, ne faut-il pas attribuer au système musculaire l'impuissance d'agir que manifeste un homme fatigué. Presque toujours, dans les actes habituels de la vie, c'est la volonté, — agent excitateur des contractions musculaires, — qui faiblit la première, bien avant que le muscle ait perdu ses propriétés contractiles sous l'influence d'un travail prolongé.

II

On peut comparer les *nerfs moteurs* aux fils métalliques destinés à conduire à un appareil récepteur l'électricité qu'ils reçoivent d'un appareil électro-moteur. Ils portent aux muscles les excitations émanant du cerveau. Ils leur portent aussi toutes celles qui peuvent leur venir des agents extérieurs. Un pincement, un choc électrique, le contact d'un acide, peuvent actionner le muscle par l'intermédiaire du nerf. Si l'on électrise un cordon nerveux, l'effet produit sur le muscle auquel se rend ce cordon sera identique à celui qu'on obtiendrait en électrisant directement le muscle.

La Volonté a besoin du secours des nerfs pour transmettre aux muscles l'ordre d'agir. Chez l'homme le plus vigoureux et le plus énergique, il suffit de couper un de ces petits filaments si grêles pour voir tomber dans l'inertie les muscles auxquels il se rend. La Volonté s'épuise alors en efforts inutiles et donne en vain des ordres répétés. Son appel n'est pas entendu.

C'est ainsi qu'entre deux postes télégraphiques la rupture des fils rend toute communication impossible.

Les nerfs n'ont, par eux-mêmes, aucune action capable de provoquer des mouvements. Ils ont pour rôle unique de transmettre aux muscles les excitations qui mettent en jeu leurs propriétés vitales.

Il faut dire pourtant que, suivant certains physiologistes, le nerf, outre le pouvoir de conduire une excitation qu'il reçoit, aurait encore celui de renforcer cette excitation.

D'après Pflüger, dans un nerf ébranlé soit par un choc mécanique, soit par une décharge électrique, soit encore par l'action de la volonté, il se passerait un phénomène que ce physiologiste appelle l'*avalanche nerveuse*. De même qu'un bloc de neige détaché d'un haut sommet grossit en descendant la pente du névé et présente, à son arrivée dans la vallée, une masse plus grande qu'au départ, ainsi l'excitation subie par le nerf se trouverait amplifiée par son passage à travers le cordon conducteur et arriverait au muscle beaucoup plus intense qu'elle n'a été produite à l'origine.

Le nerf serait donc un appareil de renforcement en même temps qu'un appareil conducteur : il augmenterait l'intensité des excitations qu'il transmet, comme le microphone augmente l'intensité des sons qui le traversent.

Si la théorie de Pflüger est exacte, et si le nerf a réellement le pouvoir d'amplifier les excitations qu'il conduit au muscle, il nous est permis de croire que ce pouvoir se développe par l'exercice, comme toutes les aptitudes physiologiques des organes qui travaillent. Les nerfs moteurs d'un homme qui se livre aux exercices du corps doivent donc devenir plus aptes à renforcer les excitations volontaires. Cette aptitude peut entrer pour une certaine part dans l'augmentation de force parfois surprenante qu'on observe chez les hommes *entraînés*, et qu'on ne peut pas toujours expliquer par l'accroissement des tissus musculaires ; elle permettrait d'obtenir avec un effort de volonté modéré une excitation plus intense de la fibre motrice, et, conséquemment, une contraction plus énergique.

Les nerfs ont, de tous les tissus nerveux, la structure la plus simple, car on n'y observe qu'un seul tissu fondamental, la *substance blanche*. Cette substance est constituée par des éléments allongés en forme de fibres creuses ou de *tubes* dans lesquels on aperçoit au microscope une sorte de filament qu'on appelle *cylindre-axe*. Dans les points où le nerf moteur se distribue au muscle, le cylindre-axe se termine par un épanouissement en forme de disque qu'on appelle *la plaque motrice* et qui se confond intimement avec les parois d'enveloppe des dernières fibrilles musculaires. La plaque motrice est le trait d'union qui unit le nerf au muscle. C'est par elle que s'établit la communication entre l'organe moteur et le conducteur qui lui porte les ordres de la volonté.

III.

La *moelle épinière* semble formée par la réunion de tous les nerfs du tronc et des membres. Elle a la forme d'un gros cordon blanc, auquel viennent aboutir aussi bien les nerfs sensitifs que les nerfs moteurs, et qui se continue avec le cerveau, dont elle est en quelque sorte un prolongement.

Deux substances entrent dans sa composition : l'une est blanche comme le tissu des nerfs, l'autre présente une coloration grise.

La *substance blanche* forme les couches extérieures de la moelle. Elle présente la même structure élémentaire que les nerfs, et offre les mêmes propriétés conductrices que ces organes ; mais, étant formée par des fibres nerveuses sensitives, aussi bien que par des fibres motrices, elle a des propriétés mixtes : sa région postérieure est conductrice des impressions sensitives, tandis que sa région antérieure transmet les excitations motrices.

Par sa substance blanche, la moelle épinière ne diffère nullement des nerfs. Si on la sectionne transversalement, les mouvements volontaires sont abolis dans tous les muscles qui reçoivent leurs nerfs des parties situées au dessous de la section. Si, au contraire, on pince fortement ou si on électrise ses cordons antérieurs, on provoque des contractions involontaires dans les muscles innervés par les points sur lesquels porte l'excitation.

La *substance grise* fait de la moelle un *centre nerveux*, c'est-à-dire un organe capable non plus seulement de conduire une excitation motrice, mais encore de provoquer spontanément un mouvement dans le système musculaire. Elle est formée par des cellules irrégulièrement sphériques présentant des prolongements filamenteux qui les mettent en communication les unes avec les autres, et qui les rattachent aussi anatomiquement et physiologiquement aux tubes nerveux moteurs et sensitifs. La *cellule nerveuse* est l'élément le plus élevé dans la hiérarchie des tissus vivants : quand on la rencontre dans un point du système nerveux, on peut être sûr que cette région est douée d'une puissance propre et ne relève d'aucune autre.

Le pouvoir propre de la moelle épinière se révèle par la faculté qu'elle a de provoquer des excitations motrices dans les muscles sans le secours du cerveau, et sans l'ordre de la volonté.

Des animaux décapités peuvent faire spontanément des mouvements, pourvu que leur moelle épinière soit intacte.

Un canard auquel on vient de couper la tête bat des ailes et peut même marcher quelques pas.

Sur le corps d'un homme qui vient d'être décapité, si on pince fortement le bras ou la jambe, ces membres se retirent comme si le supplicié sentait l'impression subie par la peau, et cherchait à s'y soustraire.

Tous ces mouvements ont l'apparence des mouvements voulus; ils sont cependant inconscients et involontaires, comme tous ceux qui s'exécutent sans le concours du cerveau.

Pour donner une idée du pouvoir de la moelle épinière réduite à son action propre, et agissant sans l'aide du cerveau, on ne peut mieux faire que de citer la curieuse expérience qui suit:

« Si on coupe la tête à une grenouille, l'animal s'agite et se
« tord pendant un instant, puis s'arrête. Il resterait toujours immo-
« bile s'il était tenu sous une cloche, dans un milieu humide, à
« l'abri de toute excitation. Mais si l'on touche une de ses jambes,
« ou si on laisse tomber dessus une goutte de vinaigre, la gre-
« nouille cherche aussitôt à fuir et à éloigner la cause qui a
« troublé son repos. Verse-t-on la goutte de vinaigre sur la jambe
« gauche, elle cherche à s'essuyer avec la droite, et *vice versa*. »

A première vue, cela paraît intelligent, et la grenouille semble avoir fait acte de volonté consciente; si on poursuit l'expérience, on voit pourtant que le mouvement de la grenouille dépourvue de cerveau n'est qu'une *réponse mécanique* à une excitation vive, et nullement un acte calculé en vue d'échapper à un danger.

« Goltz et Portes, ayant pris une grenouille, enlevèrent le cer-
« veau et puis la plongèrent dans l'eau contenue dans un vase de
« verre. En la touchant, ils la virent nager comme pour fuir, et
« sauter même hors du vase. Ayant ensuite réchauffé l'eau très
« lentement, de manière à arriver sans transition brusque à une
« température très élevée, la grenouille ne bougea pas, ne cher-
« cha pas à sauter hors du vase, et finalement se trouva cuite,
« sans avoir fait aucun acte qui indiquât qu'elle eût conscience
« du danger (1). »

Les mouvements de la grenouille décapitée sont des mouvements *réflexes*.

Dans les mouvements réflexes, la volonté n'intervient pas.

(1) Mosso, *la Peur*. Paris, Félix Alcan

L'excitant de l'acte musculaire est une sensation qui remonte tout le long du nerf sensitif jusqu'à un point donné de la moelle épinière d'où part un nerf moteur. La fin du nerf sensitif et le commencement du nerf moteur se rencontrent dans une même cellule de la moelle, d'où part un troisième filet nerveux se dirigeant vers le cerveau.

Quand l'impression sensitive, au lieu de cheminer vers la tête par ce troisième filet ascendant, s'arrête dans la moelle épinière, celle-ci la renvoie transformée en mouvement dans la direction du muscle, où le nerf moteur la conduit. L'impression se *réfléchit* sur le centre moteur et revient sur elle-même au lieu de continuer sa route, comme se réfléchissent les ondes sonores de la voix, qui, se heurtant contre un mur, reviennent en arrière pour donner naissance à l'écho.

On peut dire qu'un mouvement réflexe est l'*écho* d'une impression sensitive.

Il n'est pas nécessaire que le cerveau soit détruit pour que les mouvements réflexes se produisent : il suffit qu'il ne prenne pas part à l'acte musculaire. Dès lors, celui-ci n'est plus *voulu* et se produit inconsciemment, comme on l'observe chez un homme endormi, ou même chez un homme préoccupé, qui, suivant une expression aussi vulgaire que juste, a « la tête ailleurs » et ne songe pas à ce qu'il fait. On voit tous les jours un homme préoccupé dépasser en marchant le seuil de sa porte, où il se proposait pourtant d'entrer. On dit qu'il est distrait et que ses jambes agissent par un mouvement *automatique*. Ce mouvement automatique de la marche a été d'abord très laborieusement appris par l'enfant, puis il est devenu d'une exécution si facile que le cerveau n'y prend aucune part. La sensation que produit le sol sur la plante du pied, quand il s'y repose, détermine, par effet réflexe, un mouvement de l'autre membre qui vient à son tour se poser en avant du premier, et ainsi de suite. Cette succession régulière des mouvements des jambes qui sont tantôt reposées sur le sol, tantôt enlevées de terre, peut se faire sans que la volonté y prenne part et sans que le cerveau en ait conscience.

Dans les exercices du corps, une foule de mouvements peuvent devenir automatiques par l'habitude, et il arrive que, pendant leur exécution, la volonté peut s'occuper ailleurs sans participer à l'action des muscles. C'est alors la moelle épinière seule qui préside à ces mouvements, en dehors de toute intervention du cerveau.

Nous aurons l'occasion, en parlant des applications thérapeutiques de l'exercice, de mettre à profit les notions sommaires que nous venons d'exposer. Nous ferons ressortir l'importance qu'il y a pour l'homme surmené par le travail de tête à rechercher de préférence les exercices automatiques, qui n'exigent pas l'entrée en jeu du cerveau.

La moelle épinière peut dans bien des cas, grâce à son pouvoir auto-moteur, suppléer le cerveau, et présider seule à des mouvements très compliqués. Mais son intégrité absolue est nécessaire pour l'accomplissement des mouvements automatiques ou réflexes. Si on introduit la tige d'un stylet dans le canal vertébral d'une grenouille fraîchement décapitée, on anéantit complètement son pouvoir réflexe, par suite de la destruction de la moelle que l'instrument déchire. L'animal perd à l'instant même toute faculté de réagir en présence d'un agent qui mettrait en jeu la sensibilité de la peau; on ne peut obtenir des mouvements dans ses membres qu'en excitant directement les muscles ou leurs nerfs moteurs.

IV.

Le *Cerveau* a la forme d'une masse arrondie, grisâtre et molle. Il est composé, comme la moelle épinière, de substance blanche et de substance grise, et renferme, comme elle, des tubes nerveux et des cellules. Mais, — à l'inverse de ce qu'on observe pour la moelle, — la substance grise occupe la périphérie, l'*écorce* du cerveau, tandis que la substance blanche se trouve au centre. De plus, dans l'épaisseur de la substance blanche, se trouvent des noyaux importants de tissu gris, indiquant la présence, dans certaines régions centrales de l'organe, des cellules nerveuses, foyers d'activité propre.

Dans le cerveau, comme dans la moelle, la substance blanche est conductrice des excitations reçues, tandis que le pouvoir d'émettre spontanément des excitations motrices est dévolu à certaines cellules de la substance grise.

La substance grise du cerveau peut, comme celle de la moelle, manifester son activité propre par des effets réflexes. Le cerveau donne naissance à des nerfs moteurs et à des nerfs sensitifs, et une impression sensitive peut donner lieu à un mouvement réflexe dans les muscles animés par les nerfs craniens. — C'est ainsi que, chez un animal fraîchement décapité, une goutte de vinaigre appliquée sur la surface de l'œil provoque un resserrement des paupières.

Le cerveau est donc, comme la moelle épinière, un centre de motilité réflexe ; mais il est de plus un centre de motilité *volontaire*.

C'est là, au point de vue des mouvements, la caractéristique du cerveau : le cerveau enlevé, tout acte musculaire *voulu* disparaît avec lui.

Il n'est pas nécessaire d'enlever la totalité du cerveau pour ôter à un animal la faculté de manifester sa volonté par des actes conscients. Il suffit pour cela de détruire totalement la substance grise, car c'est au sein de cette substance que s'élaborent les excitations volontaires dont l'essence nous est, jusqu'à présent, inconnue. On est parvenu à conserver vivants des chiens privés de cette portion du cerveau, et on a pu s'assurer que tous leurs mouvements sont alors des actes réflexes commandés par les impressions du milieu où ils vivent, et dirigés par l'habitude. Ils ne se meuvent plus que par *automatisme*.

Le cerveau a, comme la moelle épinière et les nerfs moteurs, a propriété de transmettre les excitations mécaniques ou électriques qu'il subit. Mais il est facile de prévoir les effets que produira sur les organes du mouvement l'excitation d'un nerf, parce qu'on sait bien à quels muscles au juste ce nerf se distribue, tandis qu'il est souvent difficile de préciser l'effet d'une excitation motrice portée sur le cerveau. On ne sait pas toujours, en effet, à quels groupes de muscles correspondent les fibres nerveuses sur lesquelles porte l'action de l'excitant qu'on emploie. De là les résultats souvent inattendus, et quelquefois si bizarres, des blessures qui atteignent le cerveau.

On voit quelquefois, à la chasse, des animaux blessés exécuter des mouvements singuliers.

La perdrix, par exemple, dont un plomb a perforé certaines régions du crâne, s'élève tout d'un coup dans les airs à une grande hauteur en ligne droite, et retombe morte.

Nous avons eu, un jour, l'occasion d'observer un lièvre blessé qui se mit à tourner sur lui-même avec rapidité. Le mouvement se faisait autour de l'axe longitudinal du corps; c'est-à-dire que l'animal semblait se mouvoir autour d'une tige rigide qui l'aurait traversé de la tête à la queue. Il nous sembla d'abord que le lièvre blessé cherchait à fuir et nous étions surpris de la manière mala-

droite dont il s'y prenait pour s'échapper. Mais nous fûmes bientôt
convaincu que ses évolutions singulières étaient tout à fait involontaires; elles étaient produites par une impulsion irrésistible.
Le lièvre avait reçu un plomb dans la tête, et ce plomb, perforant
le crâne, avait atteint un des pédoncules du cervelet. Le choc
subi par les fibres nerveuses motrices avait excité tous les
muscles avec lesquels elles se trouvaient en communication, et
ces muscles, entrant aussitôt en contraction, avaient communiqué
à l'animal ce mouvement *giratoire* dans lequel sa volonté n'entrait pour rien.

D'autres blessures du cerveau peuvent provoquer divers effets
de motricité non moins surprenants. C'est ainsi qu'en piquant
certains points déterminés de l'encéphale, on produit un mouvement dit de *manège* par lequel l'animal blessé se met à tourner
non plus sur lui-même, mais en décrivant un cercle, comme un
cheval dans un cirque.

Ces mouvements sont encore mal expliqués en physiologie,
mais ils prouvent au moins qu'une excitation portée sur un seul
point très localisé du cerveau peut provoquer des contractions
dans plusieurs groupes musculaires à la fois.

C'est que, par suite d'une curieuse disposition anatomique, un
grand nombre de fibres nerveuses motrices rayonnant vers des
muscles différents peuvent émaner d'un même département très
circonscrit de la substance cérébrale. De cette façon, une excitation
qui agit sur une très petite surface de l'organe peut être transmise
simultanément à plusieurs groupes de muscles, de même qu'à
l'aide de communications multiples établies par un réseau de fils,
un seul bouton peut mettre en action en même temps la sonnerie
de plusieurs timbres électriques.

En 1874, M. Ferrier fit voir qu'en électrisant certaines circonvolutions cérébrales, on provoquait des mouvements soit dans les
yeux, soit dans la langue, soit dans le cou de l'animal en expérience. Il appela *centres moteurs* ces points du cerveau dans
lesquels semblent venir se concentrer toute une série de fibres
nerveuses motrices correspondant à des groupes musculaires
bien déterminés, et quelquefois très étendus.

Un médecin américain, le docteur Batholow, avec un mépris du
sujet humain que nous n'avons pas encore en France, a reproduit,
sur un blessé dont le cerveau était mis à nu par un coup de feu, les
expériences que M. Ferrier avait faites sur des chiens. Il a pu
constater que chez l'homme, aussi bien que chez les animaux, il

y a des centres moteurs, des points bien circonscrits du cerveau qui tiennent sous leur dépendance les mouvements de toute une région du corps.

Cette localisation dans un point restreint du cerveau, de la faculté motrice, pour tout un groupe musculaire, explique la solidarité qui unit certains muscles et la difficulté qu'on éprouve à faire agir les uns sans les autres. La volonté, par exemple, ne peut faire contracter isolément *un* muscle fléchisseur ou *un* muscle extenseur. Quand elle commande, le groupe associé obéit tout entier. Quelquefois pourtant les mouvements associés sont dans une connexion moins intime, et on peut, par une tension très grande de la volonté et surtout par un apprentissage journalier, arriver à dissocier deux mouvements habituellement unis.

V.

Nous avons passé en revue les organes du mouvement. Le nerf, la moelle épinière et le cerveau sont autant d'instruments de transmission échelonnés entre le muscle et la volonté.

Le cerveau, avec ses centres moteurs, peut se comparer à une sorte de clavier dont chaque touche correspondrait à un certain groupe de muscles, et sur lequel la volonté viendrait frapper avec plus ou moins d'intensité, suivant qu'elle veut provoquer un effort musculaire plus ou moins énergique.

Comment s'établit la communication entre la volonté, force d'ordre psychique, et une substance matérielle telle que la substance grise des circonvolutions cérébrales? C'est là un problème qui rentre dans celui des rapports du physique avec le moral, et qui n'a pas encore été résolu. Mais, quel que soit son mode d'action, la volonté est un facteur des plus importants dans l'exécution des mouvements, une des forces les plus actives parmi celles qui entrent en jeu dans le travail musculaire.

Le muscle est doué d'une force motrice, mais il faut qu'un agent étranger intervienne pour mettre cette force en action.

De même, un arc renferme en lui une énergie propre, capable de lancer la flèche; mais un archer est nécessaire pour mettre en jeu la force élastique du bois. — La volonté est aussi nécessaire pour actionner le muscle, que le bras de l'archer pour bander l'arc et décocher le trait.

La volonté est l'agent excitateur du mouvement, et le mouvement se produit toujours avec une vigueur proportionnelle à celle de l'agent qui l'excite. Un muscle restera inerte si on cherche à l'actionner à l'aide d'un courant électrique trop faible ; il sera de même incapable d'agir s'il est sollicité par une volonté sans énergie. Ne voit-on pas des hommes vigoureux perdre tout à coup leur force musculaire quand leur volonté est paralysée par une émotion dépressive, telle que la peur ? — Une passion excitante au contraire, comme la colère, augmente le pouvoir des muscles, parce qu'elle stimule la volonté.

Ainsi s'explique la différence si grande que présentent dans leur puissance de travail deux sujets également musclés. L'un, mieux doué au point de vue de la volonté, pourra faire sortir de ses muscles une force que l'autre y laisse en quelque sorte endormie.

La volonté n'a aucune prise directe sur le muscle, pas plus que sur la moelle épinière et le nerf moteur. Elle ne peut agir directement que sur la substance grise des circonvolutions cérébrales. Elle est impuissante à actionner la fibre musculaire sans le secours du cerveau, seul organe avec lequel elle soit en rapport immédiat.

Le cerveau est donc un organe aussi indispensable à l'exécution des mouvements volontaires qu'à l'accomplissement des travaux intellectuels, et il ne faut pas attribuer exclusivement aux occupations d'esprit le privilège de faire travailler cet organe. Les exercices de corps exigent son concours toutes les fois qu'ils demandent l'intervention de la volonté.

Par quel mécanisme un ordre de la volonté se transmet-il au muscle, à travers les fibres conductrices du cerveau, de la moelle épinière et des nerfs ?

On admet aujourd'hui que la *volition*, ou mise en action de la volonté, produit un ébranlement moléculaire des cellules de la substance grise, et que cet ébranlement, gagnant de proche en proche les filets nerveux moteurs, va se communiquer par leur intermédiaire aux fibres du muscle. Ce mouvement a été comparé à l'ondulation qui se produit à la surface d'une eau tranquille, et envahit peu à peu toute la nappe liquide dès qu'un seul point de la masse vient à être ébranlé par un choc.

La production d'un mouvement ondulatoire n'a pu être matériellement démontrée dans la substance du cerveau, pas plus que dans la moelle épinière et les nerfs : elle reste pour ces organes à l'état d'hypothèse très vraisemblable.

En revanche, on a pu l'observer très nettement dans le muscle. « Il a été observé, sur des muscles encore vivants, qu'il se « forme, aux points que l'on excite, des saillies ou nodosités qui « courent ensuite tout le long du muscle, comme une onde à la « surface de l'eau (1). »

A l'aide d'appareils enregistreurs ingénieusement construits, M. Marey a pu tracer le graphique de l'*onde musculaire*. Aéby, en 1862, avait déjà prouvé que, sur l'animal vivant, le gonflement du point excité se transporte aux extrémités des muscles avec une vitesse d'environ un mètre par seconde.

Chaque excitation subie par le muscle donne à cet organe une *secousse* qui se traduit par une onde musculaire. Si les excitations se succèdent rapidement, il peut arriver que la première ondulation dure encore au moment où la seconde se produit. On voit alors les deux renflements courir l'un à la suite de l'autre sur le muscle excité. Mais si les excitations se répètent avec une très grande vitesse, il y a fusion entre les ondes musculaires, qui se confondent en un seul renflement occupant tout le muscle. Celui-ci se trouve alors uniformément gonflé et raccourci : il est en état de *contraction*.

Entre le moment où la volonté commande une contraction, et le moment où le muscle se contracte, il s'écoule toujours un temps appréciable. Ce temps est rempli par divers actes physiologiques, et en premier lieu par la transmission de la vibration nerveuse. L'ébranlement parti des cellules cérébrales n'arrive pas instantanément au muscle. Il doit traverser d'abord les fibres de la substance blanche du cerveau, puis la moelle épinière, puis enfin toute la longueur du cordon nerveux qui le transmet à la fibre musculaire. La longueur de ce trajet peut s'évaluer en centimètres, et on sait, par les expériences d'Helmholtz, que la vibration nerveuse se propage avec une vitesse de 35 mètres environ par seconde. Il est donc facile de calculer, sur ces données, combien de centièmes de seconde devront s'écouler, par exemple, entre le moment où un homme *veut* fléchir son pied, et le moment où le pied se fléchit.

Mais si l'on fait exactement ce calcul et qu'on veuille en comparer les résultats avec ceux que donne l'observation directe, on

---

(1) MAREY, *la Machine animale*. Paris, Bibl. Scient. intern.

remarque un retard dans la contraction du muscle. Un intervalle appréciable sépare l'instant où l'appel de la volonté arrive au muscle et l'instant où celui-ci y répond par un mouvement.

Cette période, pendant laquelle le muscle déjà excité n'est pas encore entrée en contraction, s'appelle *temps perdu* ou *période de contraction latente.*

La période de contraction latente ne présente pas toujours la même durée. Beaucoup de circonstances peuvent la faire varier, mais l'intensité de l'excitation reçue par le muscle est la condition la plus efficace pour abréger le *temps perdu.* A une excitation faible, le muscle obéit lentement, paresseusement ; à un choc énergique succède au contraire une prompte contraction.

C'est une loi physiologique établie par Helmholtz, que *la longueur du temps perdu est en raison inverse de l'intensité de l'excitation reçue par le muscle.*

Quand la volonté ordonne au muscle d'agir, celui-ci obéit d'autant plus promptement, que le commandement se traduit par un ébranlement plus violent de la substance nerveuse.

Nous verrons plus loin le parti qu'on peut tirer de ces données physiologiques pour expliquer la grande déperdition de force nerveuse occasionnée par certains exercices qui ne représentent d'ailleurs qu'une médiocre dépense d'énergie musculaire, mais qui exigent l'obéissance instantanée des muscles à l'ordre de la volonté : l'escrime par exemple.

CHAPITRE II.

LES MOUVEMENTS.

I.

Le moindre mouvement exécuté par la Machine Humaine nécessite l'entrée en jeu d'un grand nombre de rouages. Quand un muscle se contracte, il arrive toujours que les muscles voisins, souvent même des muscles très éloignés, agissent avec lui et s'associent à son travail.

Analysons ce qui se passe dans un mouvement aussi simple que possible.

Pour qu'on puisse mouvoir l'avant-bras, il faut que le bras soit fixé, afin de lui fournir un point d'appui. Le bras lui-même doit être immobilisé sur l'épaule, et l'épaule sur la colonne vertébrale et le thorax. Mais le thorax et la colonne vertébrale étant supportés par le bassin et celui-ci par les membres inférieurs, tout le corps est obligé de s'associer au mouvement de l'avant-bras. — De la tête aux pieds, tous les muscles participent au travail le plus insignifiant et le plus localisé.

Le moindre mouvement tend à déplacer le centre de gravité du corps. Pendant le travail des membres, la colonne vertébrale, longue tige osseuse qui représente l'axe du corps, oscille comme le fléau d'une balance, à droite ou à gauche, en avant ou en arrière, pour compenser le déplacement occasionné par le fardeau qu'on soulève ou par le mouvement qu'on exécute.

Les membres inférieurs s'associent presque toujours aux mouvements des membres supérieurs, et, dans beaucoup de cas, l'homme tire en réalité de ses jambes la force qui parait venir de ses bras.

— « Quand j'avais mes deux jambes, disait un zouave amputé, je donnais un fameux coup de poing! » — Et le zouave avait raison. Un coup de poing bien asséné est *appuyé* par tout le corps. L'effort qui lance en avant la main fermée commence dans le jarret qui se tend, puis gagne la cuisse qui projette le tronc dans la direction du coup à donner; les muscles des reins transmettent le mouvement au thorax, et les muscles du thorax à l'épaule qui, à son tour, fouette l'avant-bras et le poing en leur transmettant la somme de force à laquelle a contribué le corps tout entier.

C'est ainsi que chaque **mouvement** musculaire peut retentir très loin du point où il semble localisé. Il en résulte qu'un exercice produit quelquefois des effets très marqués sur une région du corps où on ne songerait pas à les chercher.

Les muscles d'un même membre agissent presque toujours tous à la fois dans l'exécution d'un mouvement, et pourtant, dans chaque membre, une moitié des muscles a généralement une action diamétralement opposée à celle de l'autre moitié. Dans l'avant-bras, les muscles de la face antérieure ont pour action de fléchir les doigts et de fermer le poing : ce sont les fléchisseurs. Ceux de la face postérieure sont extenseurs et tendent à ouvrir la main. On dit pour cette raison que les uns sont les *antagonistes* des autres.

Dans l'exécution d'un mouvement, jamais un muscle n'agit sans que son antagoniste entre en contraction, pour lui faire subir une sorte de pondération et de contrôle. Cette opposition est nécessaire pour modérer, diriger et rectifier le mouvement.

Quand deux hommes conduisent une charrette à bras sur une route en pente, et se mettent, l'un devant pour tirer, l'autre derrière pour retenir, on peut dire que l'action du premier est antagoniste de celle du second. Leurs efforts en sens inverse sont combinés pour que la charrette n'avance ni trop lentement, ni trop vite, et suive une marche régulière. De même, deux muscles antagonistes sont les régulateurs l'un de l'autre ; quand ils se font opposition dans une juste mesure, les mouvements sont précis et bien *coordonnés*.

La coordination des mouvements se perfectionne par l'exercice, mais souvent elle est instinctive et parfaite dès la naissance pour certains actes naturels. Le poussin à peine sorti de la coquille atteint du premier coup de bec la graine qu'il a visée, et l'enfant ne tâtonne pas pour trouver le degré de contraction des lèvres et de la langue nécessaire à l'acte de la succion.

Pour les mouvements d'un exercice quelconque, il est nécessaire de faire un apprentissage quelquefois fort long. Bien des études sont nécessaires avant qu'un pianiste n'arrive à porter son doigt sur la touche voulue avec autant d'aisance que le poulet porte le bec sur son grain de mil. C'est grâce au *sens musculaire* que nous pouvons faire l'éducation des muscles antagonistes et réussir, après des tâtonnements plus ou moins longs, à en réaliser le parfait accord.

Le sens musculaire est le sentiment que nous avons de la force avec laquelle un muscle se contracte, et de la direction dans laquelle il agit. C'est grâce au sens musculaire que nous pouvons porter la main ou le pied sur le point précis que nous avons l'intention de toucher. C'est grâce à lui que nous proportionnons la dépense de force à la résistance à vaincre. Ce sens nous guide indépendamment de la vue, et nous permet d'atteindre les yeux fermés les objets dont nous connaissons exactement la situation : différents points de notre corps, par exemple.

Il y a une maladie caractérisée par l'abolition du sens musculaire et le défaut de coordination des mouvements : c'est l'*ataxie locomotrice*. L'ataxique ne sait plus donner à ses muscles une impulsion conforme au mouvement qu'il leur demande. S'il veut prendre doucement un objet, sa main le dépasse, ou le heurte et le renverse. S'il veut faire quelques pas, ses jambes sont projetées violemment en avant, de côté, en haut. Il a l'air de vouloir frapper quelqu'un du pied, plutôt que de chercher à marcher.

L'homme bien portant peut arriver, en exerçant son sens musculaire, à des résultats surprenants. L'adresse des jongleurs, et des équilibristes, est due à la culture de ce sens et à l'éducation des muscles antagonistes.

Dans tous les exercices du corps, les muscles antagonistes jouent un rôle des plus importants, et il est impossible de comprendre certains faits de la fatigue si on ne se rend pas compte de leur action. Autant les muscles antagonistes facilitent le

mouvement quand ils ont une action précise et modérée, autant
ils peuvent l'entraver quand ils entrent en jeu d'une façon exagérée ou mal à propos.

Supposons que les fléchisseurs et les extenseurs du bras
entrent en contraction avec une égale énergie, le membre sollicité par deux forces égales dans deux directions opposées restera
immobile. Il est facile de comprendre que cette immobilité ne
sera pas le repos. Ce sera la *contracture* ou contraction *statique*,
ainsi nommée par opposition à la contraction *dynamique* qui
s'accompagne de mouvements. Il est prouvé que la contraction
statique des muscles produit plus de fatigue et fait augmenter
la température du muscle plus promptement que la contraction
dynamique (1).

En langue vulgaire, la contraction statique s'appelle la *raideur*. Dans les exercices de corps, les contractions exagérées et
maladroites des muscles antagonistes produisent la raideur des
mouvements. C'est le défaut de tous les commençants et le
cachet de l'inexpérience dans un travail d'adresse. — « Pas de
raideur dans les doigts, » — dit-on au jeune pianiste. — « De la
souplesse dans le poignet, » — répète le maître d'armes à son
élève. On demande du *liant* au cavalier, et on défend au rameur
de se *contracter*.

Un homme inhabile dans l'exercice qu'il pratique fait une
dépense de force double ou triple de celle qui est nécessaire. C'est
là une difficulté pour *doser* la quantité réelle de travail effectué,
et le médecin qui donne un conseil en matière d'exercice doit
toujours tenir compte de l'éducation musculaire de son sujet.

Il faut avoir pratiqué soi-même les exercices du corps pour se
rendre compte de l'économie de travail qui résulte d'un mouvement bien coordonné. La dépense musculaire n'est pas diminuée
seulement dans les exercices d'adresse ; elle devient moindre
aussi dans les exercices qui semblent ne demander que de la force
brutale : le fait de soulever un poids, par exemple.

Tous les mouvements demandent un apprentissage, parce que,
ainsi que nous le disions en commençant, il n'y a pas de mouvements isolés. Un membre aide l'autre, et l'attitude du corps
facilite ou entrave le jeu du bras et des jambes.

Pour que toutes les parties qui concourent à l'exécution d'un
mouvement y prennent une part réellement utile, il faut une

(1) BÉCLARD, *Physiologie.*

sorte de discipline qui attribue à chaque muscle son rôle particulier. La Volonté qui commande a sous ses ordres une foule d'agents qu'il n'est pas facile de faire agir du premier coup avec ensemble. L'homme qui exerce ses muscles est pareil à un général qui fait manœuvrer ses troupes pour les avoir dans la main au jour de la bataille.

Ainsi s'explique l'augmentation apparente de la force musculaire à la suite de certains exercices. Il y a certainement augmentation réelle de la puissance de contraction dans le muscle qui travaille tous les jours, mais souvent cette augmentation paraît si rapide qu'on serait embarrassé pour l'expliquer si on ne songeait pas à faire intervenir l'éducation, nous allions dire le *dressage* des muscles.

II.

Quand un homme soulève de terre un lourd fardeau, on voit la respiration se suspendre, la face rougir, les veines du cou et du front se gonfler. On dirait qu'au moment où toute la force du corps se déploie, un lien invisible vient étreindre le cou et faire obstacle en même temps à la circulation de l'air dans les poumons et au cours du sang dans les veines.

Les phénomènes qui accompagnent un acte musculaire très énergique ressemblent en effet beaucoup à ceux qui pourraient résulter d'une constriction exercée sur la gorge, et d'un commencement de strangulation. Toutes les fois qu'on fait *effort*, les voies aériennes se ferment et les vaisseaux du thorax sont comprimés.

Le portefaix qui veut charger un fardeau sur ses épaules le saisit d'abord, puis, avant de l'enlever de terre, il s'arrête un très court instant comme pour se préparer au mouvement. Ce temps d'arrêt est utilisé par des préliminaires importants.

Avant l'exécution du mouvement, une profonde inspiration doit être faite. L'air est attiré en grande quantité dans le poumon, et le larynx se ferme aussitôt pour l'empêcher d'en sortir. La poitrine se gonfle. Les côtes se trouvent ainsi écartées et repoussées en haut, mais en même temps il se produit une énergique contraction des muscles abdominaux qui tend à les attirer en bas. L'air qui gonfle les poumons se trouve ainsi soumis à une compression vigoureuse, et les parois du thorax, repoussées en haut d'une part, attirées en bas d'autre part, se trouvent immobilisées par l'action simultanée des deux forces de direction inverse qu'elles subissent.

L'immobilisation des parois thoraciques est le but cette sorte de lutte des forces antagonistes de la respiration qui oppose les muscles expirateurs aux muscles inspirateurs, et qu'on appelle en physiologie l'*effort*. Les côtes, devenues momentanément immobiles, peuvent présenter un point d'appui fixe et solide à tous les muscles qui s'y attachent, et en particulier aux grandes masses musculaires qui meuvent les bras, la colonne vertébrale et le bassin; ces muscles entrent alors énergiquement en jeu, et le fardeau est soulevé.

Aussitôt l'acte musculaire accompli, la poitrine se dégonfle. L'air qui s'y trouvait retenu en est expulsé brusquement, en produisant une sorte de soupir bruyant qui indique la fin de l'*effort*.

L'effort est un acte physiologique qui associe intimement entre eux un grand nombre de muscles et d'os pour les faire concourir au même mouvement, et qui, de plus, associe violemment au travail musculaire deux grandes fonctions de l'économie : la respiration et la circulation.

On regarde généralement l'effort comme un phénomène intimement lié aux très grands déploiements de force. Il peut pourtant se produire dans bien des cas où la quantité de travail effectué est très faible. La condition essentielle de la production de l'effort, c'est la nécessité de donner à la contraction d'un groupe musculaire toute la force dont ce groupe est capable.

Chaque fois qu'un homme veut mettre dans un acte musculaire, aussi localisé soit-il, toute l'énergie possible, on voit inévitablement cet acte s'accompagner d'une série de faits physiologiques dont le résultat final est la suspension des mouvements respiratoires.

Regardez un homme qui presse fortement une noix dans sa main pour la casser. Si les doigts sont très vigoureux et la coque peu résistante, la contraction musculaire reste localisée dans l'avant-bras, et rien n'est dérangé dans le fonctionnement normal des organes. La physionomie reste calme et la respiration n'est pas troublée : la noix est brisée *sans effort*. Mais si la coque résiste et que l'homme fasse appel à toute sa force, on voit la contraction musculaire gagner le bras, puis l'épaule, et s'étendre enfin au cou, à la poitrine et à l'abdomen. La respiration se suspend, la face se congestionne, les veines du front et du cou se gonflent et font saillie ; et quand la noix est enfin brisée, une sorte de gémissement se produit, semblable à celui du portefaix qui a soulevé de terre un fardeau.

On est, au premier abord, surpris qu'un acte dans lequel les fléchisseurs des doigts sont, en somme, les seuls muscles directement mis en jeu, puisse nécessiter l'entrée en contraction de muscles très éloignés, et on ne comprend pas du premier coup que, pour fermer la main avec toute l'énergie possible, il faille contracter les muscles de l'abdomen.

C'est que le corps est formé d'une multitude de pièces mobiles, et qu'un muscle ne peut donner toute sa force contractile si l'une de ses extrémités ne prend pas appui sur un point fixe. Il faut donc, si on veut fixer l'avant-bras, que le bras soit immobilisé sur l'épaule, celle-ci sur le thorax, et le thorax lui-même sur le bassin. Or ce résultat ne peut être atteint sans qu'une grande masse d'air soit retenue dans le poumon, car le poumon gonflé d'air comprimé est le seul point d'appui fixe que puissent trouver les pièces osseuses mobiles du thorax. Le poumon rempli d'air forme une sorte de coussin résistant sur lequel les muscles de l'abdomen appliquent fortement les côtes en les attirant en bas.

C'est ainsi que, par un enchaînement de contractions musculaires successives, des mouvements localisés dans l'extrémité des membres peuvent demander le concours des muscles abdominaux et des côtes, et déterminer en définitive la compression du poumon et des organes thoraciques et abdominaux, en un mot tous les résultats de l'*effort*.

L'effort, phénomène si complexe, qui associe les grandes fonctions de l'organisme aux actes musculaires les plus localisés, résulte donc de l'impossibilité de fixer un os des membres sans que tous les os qui composent le tronc soient complètement immobilisés. Son but est de faire du thorax, du cou et du bassin un tout rigide et résistant, de souder en une seule pièce le système articulé que représente le tronc.

Une perturbation profonde se produit toujours dans l'organisme pendant l'effort, car cet acte entrave momentanément la respiration et la circulation.

Le poumon sert de point d'appui aux côtes et subit une pression proportionnée à l'intensité du travail. Le premier résultat de cette pression énergique, c'est de distendre les cellules pulmonaires remplies d'air, d'où possibilité des déchirures de leur paroi.

Mais le poumon lui-même transmet la pression qu'il subit aux organes qui l'avoisinent, les gros vaisseaux, le cœur. Le sang est refoulé dans les veines caves et reflue dans les veines périphériques, qui se gonflent et deviennent saillantes au cou et au front. Les capillaires sont gorgés de sang et la circulation est momentanément interrompue dans les organes, le cerveau, le poumon.

Les grosses artères et le cœur lui-même subissent aussi l'influence de l'effort ; le calibre de l'aorte peut être momentanément effacé, et les battements du cœur suspendus pendant un instant par la compression qu'il subit. La tension du sang se trouve fortement augmentée dans les veines et dans les artères pendant la durée de l'effort. Aussi voit-on souvent les efforts prolongés donner lieu à des ruptures de capillaires veineux, quelquefois même à des déchirures de veines d'un fort calibre. Dans les efforts les plus modérés, la stase sanguine, la congestion passive momentanée des organes internes ne peuvent être évitées.

III.

Le mécanisme de l'effort nous a montré combien il est difficile aux grandes fonctions organiques de s'isoler du travail des muscles, quand ceux-ci se contractent avec une très grande énergie. Mais il n'est pas nécessaire que le travail soit très intense et que l'effort se produise pour que toute l'économie subisse l'influence de la contraction musculaire. Nous allons voir que la mise en action des muscles amène toujours des modifications importantes dans le fonctionnement des grands appareils de l'organisme, et cela quelle que soit la modération de l'acte musculaire effectué.

Si on étudie le cours du sang dans les artères d'un muscle en travail, on constate que le liquide y circule avec une plus grande activité qu'au moment du repos. Ce résultat s'observe, aussi minime que soit le travail effectué, et aussi peu volumineux que soit le muscle agissant.

Ainsi un instrument enregistreur spécial étant adapté à l'artère nourricière du *masseter* d'un cheval, si on note la vitesse du cours du sang à divers moments, on remarque une accélération très manifeste du courant au moment où l'animal fait agir le muscle, — pour mâcher l'avoine, par exemple. — Il se fait un afflux plus considérable du liquide sanguin vers l'organe en travail, et le *débit* de son artère nourricière se trouve augmenté.

Mais tout ne se borne pas là. L'accélération constatée dans la région vasculaire qui fournit le sang au muscle se propage bientôt de proche en proche aux gros vaisseaux, puis au cœur, et à tout l'arbre circulatoire. Au bout de quelques minutes le sang circule dans toutes les artères, même les plus éloignées de la tête, avec la même vitesse que dans celles de la mâchoire, et, finalement, les mouvements si limités de la mastication se trouvent avoir produit une augmentation de la fréquence du pouls. On comprend combien ce résultat doit être plus prompt et plus intense quand le mouvement, au lieu de se localiser dans un petit groupe de fibres contractiles, s'étend à des masses musculaires puissantes, ainsi qu'il arrive dans les exercices violents.

L'accélération du pouls pendant le travail est le résultat d'une sorte d'aspiration du sang vers les muscles qui se contractent. C'est une loi de la vie que tout organe en activité attire à lui une plus grande quantité de liquide nourricier qu'à l'état de repos. On a constaté la vérité de cette loi même dans les glandes qui sécrètent. On ne peut descendre à l'explication intime de ce phénomène ; on se borne à constater qu'il est général et que tout stimulant d'une fonction vitale est cause d'un afflux du sang vers l'organe qui entre en activité. — *Ubi stimulus*, *ibi fluxus*. — Telle est la formule qui exprime le fait sans l'expliquer.

Ainsi l'excitation produite par l'influx nerveux sur la fibre contractile attire au muscle une plus grande quantité de sang, et, pour fournir ce surcroît de liquide, la masse sanguine est attirée avec plus de vitesse vers l'élément excité. L'accélération du pouls est un phénomène physiologique, et non, comme on pourrait le croire au premier abord, un fait mécanique. Ce n'est pas la pression des muscles gonflés par la contraction qui active la circulation dans les artères : c'est plutôt une sorte d'aspiration exercée par les muscles devenus plus avides de liquide sanguin.

Cette explication se confirme par les indications que donne le manomètre mis en communication avec une artère. L'instrument accuse une diminution de tension dans le vaisseau au moment du travail (Chauveau, *Comptes rendus de l'Académie des sciences*. 1857). La pression serait augmentée, au contraire, si l'accélération était due au refoulement du sang par les muscles.

La contraction musculaire peut cependant être invoquée comme cause mécanique capable d'accélérer le cours du sang dans les veines et les vaisseaux capillaires. La pression qui résulte du gonflement des muscles en action peut ainsi devenir un facteur de l'accélération du courant sanguin pendant le travail. Elle n'en est, en tout cas, qu'un facteur accessoire.

Quelles qu'en soient les causes, l'accélération du cours du sang pendant l'exercice est un fait constant. Il est constant, par conséquent, que les organes sont traversés à ce moment par une plus grande quantité de ce liquide. Il y a congestion active de tous les organes au cours de l'exercice violent; de là, fonctionnement plus intense.

Il ne sera pas sans intérêt d'étudier d'après les faits les conséquences de la congestion active qui accompagne tout mouvement très énergique. Cette congestion active est la période réellement utile des exercices du corps, celle à laquelle ils doivent leur pouvoir fortifiant. Un homme qui se trouve dans cette période de suractivité de tous ses organes bénéficie d'une augmentation considérable de toutes les forces nutritives. Tous les organes et tous les tissus du corps sont le siège d'une circulation plus active, et nous savons que la nutrition d'un organe est en proportion de la quantité de sang qui s'y porte.

Sous l'influence de la quantité plus grande de liquide sanguin qui traverse le poumon, cet organe, solidaire du cœur, active son jeu pour introduire dans l'économie une plus grande quantité d'air. Les combustions vitales, grâce à ce surcroît d'oxygène, sont plus énergiques et plus complètes. — Si l'on nous permet une image vulgaire, l'exercice augmente l'intensité des combustions vitales, comme le rideau d'une cheminée baissé sur le foyer active la combustion du bois en augmentant le tirage.

La durée de cette période salutaire de l'exercice est très variable suivant les individus. Chez les uns il faut une dépense musculaire considérable pour obtenir cet épanouissement de la force vitale dû aux congestions actives : ce sont les natures fortes et habituées à l'exercice. Pour les natures faibles, pour les personnes accoutumées à l'immobilité complète, à l'inaction des muscles, le moindre mouvement, la moindre promenade produisent ces résultats. L'homme de cabinet appelle exercice le jeu de billard ; pour le pugiliste qui s'entraîne en vue d'un combat de boxe, l'exercice des *haltères* est un jeu qui le distrait sans fatigue.

L'effet le plus intéressant peut-être de cette congestion active des organes sous l'influence de l'action musculaire est celui qu'en ressent le cerveau. Tous les penseurs ont remarqué que l'exercice physique favorise le travail cérébral. Les Péripatéticiens discutaient en marchant, et trouvaient plus facilement leurs arguments quand le corps était échauffé par la promenade. — « La marche et le mouvement, dit J.-J. Rousseau, favorisent le jeu du cerveau et le travail de la pensée. »

L'excitation du cerveau peut aller très loin sous l'influence de la congestion active déterminée par l'action musculaire. On peut se griser de mouvement, et, chez certains cerveaux prédisposés soit par leur organisation native, soit par des idées exaltées ou par des passions, l'exercice musculaire est souvent le prélude d'actes analogues à ceux de l'ivresse et même de la folie. Les danses des sauvages, les contorsions des derviches tourneurs, amènent, sans le secours d'aucune boisson alcoolique, un état de surexcitation cérébrale capable de produire les phénomènes nerveux les plus violents.

On raconte que nos ancêtres les Gaulois, au milieu de l'excitation d'une bataille, étaient pris quelquefois d'une sorte d'ivresse qui les rendait furieux et insensibles aux blessures.

Sans aller jusqu'à l'ivresse, l'exercice, au début, produit chez tout le monde une excitation légère, une sorte d'*entrain*. La jeune fille qui danse se *met en train* et passerait la nuit et le jour, oubliant la fatigue : un quart d'heure de valse la met dans le même état qu'un verre de champagne. Le cheval vigoureux se met en train par un léger temps de galop et s'anime quelquefois si fort qu'il subit une sorte de vertige et *s'emballe*.

Tous ces faits sont le résultat d'une légère congestion cérébrale. Les effets apparents de l'exercice sur l'individu sont, du reste, semblables à ceux que produit l'alcool : même teint animé, mêmes yeux brillants, même allure décidée.

L'exercice a un effet excitant sur toutes les fonctions organiques, parce qu'il active la circulation du sang dans tous les organes. Le sang fait subir à tous les points de l'économie l'excitation que la volonté a envoyée aux muscles pour les faire agir, et cette excitation est d'autant plus marquée que le sang s'échauffe par le frottement contre les parois des vaisseaux qu'il parcourt avec plus de rapidité, et qu'un sang échauffé devient plus excitant.

Ainsi, pendant que les membres se meuvent, les organes internes ne peuvent rester dans l'inertie, et l'organisme entier fonctionne avec plus d'énergie sous l'influence de la contraction musculaire.

CHAPITRE III.

LA CHALEUR.

I.

Le corps humain a été comparé, en tant que source de mouvement, à une machine fonctionnant par la chaleur. On sait qu'aucune machine ne crée de la force. Les moteurs les plus parfaits ne font que transformer une force en une autre. Le moteur humain transforme de la chaleur en mouvement.

Dans la machine à vapeur, il est facile de remonter de l'effet à la cause. Le mouvement des roues est dû à une tige mise en action par le piston ; le piston obéit à la pression de la vapeur d'eau, et celle-ci doit sa force d'expansion à la chaleur qu'elle a absorbée. Enfin la chaleur elle-même est due à la combustion du charbon. La combustion du charbon se trouve, en dernière analyse, l'origine du mouvement de la locomotive.

Pour le corps, le pouvoir moteur des muscles ne vient pas du nerf, ni de la moelle épinière, pas plus que du cerveau. Nous savons que ces trois organes ne font que transmettre aux muscles l'impulsion de la volonté. La volonté elle-même n'est pas la source de la force motrice : elle commande le mouvement et fait entrer la machine en action, comme le Mécanicien donne l'impulsion première à la locomotive en ouvrant le robinet de la vapeur. Mais il serait aussi absurde de dire que la Volonté produit la force musculaire que d'attribuer au Mécanicien la force de traction et la vitesse de sa machine.

Le fait initial et la condition *sine qua non* du mouvement est, dans le corps humain aussi bien que dans toute machine thermique, la production de la chaleur. Le corps produit de la chaleur en brûlant des matériaux tirés de lui-même.

La combustion de nos tissus est pour nous une dépense nécessitée par le mouvement. Comment est employée cette dépense, et comment le muscle utilise-t-il la chaleur produite ? Le problème est loin d'être résolu ; mais on sait que, dans le corps comme dans la machine, il y a une corrélation intime et un rapport constant entre la quantité de chaleur dépensée et la quantité de travail effectué. Le travail musculaire est, comme le travail de tout appareil thermodynamique, soumis au principe de l'*équivalence mécanique* de la chaleur.

Le travail, en mécanique, se mesure à l'aide d'une unité appelée *kilogrammètre*, et la chaleur avec une unité appelée *calorie*. Le kilogrammètre est la quantité de travail nécessaire pour élever un poids d'un kilogramme à un mètre de hauteur, et la calorie est la quantité de chaleur nécessaire pour élever d'un degré la température d'un kilogramme d'eau.

Les physiciens disent que l'équivalent mécanique de la chaleur est égal à 425 kilogrammètres. Cela signifie que la quantité de chaleur nécessaire pour porter de 0° à 1° un kilogramme d'eau serait capable, en se transformant en travail, d'élever à un mètre de haut un poids de 425 kilogrammes.

Telle est la théorie ; mais en pratique il y a toujours beaucoup de travail perdu, et les appareils les plus parfaits n'utilisent guère que neuf ou dix centièmes de la chaleur produite : le reste se perd, dans la machine qui s'échauffe. Dans le corps humain, la chaleur perdue au point de vue du travail est considérable, et, le corps absorbant celle qui n'est pas utilisée, sa température augmente pendant l'exercice musculaire.

Étant donnée la quantité énorme de chaleur perdue pendant le travail des muscles, il est étonnant au premier abord que le corps où se répand cette chaleur n'atteigne pas une température plus haute. On ne signale guère, en effet, que 1° à 2° de plus chez l'homme qui fait un travail violent, que chez l'homme qui se repose.

Cette égalité constante dans la température du corps humain est due à un appareil régulateur dont est pourvu l'organisme et dont voici le mécanisme.

Quand le corps s'échauffe, les vaisseaux sanguins de la surface du corps se dilatent et reçoivent une grande quantité de sang venu de l'intérieur des organes. Aussi voit-on toujours, chez l'homme qui a chaud, la peau rougir et gonfler. Le sang, qui s'est porté à la peau, se refroidit très vite par rayonnement, et, comme la circulation est très active dans un corps qui travaille, le liquide qui vient de perdre sa chaleur est aussitôt remplacé par une autre ondée sanguine qui se refroidit à son tour. En quelques minutes tout le sang de l'économie vient ainsi se rafraîchir à la peau.

La surface cutanée n'a pas seulement, comme moyen de réfrigération, le rayonnement calorifique, elle a aussi la transpiration et l'évaporation cutanées. Tout le monde connaît le pouvoir réfrigérant d'un liquide qui s'évapore. Tout le monde peut constater aussi le bien-être qui suit la production de la sueur quand on travaille par une température élevée. (1).

En cas de refroidissement excessif, le mécanisme est inverse de celui que nous venons d'exposer. Les vaisseaux capillaires se resserrent sous l'influence du froid, et rétrécissent leur calibre, chassant violemment vers l'intérieur des organes la masse du liquide sanguin. Dans la profondeur des tissus, le sang, préservé du froid extérieur, peut conserver sa chaleur.

On dit ordinairement que le travail produit de la chaleur dans le corps ; c'est l'inverse qu'il faudrait dire : la chaleur est la cause et non l'effet du travail. Il faut chauffer une machine à vapeur avant de la faire fonctionner, et un temps assez long s'écoule toujours entre le moment où le feu est allumé et celui où la locomotive marche. Dans notre organisme, les choses demandent moins de temps, mais le travail n'est pas absolument instantané, et il y a toujours un intervalle appréciable entre la *volition* et l'exécution d'un mouvement. Ce temps est utilisé par une série d'opérations dans lesquelles les combustions, source de la chaleur vitale, doivent tenir leur place.

Il n'y a pas de contraction musculaire sans production de chaleur. Si l'on enfonce dans un muscle une aiguille reliée à un appareil thermo-électrique, et qu'on fasse contracter ce muscle, on voit l'appareil accuser aussitôt une élévation de température.

(1) La surface cutanée n'est pas la seule région de l'économie où se fait la réfrigération du sang. Ce liquide se refroidit aussi dans les poumons et cela par deux procédés différents: 1° contact de l'air froid avec le sang par l'intermédiaire des capillaires pulmonaires ; 2° exhalation de la vapeur d'eau éliminée par la respiration.

On sait bien l'importance de la chaleur pour produire du mouvement, mais on ne sait pas comment et par quel mécanisme la chaleur agit sur le muscle pour le faire entrer en contraction. Agit-elle directement sur les fibres contractiles pour les faire raccourcir mécaniquement, ainsi qu'elle le fait pour certaines substances élastiques? Quelques physiologistes ne sont pas éloignés de le croire.

« En échauffant un muscle on change sa forme et on le voit se « raccourcir en se gonflant. Ces effets disparaissent quand le « muscle est refroidi.

« La fibre musculaire n'est pas seule à posséder cette pro-« priété de transformer la chaleur en travail. Le caoutchouc, par « exemple, se comporte d'une manière analogue; on peut même, « avec cette substance, imiter jusqu'à un certain point les phé-« nomènes musculaires.

« Si l'on prend un morceau de fil de caoutchouc non vulcanisé, « et si, en l'étirant entre les doigts, on arrive à lui donner 10 ou 15 « fois sa longueur primitive, on voit changer l'apparence de ce « fil qui devient blanc et nacré. En même temps le fil s'échauffe « d'une manière énergique et tend énergiquement à revenir sur « lui-même, de sorte que si on lâche une de ses extrémités, il « revient instantanément à sa longueur première et retombe à sa « température initiale. C'est la chaleur sensible qui a disparu « pour devenir travail mécanique. En effet, si l'on plonge dans « l'eau le fil ainsi étiré, de manière à lui enlever sa chaleur, il « reste pour ainsi dire figé dans l'allongement et ne développe « aucun travail mécanique.

« Mais si on prend le fil ainsi allongé et qu'on lui rende sa cha-« leur, on le voit revenir sur lui-même avec une force considé-« rable.

« Le fil de caoutchouc ainsi refroidi, si on le charge d'un poids, « ne tend plus à le soulever; mais si on saisit le fil entre les « doigts, on le sent, à mesure qu'il s'échauffe à leur chaleur, se « gonfler et se raccourcir en soulevant le poids : il y a production « de travail mécanique.

« Si l'on échauffe ainsi le fil en divers points, on crée une série « de gonflements dont chacun soulève le poids d'une certaine « quantité. Enfin, si on le chauffe dans toute son étendue, le fil « revient à ses dimensions primitives, sauf le léger allongement « que produit le poids suspendu.

« De profondes analogies rapprochent ce phénomène de ceux

« qui se passent dans le tissu musculaire. Ces analogies m'ont
« paru remarquables ; il semble qu'elles ouvrent des aperçus
« nouveaux sur les origines du travail musculaire (1). »

II

Les expériences de laboratoire ne conduisent pas toujours à
des conclusions applicables aux faits vulgaires ; cependant tout
le monde a pu se rendre compte de l'influence de la température
sur les mouvements du corps.

Par un froid très vif, quand on a l'*onglée,* on ne peut se servir
des muscles de la main, et si on plonge le bras pendant quelques
minutes dans l'eau glacée, il en résulte une paralysie momentanée
de tout le membre.

On a plus d'aptitude aux exercices de corps en été qu'en hiver.
Les professeurs de gymnastique, qui ne sont jamais à court d'ex-
plications, disent qu'en été le corps est *plus souple.* Ce n'est pas
une question de souplesse qui fait que le muscle agit mieux
quand il est échauffé. Pour presser entre les doigts un dynamomètre, il n'est pas nécessaire d'avoir de la souplesse : on constate
pourtant une très grande différence dans le chiffre amené par la
pression, suivant que les muscles sont refroidis ou échauffés.

La chaleur produit dans les fibres musculaires un commencement de contraction, ou du moins une aptitude à entrer plus
vite en action sous l'influence de la volonté. Un muscle échauffé
semble avoir emmagasiné, en quelque sorte, une force latente. On
a constaté que le *summum* de l'aptitude à se contracter se manifeste pour les muscles de l'homme vers 40°. Il en résulte que
l'homme dont les muscles se rapprochent de cette température
est plus vite en possession de tous ses moyens et peut donner du
premier coup toute sa force.

Un exercice du corps s'exécute avec plus de vigueur et d'aisance
quand la chaleur du travail a fait monter la température des muscles. Ce fait est tellement connu qu'il y a des expressions vulgaires
pour le caractériser. On dit d'un homme qui commence un exercice de force ou d'adresse et dont les mouvements n'ont pas encore acquis toute leur vigueur ou toute leur précision, qu'il n'est
pas encore *échauffé.*

(1) Marey, *la Machine animale.*

On pourrait citer des exemples à l'infini pour établir la nécessité d'un travail préalable destiné à échauffer le muscle avant l'exécution d'un exercice musculaire demandant une grande dépense de force.

Il est intéressant de voir que la nature a donné aux animaux et à l'homme l'instinct de ces mouvements préparatoires quand il s'agit d'attaquer ou de se défendre.

La colère est, en principe, le prélude d'une agression contre un ennemi, et l'animal ou l'homme qui veulent attaquer font une série de gestes qui sont en quelque sorte une préparation de leurs moyens d'action. Le chien retrousse ses lèvres pour découvrir les canines qui vont mordre, et l'homme prend instinctivement une attitude favorable à la lutte. « La tête est droite, la « poitrine effacée, les pieds s'appuient solidement sur le sol. Les « bras prennent des positions diverses : tantôt ils restent raides « le long du corps, tantôt ils se fléchissent ; mais on voit ordi- « nairement les poings se fermer, du moins chez les peuples qui « ont l'habitude de combattre à coups de poing, les Européens, « par exemple (1). »

Suivant nous, la colère a évidemment pour but, ainsi que le dit Darwin, de préparer un homme ou un animal à la lutte ; mais elle ne l'y prépare pas seulement en lui faisant prendre une attitude favorable à la stratégie de l'attaque ou de la défense, elle l'y prépare surtout en lui faisant faire des mouvements qui élèvent la température du corps. De tout temps on a remarqué que, chez un homme irrité, le corps s'échauffe, et la locution : « *bouillant de colère* », est passée dans le langage usuel. Quand la colère n'est pas assez violente pour échauffer spontanément les muscles, l'homme et l'animal font d'instinct une série de mouvements qui, tout en exprimant une menace à l'adresse de leur adversaire, tendent à augmenter la chaleur vitale et à porter le corps au degré de température le plus favorable à l'action. Tout le monde a remarqué que les gestes sont d'autant plus exubérants que l'homme est moins décidé à attaquer. Si la colère est réellement très violente, les gestes sont inutiles ; l'homme, arrivé au paroxysme de la fureur, ne perd pas son temps à gesticuler, il fond immédiatement sur son ennemi. Ses muscles ont acquis, par le fait seul de l'accélération du cours du sang, la température qu'il leur faut pour agir.

---

(1) DARWIN, *l'Expression des émotions.*

F. LAGRANGE.

Les gestes de la colère sont en réalité des mouvements violents qui en très peu de temps font monter la température du corps au degré voulu pour que les muscles aient leur summum d'action. Ces gestes se retrouvent chez tous les animaux. Ils ne peuvent s'expliquer d'une manière satisfaisante, si l'on n'admet pas qu'ils sont un travail préparatoire, ayant pour but de mettre l'animal en possession de sa faculté d'agir. Le lion qui se bat les flancs de sa queue, le taureau qui laboure la terre de ses cornes ne font pas autre chose qu'un cheval de course qui prend son *canter*. Quand on donne un petit galop au cheval quelques minutes avant la course, on fait monter d'un degré la température de ses muscles : c'est une locomotive qu'on chauffe.

On retrouve ce travail préparatoire des muscles dans tous les exercices qui demandent de la vigueur ou de l'adresse. Le pianiste fait quelques gammes, ou prélude par quelques *traits* avant d'attaquer son grand morceau. En escrime on tire le *mur* avant de commencer l'assaut. Dans l'exercice de la Boxe Française, qui demande un grand déploiement de force et d'agilité, les mouvements du *salut* durent plusieurs minutes. Le but de tous ces mouvements préliminaires est d'élever la température des muscles agissants. Un muscle qui a travaillé est un muscle qui s'est échauffé, et un muscle échauffé est déjà le siège d'un commencement de contraction qui facilite l'action de la volonté, comme la vitesse acquise par un corps lourd rend plus efficace l'impulsion qu'on ajoute à celle qu'il avait déjà.

Le coup de collier d'un cheval qui *démarre* une voiture immobile est toujours plus pénible que celui qu'il donne pour accélérer le mouvement du véhicule en marche et pour passer du pas au trot. Le muscle échauffé est déjà entré en état de demi-contraction : la volonté a toute facilité pour augmenter et diriger son action.

Bien des faits d'observation vulgaire s'expliquent par cette action de la chaleur sur le muscle. On sait que le sommeil abaisse la température du corps : chez les animaux hybernants qui dorment tout l'hiver, la température descend de $+ 37°$ à $+ 20°$. La contractilité musculaire baisse dans les mêmes proportions. A l'aide des appareils enregistreurs, M. Marey a obtenu des tracés graphiques indiquant la forme et l'intensité de la secousse musculaire chez la marmotte. Il a remarqué une différence considérable entre le moment où l'animal vient de sortir de son sommeil et le moment où il est bien réveillé. La température et l'énergie musculaire augmentent en même temps.

Chacun peut remarquer sur soi-même un certain engourdissement des membres au sortir du lit. Les animaux qu'on surprend
dans leur sommeil sont toujours assez longtemps à trouver toute
leur énergie musculaire, et n'ont pas, au départ, la vitesse qu'ils
acquièrent après quelques secondes de fuite. Quand un lièvre
déboule et essuie deux coups de fusil qui ne l'atteignent pas, le
chasseur maladroit le croit presque toujours blessé. Il semble
incapable de courir et ses premiers pas sont si lents qu'un chien
pourrait le prendre ; mais au bout de quelques mètres, les illu-
sions du tireur novice se dissipent : l'animal est réchauffé et file
comme un trait.

La chaleur est donc un élément indispensable à la contraction
musculaire. Il ne faut pas pourtant que la température atteigne
un degré trop élevé, car alors, au lieu d'augmenter l'activité des
muscles, la chaleur la détruit. Pour l'homme et les mammifères,
il n'y a plus de contraction dans un muscle qui atteint $+ 45°$. A
cette température, les combustions vitales attaquent trop profondément les tissus musculaires et détruisent d'une manière définitive leurs propriétés : le muscle meurt.

L'excès de travail musculaire suffit pour amener l'organisme à
cette température à laquelle le corps ne peut vivre. C'est une des
raisons pour lesquelles un animal meurt *forcé*. Si le travail devient
excessif, il arrive à produire une telle quantité de chaleur que le
rayonnement par la surface du corps et l'évaporation des liquides
de l'économie ne peuvent plus suffire à ramener la température
dans les limites compatibles avec la vie. Le sang surchauffé est
mortel pour les centres nerveux : l'animal dont le corps s'est surchargé de calorique sous l'influence d'une course trop prolongée
meurt dans des conditions analogues à celles d'un homme frappé
d'insolation sous le soleil du tropique.

CHAPITRE IV.

LES COMBUSTIONS.

I.

Travail et chaleur ne vont pas l'un sans l'autre dans la machine animale. Or il se fait en nous un travail incessant. Pendant le repos, et même pendant le sommeil, les organes internes ne restent jamais inactifs. Le cœur bat et dépense une force considérable pour chasser le sang dans les vaisseaux ; la poitrine se soulève et s'abaisse pour la respiration ; l'estomac et les intestins sont animés de mouvements péristaltiques pour faire cheminer les aliments.

Le travail du corps humain est donc continu et se poursuit nuit et jour ; il ne s'arrête qu'à la mort, et, à ce moment seulement, s'éteint le foyer de la chaleur animale.

Il n'y a pas de vie possible sans chaleur.

La chaleur d'où la machine humaine tire la force nécessaire à son fonctionnement est due à des combustions, qui se produisent à l'intérieur de l'organisme. On appelle *combustion*, en chimie, la combinaison de deux ou plusieurs corps entre eux avec production de chaleur et de lumière.

C'est évidemment en donnant beaucoup d'extension au mot de combustion, et en le prenant presque dans un sens figuré, qu'on a pu l'apliquer aux phénomènes qui produisent l'échauffement du corps pendant le travail. Les combinaisons chimiques qui se passent en nous ne s'accompagnent pas de lumière. Les phénomènes qui produisent la chaleur vitale ressemblent plutôt à ceux de la fermentation qu'à ceux de la combustion proprement dite. Ils sont plus semblables, par exemple, à ce qui se passe dans une masse de foin mouillé dont la température s'élève, qu'aux phénomènes observés dans un foyer qui flambe.

Les sources de la chaleur vitale sont donc des combinaisons chimiques, et ces combinaisons varient à l'infini.

On a admis longtemps que toutes les combustions de l'organisme avaient lieu par l'action de l'oxygène sur les tissus vivants. Aujourd'hui on admet toujours l'importance capitale de l'oxygène dans les combinaisons chimiques qui sont les sources du travail; mais on a reconnu que d'autres corps entrent pour une certaine part dans les actes vitaux capables de produire de la chaleur : l'hydrogène, par exemple.

De plus, beaucoup des réactions chimiques auxquelles est due la chaleur s'accomplissent par simple dédoublement d'une substance en deux corps dont les éléments se trouvaient contenus dans le premier. D'autres fois la combinaison se borne à l'hydratation d'une substance qui absorbe quelques équivalents d'eau, ou bien à sa déshydratation par perte de ces équivalents (E. Lambling, *les Origines de la chaleur et de la force*).

Le problème des combustions vitales s'est donc beaucoup compliqué ces derniers temps; on peut dire qu'il s'est aussi un peu embrouillé, et qu'il est difficile d'en donner en quelques mots un résumé clair et net. C'est un chapitre de physiologie qu'on écrit à nouveau, et dont la conclusion ne peut être, pour le moment, formulée.

Tout ce qu'on peut dire, c'est que le travail incessant des organes internes, qui constitue la vie, est la transformation d'une force, la chaleur. Cette force elle-même est due à des réactions chimiques qui mettent en liberté le calorique renfermé à l'état latent dans les molécules dont sont composés les organes du corps, et dans les aliments qui servent à l'entretien des organes.

Les réactions chimiques qui mettent en liberté et rendent sensible au thermomètre l'énergie calorique latente se font aux dépens de deux ordres de substances : les substances alimentaires

que la digestion introduit dans le sang, et les substances organiques faisant partie de notre corps et qui s'en détachent pour
faire place aux matériaux nouveaux puisés dans l'alimentation.

Certains produits de la digestion, à peine passés dans le sang,
sont utilisés pour subir des combinaisons chimiques d'où résulte
de la chaleur, et, après avoir été modifiés dans leur composition
chimique par cette combustion, ils sont expulsés du corps sans
avoir pris place d'une manière stable dans nos organes. Ils ne font
que traverser l'organisme en s'y transformant.

Le lendemain d'un repas trop plantureux, on peut voir au fond
du vase où l'urine a été conservée un dépôt diversement coloré en
blanc jaunâtre, en rouge brique. Ce dépôt est formé par des substances chimiques très différentes, assurément, des mets qui ont
été absorbés la veille; mais il résulte de la transformation des matières alimentaires en produits nouveaux qui ont été rejetés au
dehors parce qu'ils étaient en quantité excessive et que les organes
du corps ne pouvaient en faire leur profit. — Voilà un cas où les
aliments ont fourni les éléments des combustions vitales.

D'autres fois au contraire, les combustions se produisent aux dépens des éléments qui font partie intégrante du corps. Un homme
à jeun depuis deux jours qui exécute un travail musculaire violent
ne peut alimenter la chaleur considérable nécessitée par ce travail,
à l'aide des produits de la digestion. Pourtant cet homme peut
présenter dans les urines, à la suite du travail, des dépôts semblables, comme apparence et comme composition chimique, à ceux
de l'homme qui avait trop bien dîné.—Cette fois les combinaisons
chimiques qui ont donné naissance à la chaleur, et qui ont
produit du même coup les déchets éliminés par l'urine, ces combinaisons, disons-nous, ne sont pas faites aux dépens des substances introduites du dehors dans l'organisme, mais aux dépens
de l'organisme lui-même et des tissus qui le constituent.

Puisque l'organisme est fait de toutes pièces avec des matériaux puisés chaque jour dans l'alimentation, il n'est pas étonnant
que les substances alimentaires aient leurs analogues, comme
composition chimique, dans l'organisme même, et que les éléments du corps puissent suppléer, en cas de jeûne, aux éléments
habituellement fournis par la nourriture.

C'est ainsi que les sources chimiques de la chaleur, et par
conséquent les forces d'où provient le travail, peuvent tirer leur
origine soit des aliments, soit des molécules qui composent le
corps.

La machine animale est construite de façon à pouvoir fonctionner longtemps sans le secours d'un apport extérieur. Nous en avons tous les jours la preuve dans les maladies qui mettent le sujet à une diète forcée de plusieurs semaines. Nous en avons même eu une démonstration retentissante par l'expérience à laquelle se sont soumis deux excentriques (1), dont l'un a pu rester cinquante jours sans prendre aucune nourriture, et se livrer malgré cela à des exercices du corps.

Le corps peut donc fournir des éléments aux combinaisons chimiques, sources de la chaleur et du travail musculaire, et cela sans le secours de l'alimentation. Mais si ces éléments étaient fournis aux dépens des organes qui sont les rouages essentiels de la machine, on comprend que celle-ci serait très promptement détériorée et usée. Aussi y a-t-il dans le corps des matériaux qui tiennent le milieu entre les aliments et les organes. Ces matériaux, qu'on appelle des *réserves*, sont formés par des tissus dont la disparition ne peut compromettre le fonctionnement régulier de l'organisme. Les tissus de réserve sont le résultat d'une sorte de tribut prélevé journellement sur l'alimentation, et accumulé en divers points du corps comme dans une caisse d'épargne où l'organisme peut puiser à certains moments, suivant les besoins.

Les tissus de réserve sont formés anatomiquement pour la plus grande partie, de tissus graisseux ; mais la graisse n'est pas le seul tissu du corps utilisé par la combustion. Il y a d'autres substances, telles qu'une sorte de sucre appelé *inosite,* qu'on rencontre en grande quantité dans le tissu des muscles, et dont la combustion est une des sources de la chaleur du travail. Il y a aussi incontestablement, dans le tissu musculaire, des produits azotés qui jouent le rôle de tissu de réserve, puisque, d'après nos observations personnelles rapportées dans la deuxième partie de ce livre, les sujets qui ne travaillent pas d'ordinaire, et qui par conséquent sont nantis de réserves abondantes, présentent dans les urines, à la suite d'un exercice violent accidentellement pratiqué, une grande quantité de déchets azotés. Il se produit chez eux des urines semblables à celles des personnes dont l'alimentation est trop riche en viande, et par conséquent en azote.

Mais les aliments et les tissus de réserve ne sont pas les seuls éléments fournis aux combinaisons chimiques qu'on appelle

_____

(1) Succi et Merlatti.

combustions. Dans certains cas, les aliments étant supprimés, et
les réserves étant épuisées, la chaleur vitale se maintient et la vie
persiste. Bien plus, dans ces conditions, même, un travail musculaire violent peut encore être exécuté, et par conséquent des
combustions intenses peuvent se produire. Ces combustions se
font alors aux dépens des tissus essentiels à la vie, de ceux qui
composent la trame intime et l'essence même des organes.—Dans
ces cas la machine fonctionne encore, mais elle fonctionne aux
dépens des pièces essentielles qui la composent : elle s'use.

Telles sont, au point de vue physiologique, les trois sources
dans lesquelles le travail vital des organes internes et le travail
musculaire de la vie extérieure, qui n'est que l'exagération de
l'autre, puisent les éléments dont les combinaisons chimiques
donnent lieu à la chaleur dépensée.

II

Au point de vue chimique, quelles sont les substances utilisées
par les combustions? Voilà une question qui, depuis quelques
années, a été résolue de bien des façons et à laquelle il n'est pas
encore répondu d'une manière satisfaisante et définitive.

Il serait sans intérêt de suivre dans toutes ses évolutions successives la théorie des combustions vitales, et nous aimons mieux
présenter ici le résumé de l'état actuel de la science.

Il est admis, par les auteurs qui ont le plus récemment écrit
sur la question, que la source chimique du travail musculaire est
presque exclusivement la combustion des substances hydrocar-
burées, telles que les graisses et les sucres. On a fortement battu
en brèche la théorie d'après laquelle le muscle brûlerait sa
propre substance en se contractant pendant le travail, et produi-
rait une grande quantité de déchets azotés. Les travaux de Liébig
avaient fait admettre une augmentation du chiffre de l'urée après
le travail ; des expériences plus récentes ont paru renverser
celles de Liébig, et on admet que l'urée n'est pas augmentée et
qu'elle est même diminuée par le travail musculaire. On ne peut
nier cependant que le muscle ne fasse une partie des frais des
combustions du travail, puisque sa composition chimique est
profondément modifiée par l'exercice musculaire ; mais on attribue ces changements aux transformations subies par les substances non azotées qui entrent dans la composition des sucs

musculaires, au *glycogène* par exemple. Le glycogène est une substance hydrocarbonée capable de se transformer en sucre et de se comporter, pendant les actes chimiques du travail, à la manière des fécules et des graisses.

Il faut bien admettre pourtant que, dans certains cas, les substances azotées du muscle sont utilisées par les combustions du travail. Il y a à cela deux preuves. La première, c'est que le muscle diminue de volume dans les formes de fatigue musculaire que nous étudierons plus loin, au chapitre de l'*Épuisement*. La deuxième, qui est une preuve plus directe, résulte de nos observations sur la composition des urines à la suite du travail, observations qui démontrent d'une manière irréfutable l'augmentation de l'acide urique éliminé après l'exercice musculaire. Il faut donc admettre que les tissus azotés, aussi bien que les tissus non azotés, peuvent être utilisés pour les combustions du travail. Et nous montrerons, au chapitre de la *Courbature*, que les matériaux de réserve destinés à faire face à ces combustions ne sont pas seulement des graisses, mais doivent être aussi des substances azotées, puisque les déchets azotés de l'urine sont surtout abondants chez les individus qui n'ont pas l'habitude de travailler de leurs muscles, et qui, par conséquent, n'ont pas épuisé leurs tissus de réserve.

Ainsi, la chaleur nécessitée par le travail provient des changements chimiques, accomplis avec dégagement de calorique, que subissent certains éléments, azotés ou non azotés, qui font partie intégrante de l'organisme ou qui y ont été introduits par l'alimentation. Ces combinaisons chimiques sont généralement, — non exclusivement, — des *oxydations*, c'est-à-dire des combinaisons avec l'oxygène. L'oxygène est introduit dans l'organisme par la respiration. Il s'y fixe et y est retenu, de manière à former une provision toujours prête pour les combinaisons chimiques que nécessitent les diverses fonctions de la vie. Bien que les oxydations ne soient pas les seuls actes chimiques du travail, elles constituent les plus importants de ces actes, et l'oxygène est presque toujours utilisé dans les combinaisons chimiques qui produisent de la chaleur.

Les composés oxygénés qui se forment pendant les combustions peuvent se diviser en deux catégories : les produits de combustion ou d'oxydations *complètes* et les produits d'oxydations *incomplètes*. L'acide carbonique et l'eau sont les aboutissants de toutes les oxydations complètes des tissus hydrocarburés, et l'urée est le dernier terme des oxydations complètes pour les substances azotées.

Outre ces substances, il existe d'autres produits qui sont formés aux dépens des mêmes tissus, mais dans lesquels l'oxygène entre pour une moindre proportion, et qui sont par conséquent des résultats d'une oxydation moins avancée ou d'une combustion incomplète.

Dans un fourneau, l'oxygène de l'air, qui se combine avec les bûches pour les brûler, donne lieu à des produits de combustion incomplète, qui sont la fumée et la suie. Ces produits ne sont pas réduits à leur dernier degré d'oxydation ou de combustion, puisqu'on peut les soumettre de nouveau à l'action de l'oxygène de l'air pour les brûler plus complètement dans les appareils fumivores.

De même, l'acide urique, par exemple, est un produit de combustion incomplète, et peut subir un degré d'oxydation plus avancé. Si on injecte dans le sang d'un animal vivant une certaine quantité de cette substance, elle s'y peroxyde et se transforme en urée.

L'acide urique n'est qu'un des nombreux produits organiques qui résultent des oxydations incomplètes, et qu'on appelle *déchets* des combustions.

Les combustions ne font pas complètement disparaître les tissus qui les alimentent : elles les transforment et les dénaturent comme fait la flamme d'un foyer du charbon et du bois qu'elle consume. Le bois qui brûle donne naissance à des produits de décomposition, les cendres et la suie qu'on peut retrouver dans un foyer éteint. De même l'organisme, après le travail, renferme des produits de combustion, — qu'on appelle aussi produits de *désassimilation* parce qu'ils ne sont plus semblables aux tissus organiques dont ils faisaient auparavant partie.

III.

Les produits de désassimilation, dont l'histoire est encore assez obscure, ont un caractère commun : ils sont tous impropres à la vie, et doivent, aussitôt formés, être rejetés du corps, comme sont éliminées d'un foyer les cendres et la fumée.

Ces déchets sont un danger pour l'organisme, et leur présence dans le sang devient incompatible avec la santé quand ils y sont en trop grande quantité. Le danger n'existe pas quand ils sont en quantité modérée, car alors l'organisme s'en débarrasse en peu de temps, grâce à des organes spéciaux chargés de les éliminer.

Le poumon, le rein, la peau et l'intestin ont parmi leurs fonctions celle d'éliminer du sang les substances nuisibles ou inutiles qui peuvent s'y trouver, soit qu'elles y aient pris naissance, soit qu'elles y aient été introduites du dehors.

Ces quatre organes sont surtout chargés d'expulser de l'organisme des produits qui s'y sont formés de toutes pièces à la suite des combustions. Le poumon rend de l'acide carbonique, l'urine de l'urée, la sueur de l'acide lactique, etc. Tous ces produits sont les déchets des combustions vitales. A ces produits très connus il faudrait en ajouter beaucoup encore qui ne le sont pas du tout. Chaque jour de nouvelles recherches jettent un jour nouveau sur les fonctions d'excrétion et montrent l'importance capitale du rôle qu'elles jouent dans l'organisme.

Il n'entre pas dans le cadre de ce livre de faire une étude complète sur les produits d'excrétion, mais il est indispensable, pour l'exposé de nos opinions sur les résultats du travail et de la fatigue, d'insister sur un point de leur histoire, sur les dangers auxquels ils exposent l'organisme quand ils sont accidentellement retenus dans le sang ou que leur élimination ne se fait pas d'une manière complète.

Bien avant que l'analyse chimique eut démontré l'existence de principes toxiques dans les déchets de désassimilation, beaucoup de faits cliniques avaient prouvé que ces principes devaient exister. On sait depuis longtemps que le moindre arrêt dans les fonctions d'un organe excréteur amène immédiatement une série d'accidents dus à la rétention dans le sang des déchets que cet organe doit éliminer.

La fonction dont la suspension amène les dangers les plus graves et les plus pressants est la respiration. Que le poumon cesse de fonctionner pendant quelques minutes, et la mort se produit par l'*asphyxie*, qui est un empoisonnement du sang par l'acide carbonique. L'acide carbonique est le plus connu et le plus abondant des produits de combustion ; il résulte de la combustion du carbone dont tous les tissus vivants sont formés. La formation de ce gaz dans le sang est incessante, et l'organisme en renferme toujours de grandes quantités, mais la dose compatible avec la vie n'est jamais dépassée, parce que le poumon élimine le surplus à mesure qu'il se forme. Si l'organe respiratoire suspend son jeu, le gaz toxique s'accumule et atteint en très peu de temps une dose incompatible avec la vie.

L'acide carbonique n'est pas le seul produit toxique éliminé par l'appareil pulmonaire. L'air qui ressort du poumon, par l'expiration, est chargé de vapeur d'eau, et cette vapeur d'eau emporte avec elle un produit qui n'a pas été nettement défini et qui s'y trouve en très petite quantité, mais se révèle par ses qualités malfaisantes et son odeur infecte. Ce produit s'appelle *miasme*. Quand on entre le matin dans un dortoir où un grand nombre de personnes ont passé la nuit, on est saisi par une odeur d'une fétidité insupportable et qui ne ressemble à aucune autre. C'est l'odeur des miasmes exhalés par les poitrines des hommes qui ont dormi dans le même local. L'air en est vicié.

La peau élimine la sueur, produit composé en grande partie d'eau (99 parties pour 100). Cette eau tient en dissolution des sels, des chlorures, des acides, tels que l'acide lactique, et un acide azoté particulier appelé acide *sudorique*. On y trouve aussi de l'urée, comme dans l'urine.

Outre la partie liquide des sécrétions cutanées, il y a aussi une partie gazeuse qui n'est pas la moins importante. Des acides volatils de diverses sortes et de l'acide carbonique en notable quantité sont exhalés par la peau. Mais les produits de l'excrétion cutanée les plus intéressants pour nous, ceux qui établissent le mieux la puissance toxique des déchets de nutrition, sont à peu près inconnus au point de vue de l'analyse chimique, et ne manifestent leur existence que par les accidents qu'ils produisent au sein de l'organisme, quand ils ne sont pas éliminés. Leur pouvoir toxique est mis en évidence par l'expérience suivante :

On prend un chien de forte taille, on rase complètement les poils de sa peau et on l'enduit d'une couche de vernis imperméable ou de collodion, de telle façon qu'il ne puisse sortir le moindre produit liquide ou gazeux du corps de l'animal par la voie cutanée. De cette façon on emprisonne dans l'organisme du chien tous les produits que sa peau avait coutume de rejeter au dehors. Au bout de huit heures en moyenne, l'animal est mort.

M. Sokolow, physiologiste russe, auteur des expériences que nous citons, attribue la mort des animaux recouverts d'un enduit imperméable à un empoisonnement par les principes qu'ils n'éliminent plus.

Le rein élimine une grande quantité de produits de décomposition organique. Il serait trop long de les énumérer tous. Ceux

qui dominent sont les résidus de combustion des substances
azotées : l'urée, l'acide urique, et ses composés les *urates*. Mais
les urines, comme tous les produits d'excrétion, renferment en
outre bien des produits inconnus. En tout cas, personne ne conteste l'importance qu'il y a pour l'organisme à se débarrasser
promptement des matériaux entraînés par la sécrétion urinaire.

Quand les fonctions du rein sont abolies par une maladie qui
change la structure de cet organe, les urines n'ont plus la même
composition chimique et finissent par ne plus entraîner avec elles
les substances qu'elles charrient d'habitude. Leur composition
change et se simplifie ; elles ne renferment pour ainsi dire que de
l'eau. L'urée et tous les autres déchets des combustions vitales
n'étant plus éliminés par leur voie habituelle s'accumulent
dans le sang, où l'analyse chimique a pu les retrouver. Aussitôt
éclatent les accidents de l'empoisonnement urineux, appelé *uré-
mie*, qui se terminent promptement par la mort.

Les remarquables expériences de M. Bouchard ont établi, du
reste, que l'urine était toxique, et que l'injection de ce liquide dans
les veines d'un animal bien portant pouvait causer en peu de
temps sa mort (1).

L'intestin est un des organes éliminateurs qui doit rejeter au
dehors la plus grande quantité de déchets de combustion. Mais
comme il est déjà encombré d'une grande quantité de résidus
alimentaires, qu'il reçoit en outre les sécrétions du foie, du pan-
créas et d'une foule de glandes, il est très difficile de retrouver
dans ce mélange ce qui est dû aux produits de désassimilation.

Un simple fait d'observation prouve que l'intestin doit recevoir sa part dans les produits éliminés comme déchets à la
suite des combustions. Quand les combustions augmentent par
suite d'un travail musculaire excessif, il y a toujours plus d'évacuations et les selles sont rendues plus liquides. L'intestin paraît
avoir subi le contact de matières jouant un rôle laxatif, et ces
matières, ne venant pas du dehors par un changement dans le
régime alimentaire, ne peuvent venir que de l'organisme lui-
même. Les produits de désassimilation augmentés par l'exercice
musculaire s'éliminent par l'intestin et excitent sa contraction
pour produire des selles plus fréquentes.

En tout cas, les fonctions de l'intestin, comme celles du poumon, du rein et de la peau, ne peuvent être abolies sans les plus

(1) BOUCHARD, *les Auto-intoxications.*

graves inconvénients. Quand les matières fécales restent trop longtemps dans le tube digestif, par suite d'une lésion qui oblitère le canal intestinal, on voit se développer une série d'accidents qu'on désigne sous le nom d'empoisonnement stercoral et qui sont dus autant à la résorption des produits de désassimilation qu'aux émanations putrides du résidu alimentaire

Les quatre organes dont nous avons sommairement étudié le rôle excréteur ne sont pas les seuls chargés d'éliminer les produits dont le corps veut se débarrasser. Toutes les glandes peuvent, à un moment donné, participer à cette fonction, qu'on pourrait appeler le nettoyage du corps. On a signalé accidentellement dans certaines sécrétions la présence de substances pouvant avoir un effet toxique. En injectant dans l'artère carotide d'un animal de petite taille de la salive d'un homme à jeun, on est arrivé à déterminer quelquefois des accidents graves. Ce fait prouve que la salive, comme l'urine, peut contribuer à l'élimination des substances de désassimilation dont les faits d'observation démontrent le pouvoir toxique.

Si nous cherchons à résumer les conclusions qui ressortent des faits étudiés dans ce chapitre, nous pouvons dire que le travail des muscles, aussi bien que celui des organes internes, s'accompagne d'une production de chaleur, résultant elle-même d'actions chimiques qu'on peut assimiler à des combustions. Les tissus vivants qui ont fait les frais de ces combustions sont altérés dans leur composition chimique, deviennent impropres à la vie, et doivent être rejetés au dehors sous des formes très diverses et par des organes spéciaux.

Mais les produits de combustion ne sont pas nuisibles seulement pour l'organisme dans lequel ils se trouvent accidentellement retenus. S'ils sont absorbés par d'autres individus, ils peuvent déterminer chez eux les mêmes accidents.

Nous avons dit un mot des miasmes exhalés par la respiration et par la peau. Ces produits, qui se trouvent dans l'air expiré et dans les émanations cutanées, en quantité presque infinitésimale, sont doués d'une puissance toxique des plus redoutables. Quand plusieurs personnes sont réunies dans un local restreint, l'air de ce local devient rapidement infect ; mais cet air n'est pas seulement désagréable par le fait de la mauvaise odeur, il est vicié et dangereux à respirer. C'est ce qui fait le grave inconvénient de d'encombrement.

On a cité un grand nombre de faits établissant que les accidents les plus sérieux peuvent résulter de l'absorption de ce produit encore inconnu dans sa nature intime, mais doué d'une puissance toxique redoutable, le miasme humain.

Les symptômes les plus graves, et même des accidents mortels, ont été maintes fois observés chez l'homme à la suite d'un séjour prolongé dans un espace restreint. Les accidents de l'*air confiné* ne sont pas dus à l'asphyxie, mais à un véritable empoisonnement par le miasme humain

MM. Brown-Sequard et d'Arsonval, dans une communication faite à l'Académie des sciences le 16 janvier 1888, ont montré que l'haleine humaine renferme un poison des plus actifs, un *alcaloïde* capable de tuer en deux heures un animal auquel on l'injecte.

DEUXIÈME PARTIE

LA FATIGUE

LA FATIGUE MUSCULAIRE. — L'ESSOUFFLEMENT. — LA COURBATURE. — LE SURMENAGE.
L'ÉPUISEMENT. — THÉORIE DE LA FATIGUE. — LE REPOS.

CHAPITRE I.

LA FATIGUE LOCALE.

La fatigue expérimentale. — Fatigue absolue et fatigue relative. — La fatigue dans les circonstances habituelles du travail ; elle est toujours relative. — Exemples de fatigue relative et de fatigue absolue.
Causes de la sensation de fatigue. — Causes de l'impuissance musculaire. — Influence des déchets de combustion ; transmission de la fatigue à des muscles qui n'ont pas travaillé. — Utilité de la fatigue.
Rôle du cerveau dans la fatigue. — Les mouvements inconscients fatiguent moins que les mouvements voulus ; conséquences pratiques.

I.

Quand on isole un muscle sur un animal vivant et qu'on fait passer à travers ce muscle un courant électrique, on observe qu'il entre en contraction pendant tout le temps que dure le passage du courant. Pourtant. si l'expérience se prolonge, le muscle, au bout d'un certain temps, se contracte plus faiblement ; un peu plus tard, il finit par ne plus se contracter du tout : il est *fatigué*.

La fatigue n'est d'abord que relative, et le muscle peut de nouveau entrer en contraction si on l'excite à l'aide d'un autre courant plus fort que le premier. Mais il arrive un moment où la fatigue est absolue, c'est-à-dire où le muscle a perdu complètement la propriété de se contracter sous l'influence de l'électrisation la plus énergique.

Jamais un muscle humain n'atteint par suite du travail l'état

de fatigue absolue, d'inexcitabilité complète qu'on observe sur
l'animal en expérience. Ce qui s'y oppose, c'est la sensation douloureuse éprouvée par l'homme bien avant le moment où le
muscle deviendrait absolument incapable d'agir. Sous l'influence
de la souffrance qu'occasionne la contraction, le travail s'interrompt et le muscle *se repose*. C'est là la différence capitale qui
existe entre la fatigue vraie, absolue, telle qu'on peut la provoquer
sur des animaux en expérience, et la fatigue qu'on observe clini-
quement chez l'homme qui travaille.

Ce qui domine dans la fatigue d'un homme qui se livre à un
exercice, c'est l'élément *subjectif*, la sensation douloureuse, qui
ne lui permet pas de pousser le travail jusqu'à l'épuisement
complet du muscle. On peut se représenter l'effort que fait un
homme énergique pour pousser son exercice aux dernières limites possibles comme une lutte entre la Volonté qui commande
et la Sensibilité qui se révolte.

La plus énergique volonté ne peut arriver à épuiser la contractilité d'un muscle aussi complètement que le font les agents mécaniques ou physiques. Quand l'homme fatigué renonce à continuer un effort qu'il a soutenu pendant un certain temps, on dit
que ses muscles sont épuisés : ils ne le sont pas encore.

En voici la preuve.

On sait qu'une des attitudes les plus fatigantes qu'on puisse
prendre est celle qui consiste à tenir le bras tendu horizontalement. C'est le muscle deltoïde qui supporte à peu près tout le
travail de cette position. Il y a peu d'hommes assez vigoureux
pour tenir leur bras tendu pendant plus de cinq à six minutes. Au
bout de ce temps le deltoïde ne peut plus agir et le bras retombe.
Pourtant le muscle n'est pas épuisé : ses fibres possèdent encore une grande force de contractilité, et la preuve c'est que certains agents, tels que l'électricité, peuvent mettre en jeu cette
force motrice sur laquelle la volonté n'a plus d'action. Si, chez un
homme qui tient le bras tendu, on attend que la sensation de fatigue devienne intolérable, et si, au moment où le sujet se déclare
à bout de force et va laisser retomber le bras, on fait passer dans
le muscle deltoïde un fort courant d'électricité, la fatigue semble
disparaître, et le bras demeure tendu; le muscle n'avait donc pas
perdu sa contractilité.

A quoi est due la fatigue locale?

Cette question demande une double réponse : il faut dire pourquoi le travail rend douloureuse la contraction musculaire dans

un membre fatigué, et dire aussi pour quelle raison le muscle qui a travaillé trop longtemps finit par perdre momentanément le pouvoir de se contracter.

La contraction musculaire souvent répétée devient douloureuse mécaniquement, par les secousses et les tiraillements répétés qu'elle occasionne dans le muscle lui-même et dans les tissus voisins. Toute action mécanique faisant subir aux masses musculaires du corps des pressions, des mouvements et des chocs semblables à ceux qu'y détermine le travail, peut amener, aussi bien que le travail, la sensation de fatigue. On appelle « massage » une série de manœuvres pendant lesquelles les muscles sont soumis à des manipulations variées. A la suite de l'action exercée par la main du masseur sur les membres, on éprouve les mêmes sensations de fatigue locale que produit le travail musculaire. On est donc fondé à conclure que l'endolorissement d'une région qui a travaillé est dû à la même cause que celui d'une région qui a été massée, c'est-à-dire à une action mécanique.

On s'explique du reste aisément cette action. Le muscle est traversé par une foule de filets nerveux sensitifs. Ces petits rameaux sont froissés et tordus par le mouvement des fibres musculaires qui se gonflent et durcissent pendant les contractions énergiques du travail. Les fibres musculaires elles-mêmes sont tiraillées, ainsi que les tendons, et les aponévroses d'insertion et les synoviales subissent des frottements répétés. Il résulte donc, en somme, d'un travail musculaire très violent un véritable traumatisme pour toute la région qui est le siège de ce travail, et les conséquences de ce traumatisme peuvent être les mêmes que s'il était dû à des causes externes, telles que des contusions par exemple. Maintes fois, ainsi que nous le dirons en parlant des *accidents du travail*, des ruptures, des inflammations, des abcès même peuvent être le résultat d'un excès d'exercice.

Mais, indépendamment de ces causes de malaise, le muscle en travail en subit d'autres moins connues et plus intéressantes. Il se passe dans la fibre musculaire des modifications de nutrition dues aux combustions qui accompagnent la contraction. Tout muscle qui se contracte s'échauffe, et cette augmentation de température est due à des combinaisons chimiques dont nous avons parlé au chapitre des *Combustions*. Les actes chimiques qu'on désigne sous le nom de combustions altèrent profondément la structure des tissus aux dépens desquels ils ont lieu, et de cette altération résultent des produits nouveaux qui séjournent pendant un certain temps dans le muscle.

Or, ces produits exercent sur le muscle une action particulière qui le paralyse et le met dans l'impossibilité de se contracter. — Si l'on fait subir aux muscles d'une grenouille l'action d'un fort courant électrique et qu'on prolonge cette action jusqu'au moment où la fatigue est complète, et où les membres de l'animal n'éprouvent plus la moindre secousse sous l'influence des excitants les plus violents, on aura dans ces muscles fatigués les éléments nécessaires pour faire une expérience des plus curieuses. En effet, leur substance, triturée dans un mortier et réduite en bouillie fine, renferme un principe capable de communiquer à des muscles sains et reposés la fatigue dont ils sont atteints. Quand on injecte à une autre grenouille cet extrait de muscles fatigués, on détermine chez l'animal tous les phénomènes de la fatigue, et ses membres ne peuvent faire aucun mouvement sous l'influence de l'électricité.

Ainsi, il se développe par le fait même du travail, dans les muscles, des produits de désassimilation doués de la propriété de faire perdre aux fibres musculaires leur force contractile. Quand ces produits ne sont pas trop abondants, ils sont rapidement balayés par le sang qui afflue au muscle, et, s'ils ne se renouvellent pas, les troubles de nutrition occasionnés par le travail sont promptement réparés. Mais si le travail se continue trop longtemps, ces produits s'accumulent dans le muscle en quantité excessive. Ils peuvent alors abolir momentanément sa contractilité, et occasionner, en outre, des accidents généraux graves, dont nous parlerons au chapitre du *Surmenage*.

Il faut donc conclure que la douleur ressentie dans un muscle qui a subi des contractions prolongées résulte d'une série de petites lésions, de tiraillements, de froissements des parties sensibles de la région qui a travaillé, et que l'impuissance absolue d'agir qu'on y observe est due à un trouble de nutrition, à la formation au sein du tissu musculaire des produits de désassimilation dont le contact semble paralyser l'élément contractile.

Il faut dire aussi que l'impuissance du muscle fatigué est cause, par elle-même indirectement, d'un malaise, parce qu'elle occasionne un effort pénible aux centres nerveux.

Les phénomènes qu'on observe dans les laboratoires en électrisant un muscle fatigué sont l'imitation fidèle de ce qui se passe dans l'organisme quand la volonté cherche à faire agir un membre devenu impuissant par suite d'excès de travail. De même qu'un muscle de grenouille fatigué par des décharges successives exige, pour continuer à se contracter, qu'on augmente la force du courant qui l'excite, de même, dans l'organisme vivant, il faut une augmentation de l'influx volontaire pour galvaniser un bras épuisé et en obtenir des mouvements énergiques. Or la volonté manifeste son effort par un ébranlement de la substance grise du cerveau, et cet ébranlement devient douloureux quand il est excessif.

La fatigue locale est donc un phenomène à la fois musculaire et cérébral.

Le muscle fatigué est endolori par les froissements qu'il a subis, et paralysé dans ses propriétés contractiles par le contact des substances chimiques résultant des combustions du travail. Le cerveau ressent les effets de la fatigue par l'ébranlement plus violent que cause à ses cellules l'excitation volontaire, excitation qui doit devenir plus intense à mesure que le muscle y répond plus difficilement.

Pendant l'exercice musculaire, la sensation de fatigue est quelquefois hors de proportion avec les lésions subies par la fibre musculaire, et avec les modifications de nutrition qu'elle a subies au cours du travail. C'est alors le cerveau qui faiblit avant le muscle. L'organe de la volonté semble avoir perdu une partie de son pouvoir excitateur, et éprouve avec exagération la sensation de fatigue. L'homme n'a plus la notion exacte de l'énergie que renferment encore les muscles. — C'est ce que l'on observe dans tous les cas où une émotion dépressive a porté sur les centres nerveux son influence débilitante.

Dans la déroute qui suit une bataille, les soldats, démoralisés autant qu'exténués, se traînent péniblement le long des chemins. L'état de dépression où les met la défaite les rend incapables de lutter contre des malaises qu'ils supporteraient aisément dans un autre moment. Leurs pieds gonflés, leurs jambes rompues, leurs reins courbaturés ne leur permettent plus d'avancer. Des groupes de traînards s'affaissent le long de la route : tout le monde tombe de fatigue. Tout à coup un cri s'élève : — « Voici l'ennemi ! » — Aussitôt chacun retrouve ses jambes. Les reins courbés se redressent, les jarrets se tendent, les pieds fourbus s'appuient vigoureusement sur le sol, et ceux qui ne pouvaient plus marcher se mettent à courir. Leurs muscles n'avaient pas perdu la faculté

d'agir, mais la Volonté n'était plus un excitant suffisant pour les
mettre en action. Il en a fallu un autre plus puissant : la Peur.

Dans certains cas, on peut observer des phénomènes inverses.
Il peut se faire qu'une violente excitation des centres nerveux
vienne en quelque sorte galvaniser les muscles, comme le ferait
un très fort courant d'électricité. L'être vivant peut alors en faire
sortir toute la force contractile qu'ils contiennent, et pousser le
travail jusqu'à l'épuisement complet de la fibre, jusqu'à la fatigue
absolue. Il en est ainsi quand un danger pressant oblige l'homme
ou l'animal à continuer l'effort musculaire, au mépris de la
douleur qu'il occasionne. Un animal chassé fuit jusqu'au moment où ses jambes ne peuvent plus le porter ; quand il s'arrête
forcé, ses muscles sont *fatigués*, dans le sens physiologique du
mot, et les excitants les plus violents ne pourraient y provoquer des contractions. Mais le travail qui a été nécessaire pour
produire l'impuissance complète du muscle a produit en même
temps des lésions si profondes de l'organe, et des troubles si
graves de l'état général, que l'animal ne survit presque jamais à
sa fatigue.

II.

On voit, par les exemples cités plus haut, la différence essentielle
qui existe entre la fatigue *subjective*, celle qui est caractérisée
par une sensation, et la fatigue *objective*, qui consiste dans un
état particulier du muscle.

La fatigue objective, ou fatigue absolue, est due à une altération profonde dans la composition chimique des muscles, altération qui fait perdre à cet organe la faculté d'accomplir sa fonction habituelle.

La fatigue subjective est essentiellement relative et variable,
comme toutes les impressions sensitives. Elle consiste dans un
malaise qui se produit à la suite d'un léger endolorissement du
muscle, et d'une modification très superficielle de la structure.

Dans les faits habituels de l'exercice musculaire, la fatigue
n'est jamais absolue, et bien rares sont les cas dans lesquels
l'homme arrive à épuiser réellement toute la force contractile de
ses muscles. C'est que la sensation de fatigue nous empêche
d'avoir la notion exacte de l'énergie contenue encore dans la fibre
musculaire, et nous pousse à prendre du repos longtemps avant

d'avoir dépensé toute la force de l'organe moteur. — De même, la sensation de la faim nous avertit que le corps a besoin d'aliments, et cet avertissement nous arrive bien avant que l'organisme soit affaibli par le défaut de nourriture.

On peut dire que la sensation de fatigue a pour résultat de nous mettre en garde contre un danger. Il y aurait danger, en effet, à pousser le travail jusqu'à l'épuisement complet du muscle, jusqu'au moment où il n'est plus capable d'entrer en contraction, car à ce moment l'organe aurait subi des troubles profonds de nutrition capables de mettre en péril l'organisme tout entier, comme il arrive chez l'animal forcé.

La fatigue est donc, dans les actes ordinaires de la vie, une sorte de régulateur, nous avertissant que nous dépassons la limite de l'exercice utile, et que bientôt le travail va devenir un danger.

Une foule de faits physiologiques démontrent que la sensation de fatigue a son siège dans les centres nerveux plutôt que dans le muscle. Toutes les fois que le travail musculaire s'exécute sans que le cerveau y prenne part, on observe que la fatigue est beaucoup plus lente à se produire ; elle se manifeste au contraire avec d'autant plus d'intensité que les facultés cérébrales sont plus vivement associées à l'acte qu'on exécute.

Beaucoup de mouvements sont involontaires et inconscients : les mouvements de la vie organique, les battements du cœur, les mouvements respiratoires. Tous ces mouvements, qui s'exécutent sans l'intervention du cerveau et en dehors de la volonté, ne déterminent jamais la sensation de fatigue.

Le cœur se contracte avec une force capable de soulever d'un centimètre, à chaque contraction, un poids de 40 kilogrammes, et ses contractions se renouvellent soixante fois par minute. Quel est celui de nos membres qui pourrait soutenir pendant un quart d'heure un semblable travail ? On peut en dire autant des muscles qui président aux mouvements respiratoires. Ils font seize mouvements par minute et ne se reposent jamais : leur travail est incessant de la naissance à la mort, sans que la fatigue ait prise sur eux.

Les muscles habituellement soumis à la volonté présentent la même immunité pour la fatigue quand ils viennent à se contracter involontairement. Dans la contracture hystérique, dans la catalepsie, dans l'hypnotisme, le sujet, dont la volonté n'entre plus en jeu, supporte aisément les positions les plus fatigantes sans être fatigué. Dans la chorée, ou danse de Saint-Guy, on voit des malades agités de mouvements violents et continués sans une minute de répit du matin au soir. Un homme qui chercherait volontairement à exécuter les mêmes mouvements devrait, au bout de très peu de temps, les interrompre pour se reposer. Cependant ces malades ne se plaignent pas d'éprouver la sensation de fatigue.

Ainsi le même travail musculaire qui produit la fatigue, quand il est volontaire, ne la produit plus quand il se fait en dehors de l'action de la volonté, c'est-à-dire quand le cerveau n'est pas associé à l'acte musculaire qu'on exécute.

Le cerveau est donc, selon toute probabilité, le siège de cette sensation qui nous porte à interrompre le travail longtemps avant la fatigue réelle du muscle. Dans les mouvements volontaires, plus l'association du cerveau à l'acte musculaire est intime, plus la sensation de fatigue est intense. L'exercice qui s'accompagne d'une tension considérable de la volonté est plus fatigant que celui qu'on exécute sans y prendre garde. Quelquefois un travail insignifiant comme dépense de force amène une lassitude très prompte quand il est exécuté avec une attention soutenue, c'est-à-dire quand la volonté ne se relâche pas d'un instant.

Un cavalier qui fait de la haute école se fatigue bien plus tout en restant dans l'espace étroit d'un manège que s'il franchissait aux grandes allures une longue distance. Dans le premier cas, il faut que la volonté préside avec un soin vigilant à tous les effets de jambes et de rênes du cavalier. Dans le second cas, le corps, accoutumé aux allures du cheval, s'accommode automatiquement aux réactions du trot, et le cerveau n'intervient pas dans l'exercice.

Rien de variable comme l'impressionnabilité de chaque sujet à la fatigue. Les sujets très nerveux et très irritables ressentent quelquefois trop vivement cette sensation douloureuse qui accompagne le travail musculaire, et ils se trouvent alors pris dans ce dilemme : ou bien s'arrêter à la première sensation de fatigue et rester au-dessous de la quantité d'exercice qui leur serait nécessaire, ou bien lutter contre la fatigue et s'exposer à la réaction nerveuse qui suit, chez eux, toute douleur très accentuée. La surexcitation nerveuse est souvent la conséquence de la lutte d'un homme affaibli contre le malaise occasionné par le travail, et force le médecin à interdire l'exercice à des sujets pour lesquels il serait une ressource précieuse s'il pouvait être supporté.

Dans ces cas, on peut toujours arriver à faire supporter l'exer-

cice, mais il faut s'ingénier à trouver la forme sous laquelle il
aura le plus de chance d'être supporté, c'est-à-dire la forme
sous laquelle il produira le moins de fatigue.

Nous ne pouvons ici qu'indiquer à grands traits la manière de
procéder dans ces cas, où la médication par l'exercice demande
beaucoup de tact et une étude approfondie de chaque exercice
usité. Nous formulerons seulement cette loi :

A travail musculaire égal, la sensation de fatigue est d'autant plus intense que l'exercice exige l'intervention plus active des facultés cérébrales.

Par conséquent, il sera indiqué de rechercher, pour les sujets
d'un tempérament très nerveux, les exercices qui ne demandent
pas une attention soutenue, ceux dont les mouvements sont
faciles et, autant que possible, automatiques : la marche, par
exemple.

CHAPITRE II.

L'ESSOUFFLEMENT

Vous êtes-vous jamais trouvé en vue d'une gare avec la crainte de manquer le train ? Vous avez 500 mètres à faire, et la montre impitoyable vous dit : encore deux minutes ! Il faudrait courir, et, depuis de longues années, vous êtes habitué à l'allure modérée d'un homme qui se sert de ses jambes quand il se promène et de voitures quand il est pressé. Mais vous tenez à partir, et, prenant votre courage à deux mains, vous vous lancez à toute vitesse.

Les jambes sont solides et vous n'en souffrez pas en courant. Pourtant, au bout de quelques secondes, un malaise singulier vous envahit. La respiration s'embarrasse ; il semble qu'un poids vous oppresse, qu'une barre vous traverse la poitrine. Les mouvements respiratoires deviennent saccadés, irréguliers. A chaque pas, le malaise augmente et se généralise. A présent, les tempes battent avec violence, une chaleur insupportable vous monte au cerveau, un cercle de fer vous étreint le front. L'instant d'après, les oreilles bourdonnent, la vue se trouble et vous n'avez plus qu'un sentiment confus des objets devant lesquels vous passez et des gens qui se retournent pour regarder votre figure pâle et bouleversée.

Enfin vous voilà rendu. Au moment où le train siffle, vous

tombez anéanti sur les coussins de votre compartiment Là, malgré la satisfaction d'être arrivé et le soulagement d'être assis, votre malaise persiste. Pendant plusieurs minutes encore, *l'air vous manque* et les mouvements précipités de votre poitrine vous font ressembler à un homme en proie à un violent accès d'asthme.

Cela s'appelle « *être essoufflé* ».

Il est rare qu'on songe à s'étonner d'un fait observé chaque jour, et il semble naturel à tout le monde qu'on soit essoufflé quand on vient de courir. Pourtant, si on y réfléchit, il y a dans le fait de l'essoufflement, pendant la course, quelque chose qui devrait nous surprendre : quand on court, ce sont les jambes qui travaillent, et c'est le poumon qui se fatigue.

I.

On ne trouve nulle part l'exposé méthodique et l'explication rationnelle de l'*essoufflement*. Cette forme de la fatigue n'a été jusqu'à présent l'objet d'aucune monographie ; elle n'est décrite dans aucun des grands dictionnaires de médecine, dans aucun traité de physiologie.

Il n'y a pourtant pas de fait plus banal et plus fréquemment observé que l'essoufflement ; il n'y en a pas de plus intéressant au point de vue des résultats hygiéniques et thérapeutiques du travail musculaire.

L'*essoufflement* est un malaise qui se produit au cours d'un exercice violent ou d'un travail musculaire intense , et qui se caractérise par un besoin exagéré de respirer, et par un trouble profond dans le fonctionnement des organes respiratoires. — Cet état n'est qu'une forme particulière de la dyspnée et présente le tableau général des accidents dus à l'insuffisance de l'*hématose*. Mais il diffère des troubles respiratoires qu'on peut observer dans les maladies, par certains signes particuliers que nous aurons à signaler, et surtout par les conditions dans lesquelles il se produit et par le mécanisme de sa production.

Si nous cherchons à établir dans quelles conditions l'essoufflement se produit pendant le travail, nous serons frappés d'abord de ce fait que certains exercices, certains mouvements, semblent avoir le privilège d'influencer plus promptement que d'autres les fonctions respiratoires.

Dans certains actes musculaires, la fatigue prend la forme de l'essoufflement, et la gêne respiratoire force le sujet à interrompre le travail bien avant que les muscles ne soient fatigués. Un homme qui court ou qui monte rapidement un escalier est obligé de s'arrêter, non pour reposer ses jambes, mais pour *souffler*.

Pour d'autres exercices, au contraire, les muscles se fatiguent et refusent de continuer le travail, bien avant que l'essoufflement se produise. L'acte de grimper à l'échelle par la force des poignets, l'acte de soulever des haltères, de tenir des poids à bout de bras, sont autant de mouvements qui fatiguent promptement les membres avant d'amener des troubles très accentués dans les fonctions respiratoires. Quand on se sent obligé d'interrompre ces exercices, ce n'est pas que le souffle manque, c'est que la force musculaire est épuisée.

Chez les animaux, on a remarqué aussi que certaines allures, certaines formes du travail produisent plus particulièrement l'essoufflement, tandis que d'autres amènent plutôt la fatigue des membres.

« Le cheval, — disent les entraîneurs, — trotte avec ses jambes et galope avec ses poumons. » — Cette phrase, exprime bien, dans son image humoristique, l'importance de l'allure dans la production de l'essoufflement. Pourquoi un cheval s'essouffle-t-il plus au galop qu'au trot? La première idée qui vient à l'esprit, c'est d'attribuer à la vitesse plus grande l'essoufflement plus prompt. Mais il ne faut pas confondre l'*allure* et le *train*. L'allure du galop n'est pas incompatible avec un train très ralenti. On peut raccourcir le galop d'un cheval jusqu'à le forcer à rester en arrière d'un autre cheval qui trotte. On a même cité des animaux assez bien dressés, assez bien *mis*, suivant l'expression du manège, pour aller au galop aussi lentement qu'au pas. Or, aussi raccourci que soit le galop, il essouffle un cheval plus promptement que le trot à vitesse égale.

L'essoufflement ne se produit donc pas dans les mêmes conditions que la fatigue musculaire locale, et certains exercices semblent avoir le privilège d'influencer la respiration.

Quand on cherche à trouver l'explication de ce fait, il est naturel de se demander d'abord si les exercices qui essoufflent n'ont pas une influence directe sur les organes qui exécutent les mouvements respiratoires, s'ils n'exigent pas, par exemple, l'entrée en jeu des muscles de la poitrine et du dos, dont les contractions pourraient gêner l'action des côtes. Mais au premier coup d'œil, cette hypothèse est écartée, car les exercices qui essoufflent le plus, chez l'homme, ne sont pas ceux qui exigent le travail des membres supérieurs et, par conséquent, le concours direct des muscles de la poitrine. La course, le saut, l'ascension d'une pente escarpée, sont, de tous les exercices connus, ceux qui amènent le plus promptement l'essoufflement, et ils s'exécutent avec les membres inférieurs, dont les muscles ne s'attachent pas plus haut que le bassin et n'ont pas d'action directe sur le thorax.

Selon nous, il est impossible d'expliquer la tendance de tel ou tel exercice musculaire à produire l'essoufflement, si l'on se base seulement sur les particularités de mouvement et d'attitude que ces exercices nécessitent.

Certains auteurs, qui ont parlé incidemment de l'essoufflement, semblent attribuer cette forme de la fatigue au mécanisme même des exercices qui essoufflent et à la gêne directe que produisent ces exercices sur les mouvements respiratoires.

« L'essoufflement pendant la course, dit Michel Lévy, tient à ce « que le coureur, impuissant à faire les *inspirations* profondes et « prolongées dont il a besoin pour la succession des efforts, « cherche à y suppléer par la fréquence des mouvements respi- « ratoires, afin de fixer autant que possible sa colonne vertébrale « et sa poitrine. » (Michel Lévy, *Traité d'hygiène*.)

Nous citons cette opinion pour montrer combien, en général, les auteurs qui ont écrit sur l'exercice musculaire s'en sont rapportés à des déductions qui leur paraissent rationnelles, plutôt qu'à l'observation directe des faits. En effet, l'opinion de Michel Lévy est basée sur une erreur d'observation que chacun peut contrôler sur lui-même, si un temps de course d'une minute ou deux ne lui fait pas peur. Chez l'homme qui court, ce n'est pas l'*inspiration* qui est difficile, c'est l'*expiration*. On n'éprouve, dans cet exercice, aucune difficulté à faire entrer l'air dans la poitrine : c'est au contraire la sortie de l'air qui est difficile, incomplète. D'après des observations prises sur nous-même et sur un ami qui a bien voulu se prêter à cette étude, l'inspiration est libre, facile, profonde et trois fois plus longue que l'expi- ration. Celle-ci, au contraire, est brève, insuffisante, laisse l'im- pression d'un besoin non satisfait.

De plus, le rythme très particulier de la respiration, chez un homme qui court, n'est pas dû au mécanisme de la course, car il se retrouve dans tous les exercices qui essoufflent, quelle que

soit leur forme, et, en outre, il persiste toujours longtemps
après que l'exercice a cessé. On ne peut donc pas dire que cette
forme de la respiration tient à des contractions musculaires ou à
des attitudes forcées, puisqu'elle s'observe même alors que tous
les muscles ont été mis dans le relâchement et que le corps est
revenu à l'attitude du repos.

Le dérèglement de la respiration, dans tous les exercices qui
essoufflent, n'est pas la cause première de la dyspnée; il en est,
au contraire, le résultat. L'explication de l'essoufflement basée
sur la gêne mécanique des mouvements respiratoires est loin de
pouvoir s'appliquer à tous les exercices qui essoufflent et à toutes
les circonstances de l'essoufflement.

Si l'on cherche une condition qui soit commune à tous les exercices, à tous les actes musculaires réputés capables d'amener
rapidement des troubles de la respiration, on est frappé de voir
que tous nécessitent une très grande dépense de force pour un
temps très court. — C'est là, selon nous, la condition essentielle
de l'essoufflement.

Il y a d'autres conditions qui favorisent la production de la gêne
respiratoire au cours d'un exercice, soit en suspendant momentanément la respiration, comme on le voit dans le phénomène
de l'effort, soit en forçant les muscles thoraciques à s'associer à
un exercice qui les détourne de leur rôle respirateur. Mais ces
conditions n'ont qu'un résultat passager et ne contribuent que
pour une faible part à l'essoufflement. Les causes capables de
gêner mécaniquement la respiration interviennent comme facteurs
accessoires, comme complication capable de hâter et d'aggraver
l'essoufflement; mais elles ne peuvent amener par elles-mêmes
une gêne prolongée et persistante de la respiration, si elles ne
sont pas associées à des actes musculaires nécessitant une grande
somme de travail.

Pour s'en convaincre, il suffit d'imiter expérimentalement ce
qui se passe dans certains actes musculaires qui amènent la suspension de la respiration.

Si l'on fait une profonde inspiration, et qu'après avoir fermé la
glotte, on soumette l'air introduit dans la poitrine à une compression vigoureuse en contractant les muscles expirateurs, on
se trouve dans toutes les conditions physiologiques de l'effort. La
face injectée de sang, les veines du cou saillantes, les côtes fortement soulevées, le thorax immobile dans la position d'inspiration forcée donnent le tableau complet des phénomènes présentés

par l'homme qui soulève de terre un fardeau pour le charger sur ses épaules. Mais il y manque le fardeau et la dépense de force musculaire qu'il nécessite. Aussi, malgré la suspension complète de la respiration, l'essoufflement ne se produit-il pas à la suite d'un très grand nombre d'efforts simulés, tandis qu'il se produit toujours à la suite d'un très petit nombre d'efforts réels, accompagnés de travail musculaire intense.

Ce qui essouffle dans l'acte de l'effort, c'est la quantité de travail effectué et non l'attitude particulière que ce travail nécessite et l'interruption momentanée de la respiration qui en résulte. C'est faute d'avoir analysé ces deux éléments d'un acte complexe que plusieurs auteurs ont attribué l'essoufflement produit par certains exercices à la suspension momentanée de la respiration pendant l'acte de l'effort. La suspension, même complète, de la respiration ne peut pas, à elle seule, produire les phénomènes qu'on observe chez les personnes essoufflées. Elle produit l'angoisse respiratoire, et celle-ci se prolonge tant que dure la cessation de la fonction; mais, aussitôt que les mouvements redeviennent libres, le malaise cesse et la respiration reprend instantanément son rythme régulier.

L'essoufflement, au contraire, se prolonge longtemps après que l'exercice a cessé, ce qui prouve que sa cause est plus profonde et plus durable que ne saurait l'être un arrêt momentané de la fonction respiratoire.

Si on passe en revue tous les exercices qui semblent avoir pour spécialité d'amener l'essoufflement, et qu'on les soumette à une analyse attentive, on trouve constamment la confirmation de cette loi qui rattache une grande gêne respiratoire ressentie à une grande quantité de force dépensée en peu de temps.

Analysons un acte des plus simples, le fait de monter un escalier. Aucun travail n'essouffle plus rapidement que celui-là, mais aucun ne demande une plus grande dépense de force.

Supposons qu'on monte, à une allure modérée, deux étages par minute, de façon à employer deux minutes pour monter quatre étages dont la hauteur peut être évaluée à 20 mètres. Une personne pesant 75 kilogrammes aura ainsi en deux minutes élevé le poids de son corps à 20 mètres et fait par conséquent un travail de 75×20, soit 1.500 kilogrammètres.

Si on veut réduire à un travail d'une autre forme le total de force dépensée en montant l'escalier, on est étonné de voir, — s'il s'agit de soulever des poids, — qu'il faudrait, pour avoir l'équiva-

lent de l'ascension d'un quatrième étage, prendre par terre successivement trente poids de 100 livres chacun, et les placer sur
une table haute d'un mètre, et cela dans l'espace de deux minutes.

Il est évident pour tout le monde que le travail sous cette forme
constituerait un exercice très violent, mais le fait de gravir
quatre étages est un travail tellement usuel qu'on ne songe pas à
remarquer quelle dépense de force il demande. Il en est de même
de tous les actes par lesquels le corps s'élève : la marche dans
une côte, l'ascension d'une montagne. Dans tous ces cas, le corps
humain, poids considérable, a été déplacé en hauteur suivant un
plan plus ou moins incliné, et ce déplacement a exigé une grande
dépense de force.

Même conclusion si on étudie ce qui se passe chez un homme
qui court.

A chaque foulée de course, il y a un instant où les deux pieds
abandonnent le sol à la fois et où le corps plane en quelque sorte
dans l'espace sans être soutenu par l'appui des jambes et en
vertu seulement de la poussée musculaire qui l'a détaché de
terre. Cette poussée, qui représente un travail énorme, se renouvelle trois ou quatre fois par seconde. Pendant la marche au contraire, le corps est supporté par l'un des pieds et n'abandonne
jamais le sol. — Ces détails montrent clairement la grande différence de travail représentée par l'allure de la marche comparée à
celle de la course.

Remarquons que, dans la course, l'essoufflement est dû moins
à la vitesse de la progression qu'au mode de locomotion, à la
manière dont le corps se déplace. La vitesse dans le mouvement
ne suffit pas pour amener l'essoufflement quand elle n'est pas
combinée avec l'intensité de l'effort musculaire. Aussi ne faut-il
pas s'en rapporter à la vitesse d'un exercice pour préjuger le
degré d'essoufflement qu'il doit produire.

On peut, ainsi que nous l'avons dit, ralentir le galop d'un cheval, de manière à le rendre moins rapide que le trot allongé, et
pourtant on observe toujours que l'animal s'essouffle beaucoup
plus en galopant qu'en trottant. C'est que le galop du cheval
est une allure plus *haute* que le trot, ainsi que l'ont mis en lumière
les expériences de M. Marey. Le cheval qui galope élève son corps
à une plus grande hauteur du sol que le cheval qui trotte, et fait,
par conséquent, une plus grande quantité de travail mécanique.
C'est à cause de cette différence dans la quantité de force dépensée

que le trot à vitesse égale, essouffle toujours moins l'animal que le galop.

Il serait facile d'accumuler des exemples. Ceux que nous avons cités suffisent pour démontrer que la véritable condition de l'essoufflement, celle sans laquelle la gêne respiratoire ne se produit pas d'une manière durable, c'est la grande dépense de force nécessitée par l'exercice en un temps très court.

Toute différence individuelle étant écartée, on peut dire que .

Dans tout exercice musculaire, l'intensité de l'essoufflement est en raison directe de la quantité de force dépensée en un temps donné.

L'essoufflement est un effet général, une *résultante*. Il est l'effet de la totalité du travail exécuté par l'ensemble des muscles qui concourent à un exercice.

La fatigue musculaire, au contraire, est un effet local. Elle est proportionnée à la part de travail qui revient individuellement à chaque muscle dans l'exécution d'un exercice.

Une quantité de travail trop faible pour amener l'essoufflement pourra amener la fatigue si l'effort est supporté par un petit nombre de muscles ou par des groupes musculaires très faibles. Si, au contraire, l'exercice est divisé entre un très grand nombre de muscles, ou exécuté par des masses musculaires puissantes, la part de travail effectuée par chaque faisceau contractile pourra être trop faible pour amener la fatigue locale, tandis que la somme représentée par le travail de chacun d'eux pourrra être suffisante pour amener l'essoufflement.

L'essoufflement est la forme générale de la fatigue. Quand on veut obtenir de l'exercice musculaire ses *effets généraux*, il faut rechercher les exercices qui essoufflent, et ne pas s'en tenir à ceux qui fatiguent. Ces derniers produisent surtout des effets locaux.

Enfin, dans le *dosage* des exercices du corps, on peut considérer l'essoufflement comme une sorte de mesure physiologique indiquant plus sûrement que la fatigue musculaire l'intensité du travail auquel a été soumis l'organisme. Quand l'essoufflement ne s'est pas produit, on peut dire que l'exercice est modéré, ou du moins qu'il a été pris,— si l'on peut s'exprimer ainsi,— *à dose fractionnée*. Toutes les fois, au contraire, que la gêne respiratoire se produit promptement, on peut affirmer qu'il a été fait une grande quantité de travail en peu de temps, et par conséquent que l'exercice a été pris à *haute dose*.

Certains exercices qui, au premier abord, paraissent modérés, seront jugés exercices violents, comme ils méritent de l'être, si on les soumet au critérium que nous indiquons.

C'est ainsi qu'une fillette qui saute à la corde se trouve faire un exercice en réalité plus violent qu'un batelier qui rame ou un gymnasiarque qui exécute des tours de trapèze.

Ainsi, pour nous résumer, si certains exercices essoufflent plus que d'autres, ce résultat ne tient pas aux mouvements spéciaux ou aux attitudes particulières qu'ils comportent. La promptitude de l'essoufflement n'est pas due à la contraction de certains muscles, au déplacement de certains leviers osseux, à la gêne mécanique subie par certains organes pendant l'exercice : elle est due à la dépense excessive de force que l'exercice nécessite.

Il était important d'établir clairement les conditions dans lesquelles l'essoufflement se produit, car de ces conditions nous allons déduire la cause première de l'essoufflement.

II.

Quand un homme essoufflé cherche à s'étudier lui-même et à analyser les sensations tumultueuses qu'il éprouve, il est très embarrassé pour caractériser exactement son malaise et pour le localiser d'une manière précise dans tel ou tel point du corps. Une impression, pourtant, domine toutes les autres et les résume pour lui assez nettement : c'est le sentiment d'un besoin exagéré de respirer qu'il ne parvient pas à satisfaire.

L'exagération du besoin de respirer est le caractère fondamenta-de l'essoufflement.

En quoi consiste le besoin de respirer? dans quelles conditions se produit-il, et pourquoi l'augmentation du travail des muscles amène-t-elle l'exagération de ce besoin? Telles sont les questions à résoudre pour saisir le lien qui rattache l'essoufflement à l'exercice musculaire qui le produit.

Le besoin de respirer est une sorte de régulateur de la fonction respiratoire. C'est une sensation qui pousse l'individu à augmenter plus ou moins la fréquence et l'ampleur des mouvements du poumon, suivant l'urgence plus ou moins grande qu'il y a pour l'organisme à *hématoser* le sang, c'est-à-dire à rendre au sang veineux ses qualités de sang artériel, en remplaçant l'excès d'acide carbonique qu'il renferme par de l'oxygène emprunté à l'air atmosphérique.

Ni la faim, ni la soif, ni aucun des autres besoins naturels ne produisent dans l'organisme une perturbation aussi prompte que le besoin de respirer, quand il n'est pas satisfait. C'est qu'aucun autre besoin n'est lié d'une façon aussi intime à la sauvegarde de l'organisme.

La respiration, en effet, a pour but de nous défendre contre un danger très pressant, en éliminant du sang l'acide carbonique, véritable poison dont l'accumulation dans l'économie peut, en quelques minutes, amener la mort.

L'acide carbonique est un produit de désassimilation, résultant des combustions vitales. Il se forme d'une façon incessante dans l'organisme, pendant tout le temps que s'entretient la chaleur animale, c'est-à-dire pendant toute la vie. Si l'organisme n'en subit habituellement aucun mauvais effet, c'est qu'il s'élimine sans cesse par le poumon.

L'organisme ne peut supporter sans dommage qu'une dose déterminée d'acide carbonique. Quand cette dose est dépassée, un malaise se produit aussitôt. Ce malaise, qui s'appelle gêne respiratoire, besoin de respirer, *dyspnée*, est un avertissement qui nous met en garde contre l'accumulation dans le sang, de la substance toxique.

La présence de l'acide carbonique en excès dans le sang est le point de départ de la sensation qui nous pousse instinctivement, et même quelquefois en dépit de notre volonté, à activer le jeu de l'appareil respiratoire.

Toutes les circonstances qui font varier en plus ou en moins la quantité d'acide carbonique contenue dans le sang font varier, dans le même sens, l'intensité du besoin de respirer et la fréquence des mouvements respiratoires. — signe par lequel ce besoin se manifeste extérieurement.

Toutes les fois que l'organisme fabrique moins d'acide carbonique qu'à l'état normal, le besoin de respirer diminue et les mouvements respiratoires se ralentissent. C'est ce qu'on observe pendant le sommeil. Un homme endormi produit moins d'acide carbonique qu'un homme éveillé ; aussi sa respiration est-elle moins fréquente.

C'est surtout dans le sommeil des animaux hybernants qu'on a pu observer la corrélation très intime qui existe entre la diminution de l'acide carbonique dans l'économie et l'atténuation du besoin de respirer.

D'après les curieuses expériences de Regnault, la production d'acide carbonique chez la marmotte en état de sommeil hybernal est trente fois moindre qu'à l'état de veille. Aussi observe-t-on une diminution surprenante du besoin de respirer chez l'animal en état d'hybernation. On constate, en revanche, qu'au réveil, la production d'acide carbonique augmente brusquement et que, du même coup, les exigences de la respiration reprennent aussitôt toute leur intensité.

Une marmotte engourdie par le sommeil hybernal fut placée sous une cloche de verre de très petite dimension, et les bords de la cloche furent scellés avec du ciment à la table sur laquelle l'appareil était placé. De cette façon, l'air extérieur ne pouvait arriver sous la cloche, et la respiration de l'animal était réduite à la très petite quantité d'air contenue dans sa prison. Tant que dura son sommeil, la respiration s'alimenta suffisamment, et l'animal put vivre pendant plusieurs jours avec cette dose presque infinitésimale d'oxygène, sans donner aucun signe de malaise. Un jour, par un choc violent imprimé à la cloche, on éveilla la marmotte. A peine sorti de son sommeil, l'animal manifesta, par son agitation et les mouvements désordonnés de sa poitrine, une grande gêne respiratoire et mourut asphyxié en quelques minutes. La dose d'air qui lui suffisait à entretenir sa vie avant d'être réveillée ne lui suffisait plus une fois sorti de son sommeil hybernal. Le réveil avait brusquement augmenté l'activité de l'organisme, rendu plus considérable la production d'acide carbonique, et la saturation du sang par ce gaz avait augmenté les exigences de la respiration que la trop petite quantité d'air de la cloche ne pouvait plus satisfaire.

Si le besoin de respirer diminue quand la proportion d'acide carbonique contenue dans le sang est plus faible qu'à l'état normal, il augmente, au contraire, toutes les fois que ce gaz tend à devenir plus abondant. Si l'acide carbonique tend à s'accumuler à haute dose, le besoin de respirer prend les caractères de la dyspnée intense, de l'angoisse, et provoque des mouvements respiratoires d'une énergie et d'une fréquence de plus en plus grandes.

Quand on injecte de l'acide carbonique dans les veines d'un chien, sa respiration s'accélère, devient oppressée, anxieuse; l'animal manifeste une gêne respiratoire de plus en plus grande. Si on continue l'injection sans aucun temps d'arrêt, les symptômes s'ag-

gravent continuellement et l'animal finit par succomber avec les
phénomènes de l'asphyxie. Aucune expérience ne peut infirmer
la valeur de celle-ci. Elle prouve d'une manière péremptoire que
le besoin de respirer s'exagère quand l'acide carbonique est en
excès dans le sang, et non pas seulement, — ainsi qu'on l'a
soutenu, — quand la quantité d'oxygène est insuffisante. En effet,
dans l'exemple que nous citons, le chien ayant les voies respiratoires libres, rien ne peut empêcher l'oxygène de l'air d'arriver à ses poumons en quantité normale; pourtant l'essoufflement se produit, et les accidents d'asphyxie peuvent devenir
mortels

Le besoin de respirer se produit donc avec une intensité proportionnelle à la quantité d'acide carbonique accumulée dans le
sang.

Plusieurs causes, chez l'homme, peuvent amener l'accumulation de l'acide carbonique dans l'économie. Il peut y être introduit du dehors par les voies respiratoires, et on observe alors
des accidents semblables à ceux que nous venons de signaler
chez le chien en expérience. C'est ainsi que les émanations d'une
cuve de vendange en fermentation produisent la mort par asphyxie.

Les mêmes accidents peuvent se produire quand l'acide carbonique, au lieu d'être introduit du dehors dans l'organisme, y est
simplement retenu par un obstacle quelconque qui diminue le
pouvoir éliminateur du poumon. C'est ainsi qu'un enfant qui
meurt du croup succombe asphyxié par l'acide carbonique que
ses voies respiratoires obstruées ne peuvent éliminer en quantité
suffisante.

Enfin, il y a une troisième cause d'accumulation d'acide carbonique dans le sang : l'accumulation peut avoir lieu par excès
de production, et c'est ce qui arrive pendant l'exercice violent.

C'est une vérité démontrée en physiologie qu'un animal produit d'autant plus d'acide carbonique qu'il exerce davantage son
activité musculaire. Les travaux de M. Sanson ont prouvé que,
chez les grands animaux, tels que le cheval et le bœuf, la quantité d'acide carbonique rendue par la respiration est doublée et
même triplée quand on les soumet à un violent travail, tel que
la course (A. Sanson, *la Respiration des grands animaux*).

On a constaté cette production plus grande d'acide carbonique
pendant le travail chez tous les animaux, même chez les insectes.

Une ruche d'abeilles renferme vingt-sept fois plus d'acide carbonique quand l'essaim travaille que lorsqu'il se repose.

Enfin, chez l'homme, on recueille par la respiration pour un temps donné :

— 0gr,35 d'acide carbonique pendant le sommeil;
— 0gr,60 . . . . dans l'attitude assise;
— 1gr,65 . . . . pendant la course.

Outre le surcroît d'acide carbonique exhalé par la respiration, on constate aussi une augmentation dans la quantité de ce gaz que la peau élimine pendant le travail. De plus, malgré l'augmentation de l'acide carbonique rendu par toutes les voies, l'organisme en reste encore imprégné pendant un certain temps après la cessation de l'exercice. Si l'on tue un animal après un exercice forcé, on trouve que ses muscles renferment beaucoup plus d'acide carbonique qu'à l'état normal et que le sang des artères est devenu noirâtre et semblable par sa composition chimique à du sang veineux.

Ainsi, quand un homme se livre au travail musculaire, il se produit dans tout son organisme un surcroît d'acide carbonique. L'homme qui exécute un exercice très violent est menacé d'asphyxie aussi bien qu'un animal auquel on injecte de l'acide carbonique dans les veines. Dans les deux cas la cause des troubles respiratoires est la même : c'est un empoisonnement du sang par la même substance toxique ; seulement, chez l'homme essoufflé par le travail musculaire, le poison n'a pas été introduit du dehors, il s'est formé dans l'organisme même. C'est un produit de désassimilation qui s'est accumulé à trop forte dose dans l'économie.

La présence, dans le sang, de l'acide carbonique en excès amène le sentiment de dyspnée. La dyspnée, ou augmentation du besoin de respirer, produit, par effet réflexe, une augmentation de l'effort respiratoire. Une lutte s'engage entre le gaz toxique et les organes éliminateurs qui ont pour mission de l'expulser de l'organisme. Pendant un temps plus ou moins long, suivant l'aptitude respiratoire du sujet, le surcroît d'action du poumon compense l'excès de production de l'acide carbonique, et le malaise est supportable. Mais si le travail augmente, la production finit par dépasser le pouvoir éliminateur des organes ; les cellules pulmonaires ne peuvent plus suffire à débiter tout l'acide carbonique que le sang leur apporte, et ce gaz s'accumule. Si à ce moment le travail est interrompu, la production du gaz toxique retombe au chiffre normal, celui que l'organisme contenait en excès s'élimine, et le malaise se dissipe. Si, au contraire, l'exercice violent se continue sans aucun temps d'arrêt, l'acide carbonique finit par s'accumuler à haute dose et peut arriver à produire des accidents graves, et même la mort par asphyxie.

Telle est la corrélation très étroite qui existe entre la quantité de travail exécutée par les muscles, la quantité d'acide carbonique produite dans l'organisme, et l'intensité de la gêne respiratoire ressentie par le sujet. Le travail musculaire augmente l'acide carbonique du sang, et l'excès de ce gaz amène l'augmentation du besoin de respirer.

Ainsi s'explique cette loi qui résulte de l'observation des faits et que nous énoncions tout à l'heure :

L'intensité de l'essoufflement pendant un exercice est en proportion directe de la dépense de force que cet exercice nécessite en un temps donné.

L'essoufflement a pour cause une sorte d'empoisonnement de l'organisme par un de ses propres produits de désassimilation, une *auto-intoxication* par l'acide carbonique. L'augmentation excessive du besoin de respirer et l'exagération des mouvements respiratoires qu'on observe chez l'homme essoufflé par l'exercice musculaire viennent de l'imminence du danger d'intoxication et de l'effort que fait l'organisme pour éliminer promptement le poison.

III.

Si on passe en revue toutes les circonstances dans lesquelles se produit l'essoufflement, on verra que notre théorie peut en donner une explication satisfaisante.

Pour que l'essoufflement se produise, il faut que beaucoup de travail soit fait en peu de temps, que l'exercice soit pris pour ainsi dire à *dose massive*, parce qu'il faut que l'augmentation de l'acide carbonique soit assez rapide pour amener l'accumulation excessive de ce gaz et la saturation du sang.

Si l'exercice ne fait, par exemple, que doubler la production de l'acide carbonique, l'essoufflement n'aura pas lieu, puisque l'élimination de ce gaz, d'après les recherches de M. Sanson, peut être triplée pendant le travail.—La respiration serait *activée*, mais elle ne serait pas *insuffisante*. — Si, au contraire, le travail musculaire produit, pendant un temps donné, une quantité d'acide carbonique supérieure à celle que le poumon peut éliminer pendant le même temps, il se produira une accumulation de ce gaz dans l'économie, le malaise respiratoire augmentera à chaque seconde et finira par interrompre le travail.

Ainsi s'expliquent les faits qui frappent l'observateur dans la pratique des exercices du corps, et qui montrent combien la fatigue musculaire se produit dans des conditions différentes de l'essoufflement.

La quantité d'acide carbonique produit par un groupe de muscles dans un temps donné est proportionnelle au travail qu'il exécute. D'autre part, le travail que peut exécuter un groupe musculaire sans se fatiguer est en raison directe de la force, c'est-à-dire du nombre et du volume des muscles composant ce groupe. Si donc un exercice est localisé à un groupe musculaire peu volumineux, la fatigue s'y produira avant qu'il n'ait fourni une grande quantité de travail et amassé dans le sang une forte dose d'acide carbonique. Le pouvoir éliminateur du poumon sera supérieur à la puissance de travail des muscles agissants; la fatigue musculaire précédera l'essoufflement. Si, au contraire, les muscles mis en action sont très puissants et très nombreux, ils pourront, avant d'arriver à la fatigue, produire une grande somme de travail et, par conséquent, une très forte dose d'acide carbonique. Leur puissance de travail sera supérieure au pouvoir éliminateur du poumon. L'essoufflement viendra cette fois avant la fatigue.

Voilà pourquoi les exercices pratiqués avec les membres supérieurs, dont les muscles sont relativement faibles, aboutissent le plus souvent à la fatigue sans amener l'essoufflement. Ces muscles font relativement peu de travail à la fois; ils sont fatigués avant d'avoir produit la dose d'acide carbonique nécessaire pour essouffler le poumon.

Les membres inférieurs, au contraire, avec leurs puissantes masses musculaires, peuvent fournir, en quelques secondes, une grande somme de travail et jeter dans le sang une grande quantité d'acide carbonique. Aussi, quand on leur demande tout le travail dont ils sont capables, produisent-ils, en très peu de temps, beaucoup plus d'acide carbonique que le poumon n'en

peut éliminer. L'essoufflement vient interrompre l'exercice alors
que les muscles sont encore pleins de vigueur.

L'essoufflement a lieu toutes les fois que le travail musculaire produit, en un temps donné, dans le sang plus d'acide
carbonique que le poumon n'en peut éliminer dans le même
temps.

La quantité de travail nécessaire pour amener l'essoufflement
ne devra donc pas être la même pour tout le monde, parce que
tous les sujets ne peuvent pas éliminer par le poumon la même
quantité d'acide carbonique dans le même temps. On peut dire
qu'il existe, pour chaque individu, un *coefficient* d'essoufflement qui varie avec son aptitude respiratoire. Le moment où
l'essoufflement se produit peut être retardé par la vigueur du
sujet, l'ampleur de ses poumons, l'intégrité parfaite de son cœur,
et surtout par son aptitude acquise à se servir de ses organes
respiratoires.

Mais, quelle que soit la puissance respiratoire du sujet, si on
suppose un exercice aussi violent que possible et utilisant sans
aucun ménagement toute la force des muscles du corps, l'essoufflement se produira presque instantanément, parce que le système musculaire, dans son ensemble, peut produire, en un temps
donné, plus d'acide carbonique que les poumons n'en peuvent
éliminer.

C'est pour cette raison qu'il est important dans un exercice
de grande vitesse, tel que la course, de ne pas donner du premier
coup tout l'effort dont on est capable, et de se ménager au départ.
Pour éviter de s'essouffler pendant l'exercice, il faut propor-
tionner le travail des muscles au pouvoir éliminateur du poumon,
de façon que la quantité d'acide carbonique produite en un temps
donné ne soit pas supérieure à celle que peuvent débiter les
voies respiratoires pendant le même temps.

L'habitude de pratiquer un exercice ou d'exécuter un travail
amène instinctivement l'homme ou l'animal à régler l'intensité de
l'effort musculaire sur la puissance respiratoire, de telle façon
qu'il y ait équilibre entre la quantité d'acide carbonique que produisent les muscles et celle qu'élimine le poumon. C'est ainsi que
chaque homme, chaque animal, arrivent à adopter dans le travail
de vitesse une allure, — ou plutôt *un train*, — dont ils ne doivent
pas sortir sous peine de s'essouffler.

Il y a, dans une course de chevaux, des animaux chargés de
faire le jeu. Ils s'élancent à fond de train dès le départ, cher-

chant à entraîner leurs adversaires dans un galop extrêmement
vif. Le but de cette manœuvre est de forcer les autres chevaux à
sortir de leurs allures, pendant qu'un camarade d'écurie se ménage
pour prendre ensuite la tête quand les concurrents commencent
à perdre leurs moyens. Un cheval qui sort de ses allures est, au
point de vue physiologique, un animal qui produit plus d'acide
carbonique qu'il n'en peut éliminer. De là intoxication prompte
qui paralyse son action. Pour gagner la course, un cheval est
presque toujours obligé de fournir à un moment donné toute la
vitesse dont ses jambes sont capables, et, par conséquent, de
sortir de ses allures. Mais c'est l'art du jockey de l'en sortir le
plus tard possible, de manière à ne l'exposer à l'intoxication inévitable que tout près du poteau d'arrivée.

Cependant, quoi qu'on fasse, si un exercice violent se continue
sans arrêt pendant un certain temps, l'essoufflement finira toujours
par se produire, quoique le sujet ne sorte pas de ses allures.
Supposons le cas où le travail musculaire produit une quantité
d'acide carbonique juste égale à celle que peut éliminer le poumon. L'essoufflement n'aura pas lieu dès le début, puisqu'il y
aura équilibre entre la production et l'élimination. Pourtant, si
le travail continue, la respiration finira par s'embarrasser. Ainsi,
par exemple, une course modérée, qu'on peut supporter pendant
cinq minutes sans être essoufflé, amènera l'essoufflement si elle
se continue pendant un quart d'heure, sans qu'on ait augmenté
la vitesse première.

C'est que, la quantité de travail restant la même, l'aptitude
respiratoire du sujet diminue, par le fait de la continuation de
l'exercice. Par le fait même du travail, il se produit des troubles
dans le fonctionnement de l'appareil respiratoire. La circulation
sanguine est activée dans le poumon, et il en résulte d'abord une
congestion *active* de cet organe. Plus tard, c'est la congestion
passive qui s'observe par suite de la fatigue, du *forçage* du cœur
droit dont l'impulsion n'est plus assez énergique pour chasser le
liquide sanguin à travers les petites ramifications des vaisseaux
pulmonaires. D'autre part, les centres nerveux, vivement excités
par l'acide carbonique que le sang leur apporte, réagissent sur
les mouvements du poumon par des effets réflexes qui rendent la
respiration courte, précipitée, irrégulière.

La congestion du poumon, le dérèglement des mouvements
respiratoires, l'exagération, puis l'affaiblissement des battements du cœur, sont autant de facteurs secondaires de l'essouf-

flement, que nous étudierons dans le chapitre qui suit. Leur rôle est important dans la production de la dyspnée au cours de l'exercice, car ils créent des obstacles au libre fonctionnement du poumon, au moment même où cet organe aurait besoin de fonctionner avec plus d'intensité.

CHAPITRE III.

L'ESSOUFFLEMENT (SUITE).

Le mécanisme de l'essoufflement. — Troubles réflexes des mouvements respiratoires. — Sensations physiques et impressions morales. — Le *bégaiement* de la respiration. — Pourquoi on s'essouffle moins à la salle d'armes que sur le terrain. — Réflexes dus à l'acide carbonique. — Les réflexes sont primitivement utiles ; ils deviennent nuisibles par leur exagération. — Dangers des mouvements instinctifs. Rôle du cœur dans l'essoufflement. — Les congestions actives. — Fatigue du muscle cardiaque et congestion passive du poumon. — Le rôle du cœur est secondaire. — Cessation de l'essoufflement malgré la persistance des troubles circulatoires, après l'exercice. — Observation personnelle ; l'ascension du *Canigou*. De *l'effort;* son rôle dans l'essoufflement. — Promptitude de l'essoufflement dans *la lutte*. — Courses de fond et courses de *vélocité*. Nos observations sur le rythme de la respiration essoufflée. — Inégalité des deux temps de la respiration dans l'essoufflement ; — causes de cette inégalité.

La respiration a pour condition essentielle la mise en présence dans le poumon du fluide atmosphérique et du sang veineux, afin que l'air inspiré cède son oxygène au sang, et que le sang se dépouille, en échange, de son acide carbonique. Il est évident que tout obstacle à la libre arrivée du sang aux capillaires du poumon ou à l'entrée facile de l'air dans ses cellules devra rendre l'acte respiratoire incomplet.

Or l'exercice violent cause dans les mouvements respiratoires une perturbation qui les rend moins efficaces pour attirer l'air dans la poitrine, en même temps qu'il produit dans le cours du sang des troubles capables d'entraver la circulation pulmonaire.

Chacun de ces deux effets mérite une étude attentive.

I.

L'exercice peut avoir sur les mouvements respiratoires une action directe, car certains actes musculaires s'exécutent à l'aide des muscles de la poitrine ou du dos. Ces muscles, étant utilisés pour le travail, se trouvent momentanément détournés de leur rôle de muscles respirateurs. Ils peuvent même suspendre la respiration quand ils prennent un point d'appui sur les côtes pour mouvoir les membres supérieurs.

L'effort, dont nous avons longuement parlé au chapitre des *Mouvements*, est le type des actes qui suspendent la respiration par immobilisation du thorax.

Cet acte a des conséquences importantes au point de vue de la circulation du sang, et c'est ainsi surtout qu'il trouble la fonction respiratoire. Mais il a aussi pour effet d'entraver momentanément l'échange des gaz, et cela, d'ordinaire, au moment où il est le plus urgent. La suspension de la respiration pendant l'état de repos n'a pas de graves conséquences, car elle est toujours suivie, par un effet de compensation, d'une série de respirations plus amples et plus profondes, qui éliminent promptement l'acide carbonique dont la quantité retenue dans l'économie ne peut être excessive, étant donné l'état de repos des muscles. Mais si l'effort a lieu pendant le travail, il se trouve que le poumon est entravé dans son jeu, juste au moment où son action devrait être augmentée ; la suspension de la respiration ferme la voie par où devrait s'éliminer l'acide carbonique, à l'instant même où les muscles produisent trois fois plus de ce gaz qu'à l'état normal. La respiration, qui répondait à peine aux besoins de l'organisme pendant le libre fonctionnement du poumon, devient tout à fait insuffisante quand les mouvements du thorax sont ainsi entravés. Aussi la suspension réitérée de la respiration pendant le travail peut-elle devenir une cause très efficace de dyspnée, tandis qu'elle ne provoque, à l'état de repos, qu'un malaise passager.

Mais l'effort et les autres actes musculaires capables de suspendre ou d'entraver le jeu des côtes ne sont pas les causes les plus fréquentes des troubles qu'on observe dans les mouvements respiratoires au cours de l'exercice. La respiration est bien souvent profondément modifiée dans son rythme, son ampleur et sa fréquence, sans qu'il soit besoin d'invoquer l'action directe de l'exercice pratiqué. Bien souvent on voit des exercices dont l'exécution ne nécessite pas le concours des muscles thoraciques troubler pourtant profondément le jeu des mouvements du thorax.

C'est alors par effet réflexe que se fait sentir l'action indirecte de l'exercice.

Les effets réflexes, capables de modifier le rythme respiratoire.

ont pour point de départ des impressions très diverses, et le
poumon est très fréquemment exposé à en subir les effets, car
aucun organe n'est plus impressionnable que celui-ci. Pour bien
comprendre les effets réflexes auxquels le poumon est susceptible d'obéir, il faut se rappeler qu'en général les impressions
vives, physiques ou morales, ont tendance à se traduire par des
mouvements involontaires, et que ces mouvements peuvent avoir
pour siège aussi bien les muscles de la vie organique que ceux
de la vie de relation.

Quand on passe près d'une cabine où une personne prend pour
la première fois une douche froide, on entend des soupirs, des
gémissements entrecoupés. Ces sons inarticulés, qui ressemblent
à des cris de détresse, sont tout simplement dus à des effets réflexes. La sensation de froid que cause la douche sur les parois de
la poitrine se transmet aux centres nerveux et y provoque une
excitation d'où résultent des efforts brusques d'inspiration et d'expiration. L'air est attiré dans la poitrine avec violence, ou chassé
au dehors par saccades, et fait vibrer en passant les cordes vocales,
sans que la volonté intervienne. Si même l'impression de l'eau
froide est trop vive, l'effet réflexe peut aboutir à une suspension
complète de la fonction respiratoire : il devient impossible à l'air
d'entrer dans la poitrine, ou d'en sortir quand il y est entré. De
là une sorte d'angoisse, une suffocation momentanée qui rendent
les débuts de l'hydrothérapie très pénibles aux sujets impressionnables.

Toute sensation physique violente, quel que soit son siège,
vient retentir sur le poumon ; toute émotion morale vive, quelle
que soit sa cause, peut aussi faire sentir son influence à la fonction respiratoire. La joie, la douleur, la crainte peuvent produire
dans les mouvements respiratoires des effets réflexes qui s'appellent le rire, le sanglot, le soupir, le cri.

Toutes les fois que les mouvements respiratoires sont troublés
dans leur rythme, l'essoufflement se produit, même à l'état de
repos musculaire. Aussi, bien souvent, des causes d'ordre moral
viennent-elles augmenter la tendance du sujet à s'essouffler pendant un exercice. Tel exercice qui s'exécute avec une respiration
tranquille si on a l'esprit libre de tout souci, amène promptement
des troubles respiratoires quand il s'y joint une vive préoccupation.

Ceux qui ont eu l'occasion d'accompagner sur le terrain deux
hommes habitués au maniement de l'épée savent qu'ils s'es-

soufflent incomparablement plus vite dans les reprises du duel que dans un assaut fait à la salle d'armes. Pourtant leurs mouvements sont plus prudents, plus raccourcis; ils ne cherchent pas les grandes attaques, et observent plus qu'ils n'agissent : ils font moins de dépense de force, mais..... les épées ne sont pas mouchetées.

Les émotions dépressives font sentir leur effet sur la respiration des animaux aussi bien que sur celle de l'homme. Un cheval impressionnable qu'on maltraite pendant le travail, ou seulement qu'on menace sévèrement de la voix, s'essouffle très promptement.

C'est pour la même raison que les animaux sauvages peuvent être pris, à la chasse, par des animaux domestiques, malgré leur supériorité d'accoutumance à la fatigue. Le chien, incomparablement moins vite que le lièvre, parvient pourtant à le forcer : la frayeur que ressent l'animal poursuivi trouble sa respiration et lui ôte une grande partie de ses moyens.

Les impressions morales, ainsi que les sensations physiques, ne peuvent diminuer l'aptitude respiratoire que par des effets réflexes qui viennent troubler le jeu régulier du soufflet pulmonaire. Sous l'influence de la peur, on voit les mouvements de la poitrine tantôt s'accélérer outre mesure, tantôt se ralentir et se suspendre momentanément, tantôt se succéder à intervalles inégaux. Le défaut de coordination, le désordre des mouvements respiratoires qu'on observe sous l'influence de la frayeur ressemblent beaucoup à cette incohérence des mouvements des lèvres qui empêchent un homme ému d'articuler nettement ses paroles. — C'est ainsi que les émotions dépressives peuvent amener une sorte de *bégaiement* de la respiration.

Le désordre des mouvements respiratoires détruit la régularité des échanges gazeux qui ont lieu dans le poumon entre le sang veineux et l'air atmosphérique, et entrave, ainsi, profondément la fonction de l'hématose. Quand la respiration n'est plus régulière, l'acide carbonique formé par le travail ne peut être éliminé à mesure qu'il se forme, l'oxygène ne peut être introduit à proportion que l'organisme le réclame ; dès lors, le besoin de respirer n'est plus satisfait, et l'essoufflement se produit.

Ainsi, les impressions morales peuvent venir ajouter leur influence à celle du travail pour amener l'essoufflement, non pas en augmentant la production de l'acide carbonique, mais en empêchant son élimination régulière. Plus le sujet est impressionnable, plus aisément les émotions influencent ses actes respiratoires. De là la supériorité, dans certains exercices du corps, des hommes calmes et maîtres d'eux-mêmes. La crainte d'être battu la préoccupation de se voir momentanément dépassé peuvent diminuer l'aptitude respiratoire d'un sportsman d'ailleurs très vigoureux, mais trop impressionnable, et lui faire perdre le prix d'une course à pied ou à l'aviron.

Il y a une remarquable ressemblance entre les troubles respiratoires dus à une violente impression morale et ceux qui résultent d'une forte sensation physique. L'analogie est tout aussi frappante si l'on compare les modifications produites par une émotion très vive, dans le fonctionnement du poumon, et celles qu'y détermine un exercice trop violent. — Si l'on se trouve en présence d'un homme haletant de terreur, on pourrait croire qu'il vient de s'essouffler par une course rapide. Dans les deux cas le tableau est le même : respiration irrégulière, parole entrecoupée, teint livide.

Chez l'homme *saisi* par une impression physique vive, telle que le froid de la douche, chez l'homme *transi* de peur, et chez l'homme *essoufflé* par la course, il y a un élément commun capable de troubler la respiration : c'est une sorte de choc subi par une région de centres nerveux qui préside aux mouvements respiratoires. La douche froide influence la respiration par la sensation violente que les nerfs de la peau transmettent au cerveau. La peur agit en produisant sur les centres nerveux un ébranlement dont nous ne connaissons pas le mécanisme, mais dont les effets sont analogues à ceux d'une impression physique. Quant au travail musculaire, il fait sentir son effet sur le centre respiratoire, parce qu'il modifie profondément la composition du liquide sanguin ; il accumule dans ce liquide un excès d'acide carbonique, et ce composé a la propriété de produire sur le bulbe rachidien, d'où naissent les nerfs respiratoires, une excitation qui amène, par effet réflexe, des modifications profondes dans le jeu des mouvements du poumon.

L'excitation produite par l'acide carbonique du sang sur le bulbe rachidien n'est pas perçue par le sujet aussi nettement qu'une impression extérieure, mais elle se traduit par un besoin, le besoin de respirer, qui provoque immédiatement des mouvements réflexes dans les muscles respiratoires. Ces mouvements, tout à fait automatiques, ont pour but d'éliminer de l'organisme avec une plus grande énergie l'acide carbonique qui tend à s'accumuler à trop forte dose.

II.

C'est une loi en physiologie que, sous l'influence d'une impression annonçant un danger, les organes réagissent et s'efforcent d'éloigner l'agent nuisible. Un grain de poussière introduit dans l'œil provoque un mouvement réflexe de clignement par lequel les paupières cherchent à le balayer pour ainsi dire; si le corps étranger siège dans les voies respiratoires, il provoque un effort de toux ; quand il siège dans les narines, c'est un éternuement qui l'expulse.

Tous ces actes se produisent par effet réflexe, et c'est de même par effet réflexe que l'acide carbonique en excès provoque l'accélération des mouvements respiratoires qui doivent l'éliminer.

L'instinct en vertu duquel les mouvements respiratoires se modifient pendant l'exercice violent est donc intimement lié à la conservation de l'individu, et il semble étonnant au premier abord qu'il puisse produire des résultats nuisibles, et entraver l'accomplissement des fonctions auxquelles il préside.

C'est que l'instinct est une force aveugle qui mesure l'intensité de son action à la violence de l'excitation reçue, sans tenir compte du résultat produit. On voit tous les jours les accidents les plus graves résulter de l'intervention exagérée ou inopportune de la puissance automatique des organes. C'est ainsi que les contractions péristaltiques de l'intestin, primitivement utiles pour expulser un corps étranger ou un aliment indigeste, peuvent occasionner par leur exagération de graves maladies, l'*invagination intestinale,* par exemple. Il en est de même des contractions du muscle orbiculaire des paupières, qui peuvent aggraver une affection oculaire accompagnée de *photophobie*. L'abaissement du voile palpébral, dans les cas où l'œil craint la lumière, est un mouvement instinctif et primitivement utile. Mais si la photophobie est intense, il résulte de l'irritabilité excessive de l'œil un effort exagéré d'occlusion, un *spasme* qui peut aller jusqu'à recroqueviller en dedans le bord des paupières dont les cils viennent exercer sur la cornée un frottement douloureux.

De même, du côté des organes pulmonaires, une augmentation modérée du stimulus respiratoire rend la fonction plus efficace et favorise l'hématose : les mouvements du thorax deviennent plus amples et plus fréquents ; ils introduisent plus

F. LAGRANGE.

d'air dans le poumon et en éliminent plus d'acide carbonique. Mais si l'excitation des centres nerveux respiratoires est trop vive, si le besoin de respirer s'exagère, les mouvements acquièrent une fréquence excessive, et c'est là une première cause qui rend la fonction insuffisante. En effet, des expériences très nettes prouvent qu'au delà d'un certain nombre de mouvements respiratoires par minute, la quantité d'acide carbonique expiré diminue à proportion que le chiffre des respirations augmente.

Si la respiration ne subit qu'une accélération modérée, le nombre des mouvemements compense l'insuffisance de chacun d'eux, et, au total, un homme qui respire 30 fois par minute finit par éliminer plus d'acide carbonique que celui qui respire 16 fois dans le même temps. Mais si la respiration se précipite outre mesure, elle ne donne plus à l'acide carbonique le temps de traverser les alvéoles pulmonaires, et le mouvement d'expiration rejette au dehors l'air presque tel qu'il est entré.

Ainsi l'effet réflexe, primitivement utile parce qu'il activait la respiration et la rendait plus efficace, finit par devenir une entrave pour l'accomplissement régulier de cette fonction et par constituer un danger pour l'organisme.

On arrive, par l'habitude, à exercer une certaine domination sur les actes habituellement soustraits à la volonté. A l'aide d'efforts soutenus et persévérants, l'homme peut lutter victorieusement contre les réflexes respiratoires qui le poussent à accélérer outre mesure les mouvements de la respiration. C'est le secret de la résistance à l'essoufflement qu'acquièrent les coureurs de profession. Ils parviennent à régler le jeu de leur poumon et l'empêchent de céder à cette sorte d'affolement sous l'empire duquel la poitrine haletante ne fait plus qu'ébaucher les mouvements respiratoires.

Certains malades nous offrent une curieuse démonstration de cet empire qu'on peut prendre sur les mouvements habituellement involontaires, pour les retenir et les régulariser. Les asthmatiques qui souffrent depuis longtemps de la dyspnée ont appris à résister à l'impulsion qui porte tout homme oppressé à répéter souvent le mouvement respiratoire. Ils s'appliquent à ralentir le rythme de la respiration et à en prolonger le plus possible la durée. De cette façon ils arrivent à améliorer leur état sans que la maladie ait diminué. Les emphysémateux qui ont leur oppression depuis plusieurs années *savent* respirer et tirent de leurs mauvais poumons un bien meilleur parti qu'au début de leur maladie. C'est en ralentissant leur respiration qu'ils la rendent plus efficace.

L'exercice musculaire qui accélère les mouvements respiratoires au début de l'essoufflement amène souvent, quand il est poussé trop loin, le ralentissement excessif et même la suspension momentanée de ces mouvements.

Ces deux résultats inverses sont dus aussi bien l'un que l'autre à des effets réflexes que provoque l'excitation des centres nerveux par l'acide carbonique. En effet, l'excitation modérée du *bulbe*, telle que l'occasionne une dose légère d'acide carbonique, amène l'accélération de la respiration ; au contraire, une excitation très forte, telle que peut la produire une haute dose de ce gaz, produit son ralentissement. On voit ces différences de résultat se manifester dans tous les cas où les nerfs du poumon sont soumis à des causes d'excitation quelles qu'elles soient. Ainsi, en électrisant faiblement, chez un animal en expérience, le nerf *pneumo-gastrique* qui anime le poumon, on produit l'accélération de la respiration ; en électrisant très fortement le même nerf, on amène le ralentissement et même l'arrêt complet des mouvements respiratoires.

Dans les phases les plus avancées de l'essoufflement, alors que l'exercice forcé a accumulé dans le sang des doses excessives d'acide carbonique, on voit se produire non plus la respiration accélérée, mais la respiration entrecoupée, interrompue par des temps d'arrêt, et finalement la suspension complète des mouvements du poumon.

III.

Le cœur et le poumon sont liés l'un à l'autre par une solidarité très étroite, et il est rare que l'un de ces organes éprouve un trouble dans son fonctionnement sans que l'autre en subisse aussitôt le contre-coup.

Or un des premiers effets de l'exercice est d'activer la fréquence des battements du cœur, et par conséquent d'accélérer le cours du sang.

L'accélération du cours du sang pendant l'exercice est un fait qui résulte de deux causes dont l'une agit sur la grande circulation, ou circulation générale, et l'autre sur la petite circulation, ou circulation pulmonaire.

La circulation périphérique est accélérée, ainsi que nous l'avons expliqué dans la première partie de ce volume, à cause de l'afflux plus considérable de sang qui se fait vers les muscles en travail. Une sorte de drainage attire vers la fibre musculaire un courant sanguin plus impétueux, et toute la masse du liquide finit par participer à cette impulsion plus vive : le pouls s'accélère et le débit des artères augmente. Chaque département du système vasculaire est traversé, de cette façon, par une plus grande quantité de liquide sanguin.

Le poumon, aussi bien que les autres organes, est donc le siège d'une circulation plus active, par le fait même de l'accélération du pouls.

Mais une autre cause intervient pour faire affluer le liquide sanguin aux capillaires pulmonaires : c'est l'urgence plus grande que ressent l'organisme d'hématoser le liquide sanguin dans lequel l'acide carbonique a augmenté sous l'influence du travail. En vertu d'un effet réflexe dont la loi a été signalée plus haut, le sang trop chargé d'acide carbonique est projeté avec plus d'énergie vers l'organe qui doit le débarrasser de ce gaz.

De ces deux causes réunies résulte un afflux inaccoutumé du sang, une *congestion active* du poumon. Voici quelles en sont les conséquences.

La place occupée par le sang qui encombre les vaisseaux capillaires est perdue pour l'air qui cherche à entrer dans les alvéoles. Le champ respiratoire se trouve ainsi rétréci. Le poumon fait alors un effort d'expansion en vertu duquel certaines cellules habituellement inactives et qui restaient aplaties et resserrées sur elles-mêmes se gonflent d'air et viennent suppléer à l'insuffisance du champ habituel de l'hématose, à l'aide d'une respiration supplémentaire qui se fait surtout par les sommets. De cette façon l'équilibre se trouve, pendant un certain temps, rétabli entre la quantité de sang qui traverse le poumon et le volume d'air qui y pénètre : la respiration est devenue plus ample et plus profonde ; elle est activée, mais elle n'est pas insuffisante. L'essoufflement ne se produit pas encore.

Mais bientôt intervient un facteur important de gêne respiratoire : c'est la diminution de la pression du sang dans les vaisseaux artériels. Le cœur, malgré la succession plus rapide de ses battements, ne donne pas au sang une impulsion aussi énergique qu'à l'état normal, et la tension vasculaire diminue (1). C'est un fait constaté et irrécusable, le cœur se contracte avec moins de force pendant le travail musculaire qu'à l'état de repos. En revanche, ses battements peuvent être plus que doublés de fréquence, de telle sorte que la vitesse de ses mouvements compense leur peu d'énergie, et que son travail se trouve augmenté, malgré la diminution de la pression.

Le sang, étant moins vigoureusement poussé par le piston cardiaque, circule avec plus de difficulté à travers les étroits capillaires du poumon : son cours se ralentit, il y a une sorte de stagnation, de *stase* du liquide sanguin, et les vaisseaux pulmonaires de petit calibre s'engorgent. La *congestion passive* du poumon s'établit. Celui-ci, gorgé de sang, n'offre plus à l'air inspiré qu'un espace trop restreint, et oppose, en outre, un obstacle sérieux au passage de l'ondée sanguine. Le sang veineux ne peut arriver jusqu'aux cellules, pour s'y défaire de son acide carbonique, et il reflue vers le cœur.

La congestion passive du poumon est un des facteurs les plus redoutables de la gêne respiratoire pendant l'exercice. Or toutes les causes qui diminuent la force de la poussée sanguine dans les capillaires doivent favoriser la congestion pulmonaire : aussi observe-t-on une tendance très marquée à l'essoufflement chez toutes les personnes dont le jeu du cœur est gêné par une affection des orifices ou affaibli par une diminution de l'énergie du myocarde, dans tous les cas, en un mot, où il y a tendance à l'affaiblissement des contractions cardiaques.

L'essoufflement se produit très promptement chez les personnes très affaiblies, dont le système musculaire a perdu toute vigueur, par exemple chez les convalescents qui viennent de traverser une longue maladie. Le cœur, étant un muscle, participe à l'atonie générale, et ses contractions faiblissent au moindre effort. Or, aussitôt que le cœur faiblit, le poumon se congestionne et l'essoufflement se produit.

Tel est le rôle du cœur dans la production de l'essoufflement. Malgré l'importance des troubles circulatoires dans l'exercice, ces troubles ne sont pas la cause première de la dyspnée. Ils interviennent pour aggraver mécaniquement la gêne respiratoire en rendant plus difficile le fonctionnement du poumon, mais ils peuvent se produire sans que l'essoufflement se manifeste.

---

(1) MAREY, *la Circulation du sang.*

Une série d'observations personnelles nous permet d'affirmer qu'après l'exercice la dyspnée se dissipe très promptement, tandis que les troubles circulatoires persistent pendant un temps relativement long. Les chiffres que nous allons citer prouvent que ces deux phénomènes ne sont pas solidaires l'un de l'autre.

Au mois de juillet dernier, faisant l'ascension du mont Canigou, nous avons pu nous assurer, en observant sur nous-même et sur deux guides, que le cœur, à la suite d'un exercice violent, reste troublé beaucoup plus longtemps que le poumon. Nous avons noté comparativement le nombre des respirations et celui des pulsations dans trois circonstances différentes de l'ascension : 1° au repos complet, 2° pendant l'ascension des dernières pentes, qui sont presque à pic, et 3° après être arrivés au sommet et avoir soufflé pendant cinq minutes.

Voici la moyenne des résultats :

Au repos complet...................... pulsations 62, respirations 14
Pendant la montée la plus rapide........   —   123   —   30
Cinq minutes après l'arrivée au sommet.   —   117   —   14

Ainsi les troubles du cœur pendant le travail ne sont pas la cause première de l'essoufflement, puisque dans cette observation prise sur quatre sujets bien constitués, au moment où le cœur avait encore près du double de ses battements normaux, le poumon avait repris son rythme normal et toute gêne respiratoire avait cessé.

Si nous poussons jusqu'au bout l'examen des troubles produits par le travail musculaire exagéré dans la circulation du sang, nous trouverons une dernière et très grave cause de dyspnée par diminution de l'action du cœur : c'est l'influence du sang surchargé d'acide carbonique sur le muscle cardiaque lui-même.

Nous savons que l'acide carbonique exerce sur la fibre musculaire une action débilitante : si on injecte l'acide carbonique dans un muscle, on le paralyse. Si le sang qui baigne les cavités du cœur est altéré dans sa composition chimique au point de renfermer une quantité excessive de cet acide, il exercera sur les parois contractiles de l'organe une action capable de leur faire perdre leur énergie. L'inertie du myocarde viendra s'ajouter aux autres causes de ralentissement de l'ondée sanguine, et l'arrêt définitif de la circulation ne tardera pas à se produire.

C'est en effet l'arrêt du cœur qui clôt la série des accidents de l'asphyxie, dont l'essoufflement poussé à ses dernières limites n'est qu'une forme particulière.

IV.

La plupart des causes capables de rendre moins efficace le fonctionnement du poumon aboutissent, en résumé, à la congestion pulmonaire passive, par ralentissement du cours du sang dans les vaisseaux capillaires. Sous l'influence de cette *stase* sanguine, le champ respiratoire se trouve considérablement diminué par la masse de sang qui engorge les vaisseaux et empiète sur la place destinée à l'air inspiré.

La congestion pulmonaire passive ne se produit qu'à une période avancée de l'essoufflement, et quand elle se manifeste, elle produit sur le rythme respiratoire des modifications très intéressantes qui semblent, jusqu'à présent, avoir échappé aux observateurs.

Quand un homme a poussé l'exercice jusqu'au dernier degré que sa puissance respiratoire lui permet d'atteindre, sa respiration, qui au début était simplement accélérée, finit par présenter un type très caractéristique dont nous allons donner la description exacte et chercher l'explication physiologique.

A l'état de repos, les deux temps de la respiration sont rigoureusement égaux; or, quand on observe un homme qui court au moment où il est sur le point de cesser son exercice faute de souffle, on remarque que son rythme respiratoire a complètement changé. Chez lui l'inspiration est beaucoup plus longue que l'expiration. S'il s'efforce de ralentir sa respiration, il peut prolonger très longuement le temps pendant lequel l'air entre dans la poitrine, mais il lui est impossible de prolonger le temps pendant lequel il en sort. Une inspiration involontaire attire de nouveau de l'air dans la poitrine, avant que celui qui y était contenu n'ait eu le temps d'en sortir en totalité. L'homme qui s'observe lui-même pendant un exercice qui essouffle a ainsi la sensation de ne pouvoir parvenir à vider complètement son poumon. Quand il en a expulsé une petite quantité d'air, il éprouve un besoin invincible de faire une nouvelle inspiration. S'il veut lutter contre ce besoin, il éprouve la même difficulté que pour retenir un hoquet:

c'est un mouvement irrésistible auquel il lui est impossible de ne pas céder.

Voici l'expérience bien simple qui nous a permis d'établir le caractère très particulier que présente la respiration d'un homme essoufflé.

Étant lancé à une allure régulière sur une grande route, et prenant soin de faire des foulées de course bien cadencées et de durée égale, nous commençons une inspiration et nous comptons le nombre de nos pas tant qu'elle dure et jusqu'au moment où le besoin d'expiration devient très impérieux. Laissant alors ressortir l'air de la poitrine, en ayant soin d'en ralentir autant que possible la sortie, nous comptons encore nos pas jusqu'au moment où un besoin irrésistible nous force à faire une nouvelle inspiration. Les pas étant sensiblement égaux, leur durée peut servir d'unité de temps. Or *treize* pas peuvent être faits pendant la période de l'inspiration, et *cinq* seulement pendant la période de l'expiration.

Tel est, d'après nos observations, le caractère de la respiration pendant la course. L'inspiration est facile, profonde, et rien ne l'entrave : l'expiration au contraire est écourtée, insuffisante, coupée par un mouvement d'inspiration involontaire, et laisse la sensation d'un besoin non satisfait.

Cette modification de rythme respiratoire est-elle due au mécanisme même de la course et à l'attitude que prend le corps dans cet exercice? Non; car la course finie, pendant les minutes qui suivent, on continue à faire des expirations beaucoup plus courtes que les inspirations qui les précèdent. Nous avons pu nous assurer du reste, en variant l'expérience, que tout exercice qui essouffle, quelle que soit sa forme, produit ce défaut d'équilibre dans les deux temps de la respiration. Quand on fait des armes, quand on rame avec une grande vitesse, quand on soulève des haltères, on arrive à s'essouffler aussi bien qu'en courant, et on observe alors la même inégalité des deux temps de la respiration.

Il est assez curieux de constater que la respiration des asthmatiques présente un type diamétralement opposé à celui que nous venons de décrire. Le malade oppressé par une crise d'asthme fait des inspirations très courtes et prolonge au contraire son expiration pendant un temps double de l'inspiration.

Nous ne croyons pas que personne ait jamais signalé la modification dont nous parlons et qu'on peut considérer comme le type de la dyspnée due au travail musculaire.

Voici, selon nous, l'explication qu'il convient d'en donner.

Le premier fait produit par le travail violent est l'accélération du cours du sang, et par conséquent, ainsi que nous l'avons expliqué au chapitre III, la congestion active du poumon. Pendant les exercices de vitesse, le poumon est très promptement envahi par le liquide sanguin et éprouve un besoin irrésistible de s'en débarrasser en activant le cours de ce liquide. Le mouvement d'inspiration fait le vide dans la poitrine, et, par conséquent, ajoute à la vitesse du sang une force d'aspiration qui tend à dégorger les capillaires trop remplis. Cette aspiration se maintient pendant tout le temps que dure le mouvement d'élévation des côtes ; aussi ce mouvement est-il un soulagement pour l'homme essoufflé ; tandis que, lorsque les côtes s'abaissent pour chasser l'air de la poitrine et exécuter le mouvement d'expiration, le cours du sang se ralentit et le poumon s'engorge. De là malaise et impulsion irrésistible à un prompt retour du mouvement d'inspiration.

On peut dire que le poumon de l'homme essoufflé est pris entre deux exigences différentes. D'une part, il lui faut expulser l'acide carbonique et les autres produits de désassimilation, et pour cela une longue expiration serait nécessaire ; mais, d'autre part, il a hâte de se débarrasser du sang qui l'engorge, et il écourte son expiration pour revenir précipitamment à l'inspiration qui favorise le dégorgement de ses capillaires.

Pour observer le type de la respiration essoufflée, il faut pousser très loin l'exercice, car la modification si caractéristique que nous signalons précède de très peu l'instant où le travail devient impossible. Au moment où elle se produit, la production d'acide carbonique n'est plus en équilibre avec le pouvoir éliminateur du poumon, et la gêne respiratoire tend à devenir un danger sérieux.

V.

Il y a dans le travail musculaire un acte dont l'intervention fréquente est une cause très efficace d'essoufflement : c'est l'*effort*.

L'effort amène la suppression momentanée de la respiration, et c'est là déjà une entrave au fonctionnement du poumon. Mais

cet acte a, de plus, une action sur le cœur et sur les vaisseaux
sanguins, par la nécessité où il met les organes contenus dans
la poitrine de servir de point d'appui aux côtes. C'est sur les côtes,
en effet, que prennent attache les muscles puissants employés à
immobiliser le thorax pendant l'exécution des mouvements qui
demandent une grande dépense de force. Le poumon, gonflé d'air
par une inspiration forcée, joue le rôle d'une sorte de coussin
sur lequel s'exerce la pression des côtes, et cette pression se
transmet aux gros vaisseaux du thorax, aux veines caves, à
l'aorte et au cœur lui-même.

Il est facile de comprendre la fatigue qui doit résulter, pour le
muscle cardiaque et pour les parois contractiles des vaisseaux
sanguins, de cette action mécanique qui augmente brusquement
et dans des proportions excessives la tension du sang dans l'arbre
circulatoire.

Tout exercice demandant une série d'efforts très rapprochés
amène très promptement la fatigue du cœur et la diminution de
la force contractile des artères. Il en résulte un état d'asystolie
passagère, et le sujet se trouve pour quelques minutes dans la
situation d'un homme atteint d'une affection cardiaque. L'essoufflement se produit alors par une sorte de *forçage* du cœur, et par
la congestion passive du poumon qui en est la conséquence
instantanée.

Quand on se livre à un exercice nécessitant des efforts extrêmement prolongés, on s'essouffle avec une promptitude étonnante.

Deux lutteurs qui s'étreignent, cherchant à se faire plier l'un
l'autre, demeurent, pendant quelques secondes, dans une immobilité complète résultant de leurs deux efforts qui se paralysent réciproquement, puis promptement l'un des deux adversaires faiblit
et s'affaisse sous la pression de l'autre. Une demi-minute à peine
s'est écoulée, et pourtant les deux champions sont pâles, sans
souffle, incapables de prononcer une parole. Il semble pendant
quelques instants que l'air ne peut plus entrer dans leur poitrine.
Sous l'énergique pression occasionnée par leur effort athlétique,
les gros vaisseaux ont été distendus jusqu'à perdre momentanément leur ressort, le cœur a été comprimé au point de cesser
de battre, et le poumon, gorgé d'un sang qui ne reçoit plus
d'impulsion, reste un instant sous le coup d'une congestion
passive, qui le met hors d'état de fonctionner.

L'effort joue un rôle important dans tout mouvement qui

s'exécute avec toute la vigueur dont le sujet est capable. C'est bien souvent à l'énergie déployée par l'homme au cours de son exercice qu'il faut attribuer l'effort, plutôt qu'au mécanisme de l'exercice. Ainsi la course de *fond* ne nécessite pas la production de l'effort, tandis que cet acte intervient dans la course de *vélocité*. Aussi cette dernière ne peut-elle être soutenue que pendant un temps très court sous peine d'essoufflement.

CHAPITRE IV.

L'ESSOUFFLEMENT (SUITE).

Les trois périodes de l'essoufflement. — Première période, ou période salutaire respiration *activée*, mais non *insuffisante*. — Deuxième période. Symptômes d'intoxication carbonique légère ; le teint plombé ; la respiration essoufflée ; les malaises généraux. — Troisième période, ou période *asphyxique*. Troubles cérébraux ; symptômes graves d'intoxication carbonique ; vertiges ; mouvements inconscients ; syncopes ; arrêt du cœur.

Les faits d'observation. — Dangers de la course comme exercice de sport. — Un assaut d'armes trop vif. — Animaux qui succombent par essoufflement ; le cheval qu'on *crève*. — Mort d'un pigeon courrier. — Le *débuché* à la chasse à courre.

Nous connaissons à présent l'influence de l'exercice musculaire sur les phénomènes chimiques de la respiration et sur ses actes mécaniques ; nous avons étudié aussi les effets du travail sur la circulation du sang et sur les mouvements du cœur. Nous avons ainsi réuni tous les matériaux nécessaires pour établir la physiologie de cet état général très complexe qu'on appelle l'essoufflement, et nous pouvons en retracer les traits principaux dans un tableau sommaire.

La cause première de l'essoufflement pendant l'exercice est la production excessive de l'acide carbonique.

Ses causes accessoires sont : 1° les perturbations apportées par l'exercice musculaire dans les mouvements de la respiration, et 2° les troubles de la circulation sanguine et la congestion pulmonaire qui en résulte.

Nous avons vu comment l'acide carbonique se produit en excès à la suite des combustions qu'exige le travail musculaire. Nous avons vu comment tout concourt à favoriser son accumulation. Nous sommes en présence d'un organisme en lutte contre une cause de désorganisation. Il nous reste à examiner les diverses péripéties de cette lutte, la manière dont l'organisme se défend, les conditions dans lesquelles il a le dessus et celles dans lesquelles il peut succomber.

I.

On peut grouper en trois périodes les symptômes que présente un homme dont la respiration subit l'influence de l'exercice violent.

Dans la *première période*, les mouvements respiratoires sont augmentés de nombre et amplifiés d'étendue. La production d'acide carbonique est augmentée, mais, l'énergie respiratoire étant accrue, il y a équilibre entre les besoins de l'organisme qui demande une élimination plus active de ce gaz et le fonctionnement du poumon qui est assez intense pour les satisfaire. Pendant un temps qui varie beaucoup avec les individus, avec leur conformation, leur résistance à la fatigue, et surtout avec leur aptitude à diriger leur respiration avec leur *éducation respiratoire*, il n'y a que des symptômes d'activité vitale plus grande, et pas encore de signes de troubles fonctionnels, pas de sentiment accentué de malaise. L'homme éprouve une sensation générale de chaleur, quelques battements aux tempes, et présente une figure animée, rouge, des yeux brillants, un aspect général d'épanouissement dû à l'activité plus grande de la circulation et aux congestions actives qui en résultent. En un mot, il est à la période où l'exercice amène une plus grande intensité de vie sans atteindre la limite du malaise et du danger.

C'est là la dose réellement salutaire de l'exercice, la limite dans laquelle il faut se tenir pour que le travail ne puisse avoir aucun inconvénient. Mais rien n'est plus variable chez les différents individus que la durée de cette période inoffensive qui est en quelque sorte la préface de l'essoufflement. Pour les uns elle se prolonge pendant une heure ; chez d'autres, quelques secondes suffisent pour arriver à la seconde période où le malaise commence.

Si l'exercice violent se prolonge, l'équilibre est bientôt rompu entre la production de l'acide carbonique, qui devient de plus en plus abondant, et le pouvoir éliminateur du poumon qui diminue d'instant en instant. La gêne respiratoire se produit.

Dans la *seconde période*, commencent à se manifester les effets de la respiration insuffisante. On éprouve un malaise vague plus

accentué à la région précordiale, mais se généralisant promptement à tout le corps et notamment à la tête. Du côté de la poitrine, c'est une sensation de poids qui oppresse, de barre qui traverse, d'air qui manque. Du côté de la tête, ce sont des brouil-
lards qui obscurcissent la vue, des étincelles qui passent devant
les yeux, puis des bruissements, des tintements dans les oreilles,
et enfin une certaine hébétude des sens, une certaine confusion
dans les impressions et les idées. Tous ces troubles sont dus à
l'action qu'exerce sur les centres nerveux l'acide carbonique en
excès. Ils indiquent un commencement d'intoxication.

Du côté de la physionomie s'observent des changements remarquables, qui sont la conséquence de la gêne respiratoire et des
efforts faits pour attirer dans la poitrine une plus grande quantité
d'air. Tous les orifices de la face sont béants ; les narines sont
dilatées, la bouche et les paupières écartées. Tout semble s'ouvrir pour favoriser l'entrée de l'air que le poumon appelle avec
effort.

Chez certains animaux, ce mouvement de l'organisme qui s'associe à l'effort respiratoire est surtout marqué aux narines. Le
cheval qui rentre au pesage après la course offre le type de l'essoufflement, et on peut étudier chez lui ce mouvement de va-et-
vient des naseaux qui accompagne chaque battement du flanc.

Le mouvement alternatif d'élévation et d'abaissement des narines a pour but d'ouvrir une plus large voie à l'air attiré dans la
poitrine. Il tend à se produire chez tout être en proie à un besoin
exagéré de respirer. — Un petit enfant oppressé par une bron-
chite aiguë ou une pneumonie présente, quand on le regarde endormi dans son berceau, un battement des narines très caractéristique, qui suffit pour mettre le médecin sur la voie d'une maladie
des organes respiratoires.

Le teint d'un homme essoufflé offre à l'observateur des modifications très frappantes. Au début de l'exercice nous avons signalé l'animation, la coloration plus intense de la figure, sous
l'influence de la congestion active. Mais, à la période que nous dé-
crivons, le tableau a changé. A la couleur rouge vif a succédé une
teinte pâle et blafarde. Cette pâleur a quelque chose de particulier : elle n'est pas uniforme. Certaines parties de la face, comme
les lèvres, les pommettes des joues, ont une apparence violacée-
noirâtre ; le reste est blanc et décoloré. Du rapprochement de
ces deux teintes, l'une plus foncée, l'autre plus claire, résulte,
comme effet d'ensemble, un aspect grisâtre, plombé, livide.

Voici comment s'expliquent ces deux aspects différents de certains points de la figure. La teinte violacée est due au sang retenu dans les points des vaisseaux capillaires qui commencent à perdre leur ressort et ne peuvent plus le faire circuler. Ce sang, surchargé d'acide carbonique, a perdu sa couleur rutilante : aussi les lèvres et les autres portions du visage où il se voit par transparence ne sont-elles plus vermeilles comme à l'état normal : elles présentent la couleur noirâtre caractéristique de sang veineux.

Quant à la pâleur, elle est due à une anémie passagère, à un vide qui se produit dans les vaisseaux artériels de petit calibre. Le cœur, dont l'énergie diminue à mesure que l'essoufflement augmente, ne leur envoie plus une suffisante quantité de sang, et il est facile de comprendre qu'une partie recevant moins de sang est forcément moins colorée.

La teinte plombée de la face, chez l'homme essoufflé, indique un trouble déjà profond de l'organisme. Dans aucun cas l'exercice ne doit être continué quand elle se produit, car elle annonce un commencement d'asphyxie.

C'est à cette période de l'essoufflement que s'observe cette modification très caractéristique du rythme respiratoire, que nous avons observée sur nous-même et décrite dans le chapitre précédent. La respiration perd son rythme habituel, et ses deux temps deviennent inégaux. Le premier temps augmente, et le second diminue : l'inspiration devient trois fois plus longue que l'expiration. Cette modification du rythme respiratoire est l'indice d'une stase du sang dans les capillaires des poumons. Dès qu'elle se produit, on peut prévoir que l'organisme, à bout de force, ne peut lutter avec avantage contre l'agent toxique qui l'envahit. Le poumon congestionné élimine une quantité d'acide carbonique inférieure à celle qui se forme par le travail des muscles. L'intoxication de l'organisme est imminente.

Si l'exercice est continué, la gravité des accidents va croître rapidement. On peut désigner sous le nom de *période asphyxique* la troisième phase de l'essoufflement dans laquelle va entrer l'organisme sous l'influence de l'exercice forcé.

Cette *troisième période* présente le tableau suivant. A la gêne respiratoire succède un sentiment d'angoisse généralisé à tout l'organisme. La tête paraît serrée dans un cercle de fer. Bientôt surviennent des vertiges. Les sensations de toute espèce sont de plus en plus vagues ; le cerveau est envahi par une sorte d'ivresse. Le sujet commence à n'avoir plus conscience de ce qui se passe autour de lui ; les muscles continuent à fonctionner encore par un mouvement machinal, puis ils finissent par devenir incapables de tout mouvement, et l'homme tombe évanoui.

La respiration ne présente plus, à ce moment, le type de la période précédente; ses deux temps sont uniformément courts, saccadés, entrecoupés de temps d'arrêt; il s'y mêle une sorte de mouvement de déglutition, de hoquet. Le cœur faiblit, ses battements subissent des intermittences. Le pouls est petit, irrégulier, imperceptible. Quand l'exercice est poussé à ces limites extrêmes, une syncope grave vient presque toujours l'interrompre, et si l'homme n'est pas secouru, la syncope peut devenir mortelle.

II.

La description que nous traçons de l'essoufflement n'est pas un tableau de fantaisie. Nous avons pu en étudier certaines phases sur nous-même et sur un ami qui a bien voulu se prêter à nos recherches (1).

Quant aux phases les plus graves, il nous en vient des observations fréquentes de l'Angleterre, le pays du sport et des paris. Il n'est pas rare d'observer des cas de syncopes graves arrêtant un coureur dans son élan. Bien souvent un *match* engagé entre deux *pedestrians* se termine avant que le but ne soit atteint. L'un des champions, arrivé à la dernière limite de l'essoufflement, tombe en route sans connaissance et ne revient à la vie que grâce aux frictions et aux cordiaux que lui prodiguent ses tenants. Souvent le malheureux essoufflé se relève et, après avoir éliminé quelques bouffées de l'acide carbonique qui l'asphyxie, veut recommencer à courir, mais les muscles sont imprégnés de ce gaz, qui est pour eux un poison et leur ôte toute énergie. Le cœur lui-même, baigné par un sang surchargé de ce produit toxique, perd sa puissance; le myocarde se paralyse et la circulation du sang s'interrompt. Les accidents prennent alors une gravité exceptionnelle, et les moyens les plus énergiques doivent quelquefois être employés pour rappeler à la vie l'imprudent qui a dépassé la limite permise.

Un de nos amis un peu affaibli par des travaux intellectuels

(1) Cet ami est M. A. du Mazaubrun, de Limoges; nous tenons à le remercier ici de son intelligent concours.

excessifs voulut se remettre aux exercices de corps qu'il avait quittés depuis longtemps et retourna à la salle d'armes. Il était excellent tireur, et, quand il se sentit le fleuret à la main, il oublia sa faiblesse et ne songea qu'à retrouver sa vitesse d'attaque et l'énergie de ses ripostes. Au bout de dix minutes d'assaut, il se sentit pris d'un essoufflement très grand, mais il voulut passer outre et continuer à tirer. Tout à coup nous le vîmes s'affaisser sans connaissance, le visage livide, le front couvert d'une sueur froide ; la respiration était arrêtée et le pouls ne battait plus. On le secourut aussitôt, et, grâce à la position horizontale qu'on lui fit garder et à de vigoureuses flagellations faites à la poitrine et aux tempes avec un linge mouillé, le cœur recommença à battre et la connaissance revint.

C'était une syncope produite par l'essoufflement et favorisée du reste par la faiblesse du sujet.

La syncope est l'aboutissement fréquent de l'essoufflement, aussi bien que de l'asphyxie, dont l'essoufflement n'est en réalité qu'une forme particulière.

Tels sont les symptômes et la marche de la fatigue respiratoire, et tels sont les dangers auxquels on s'expose quand on veut lutter contre l'essoufflement.

L'essoufflement est un *nec plus ultra* que l'instinct de conservation nous impose. La vive souffrance qui l'accompagne est un véritable cri d'angoisse de l'organisme auquel l'être vivant ne peut impunément rester sourd.

C'est à l'essoufflement que succombent d'ordinaire les animaux soumis au surmenage de vitesse. Le cheval, qui, suivant l'expression de Buffon, — « meurt pour mieux obéir, » — nous donne plus souvent que tout autre animal l'occasion d'étudier le genre de mort dont nous parlons. Rien de plus fréquent que de voir un cheval tomber mort entre les jambes d'un cavalier qu'il porte. Quand la respiration lui manque et qu'il demande à reprendre haleine, on lui répond par la cravache et l'éperon, et il continue à galoper. Mais le moment vient où la dose d'acide carbonique accumulée dans l'organisme par la course insensée qu'on lui demande, suffit pour amener la mort, et l'animal tombe asphyxié.

La plupart des animaux qui meurent brusquement pendant un travail trop violent succombent à l'essoufflement. C'est un accident fréquent chez tous les animaux auxquels on demande beaucoup de vitesse, et les oiseaux eux-mêmes, si bien faits pour aller vite, peuvent en être victimes.

Nous avons observé un curieux exemple de mort par essouf-flement sur un pigeon *courrier*.

Les pigeons courriers subissent un entraînement spécial qui con-siste à les lâcher successivement à des étapes de plus en plus éloi-gnées de leur pigeonnier. L'oiseau est poussé par son instinct à rentrer à son domicile habituel, et, soit hâte d'arriver au colom-bier, soit émulation, il semble déployer, pour atteindre le but, toute la vitesse dont ses ailes sont capables.

Un de nos amis avait un pigeon qui était le plus vite de la région et qui n'avait encore jamais été dépassé dans les con-cours. Un jour son maître, qui habitait Limoges, l'avait expédié à Bayonne, d'où on devait le lancer, et nous attendions son retour, sachant bien qu'il aurait promptement dévoré les 600 kilomètres qui nous séparaient de son point de départ. Cette fois sa vitesse avait dépassé notre attente, et, sept heures après le moment con-venu pour l'heure du lâcher, nous vîmes apparaître la vaillante petite bête; nous poussâmes un cri d'admiration, mais le pauvre pigeon devait payer de sa vie cette glorieuse prouesse. Au mo-ment où il s'apprêtait à se poser sur le colombier, nous le vîmes tout à coup battre des ailes, tourner sur lui-même et tomber comme une masse sur la toiture, où il se brisa.

Le pauvre pigeon, dans son courage, avait dépassé la mesure de ses moyens; il mourut d'essoufflement pour avoir fait son trajet trop vite (1).

Il faut remarquer que tout animal qui meurt de fatigue ne meurt pas par essoufflement. Les animaux qu'on prend à la chasse suc-combent le plus souvent par un tout autre mécanisme, que nous aurons à étudier plus loin sous le nom de *forçage*. Pourtant, à la chasse à courre, il peut arriver qu'on force l'animal en le faisant courir sans aucun temps d'arrêt jusqu'à ce que mort s'ensuive. C'est le cas d'une bête qui *débuche* et se fie à sa vitesse pour dé-passer les chiens. Si la bête est trop jeune, elle peut être prise avant d'avoir gagné le bois où elle comptait trouver un nouvel abri. C'est alors l'essoufflement qui la livre au chasseur. Mais il

---

(1) On voit quelquefois des cailles fatiguées s'abattre sur des bâtiments en mer. On en a même vu, en ville, tomber sur les maisons ou dans les rues. Dans ce cas l'oiseau est sous le coup de la fatigue musculaire, état beaucoup moins grave que l'essoufflement. Les cailles qui se laissent ainsi prendre par impuissance de voler ne succombent pas et peuvent être gardées vivantes pendant des années.

est rare que les choses se passent ainsi, et le plus souvent la bête qu'on a lancée s'arrête de temps en temps, pour *ruser* si c'est un chevreuil ou un lièvre, ou bien pour *faire tête* si c'est un sanglier.

Ces temps d'arrêt même très courts suffisent à l'animal pour régulariser sa respiration et pour éliminer l'excès d'acide carbonique qui empoisonnait son organisme. Au bout de quelques minutes, il est prêt à repartir, et la poursuite peut se prolonger ainsi pendant une journée entière. Dans ce cas, si l'animal finit par être forcé et par mourir de fatigue, la mort n'est pas due seulement à l'insuffisance de respiration : elle est le résultat d'une décomposition profonde des tissus vivants, que nous étudierons au chapitre du *Surmenage*

CHAPITRE V.

LA COURBATURE.

Si l'on s'est abstenu pendant plusieurs mois de tout exercice, et qu'un jour on retourne au gymnase, on retrouve habituellement du premier coup toute sa vigueur. Les rétablissements, les culbutes, tous les mouvements les plus difficiles s'exécutent sans peine, comme au temps où on les pratiquait assidûment. On se laisse aller au plaisir de retrouver tous les engins longtemps délaissés, on prodigue le travail de ses muscles, et enfin, après avoir prolongé la séance, on part un peu étonné de n'avoir ressenti aucune fatigue après une heure si bien employée.

Le soir, pourtant, un peu d'accablement et de somnolence fait songer que l'exercice violent de la journée nécessitera un surcroît de repos, et on se hâte de demander au sommeil la réparation des forces dépensées.

Mais le sommeil ne vient pas. Il est rendu impossible par une agitation excessive, une chaleur insupportable de tout le corps, des douleurs à la tête, du délire même. Si, vers le lever du jour, les yeux se ferment un instant, on s'éveille brisé, couvert de sueur ; les membres, raidis, ne peuvent se mouvoir ; la tête est lourde, la langue est chargée, l'appétit fait défaut.

Dans la journée, l'état fébrile de la nuit s'apaise ; mais il reste un état général de malaise, d'inaptitude au travail, une sensation de lassitude extrême, de *jambes coupées*.

Au bout de vingt-quatre heures, d'ordinaire, les malaises généraux ont disparu, mais il reste des souffrances locales, et, pendant cinq ou six jours encore, tous les muscles qui ont pris part à l'exercice forcé demeurent raides, douloureux au toucher, incapables d'aucun effort.

Tel est le tableau habituel de la *Courbature de fatigue*.

I.

La courbature n'offre pas toujours le même ensemble de symptômes, parce qu'elle présente des degrés divers.

Si le travail dont on avait perdu l'habitude s'exécute avec une certaine modération, et surtout s'il est localisé à des groupes musculaires restreints, son effet reste habituellement local et se borne à des douleurs musculaires qui pendant quelques jours entravent le mouvement des membres employés à l'exercice. — La courbature reste au premier degré.

Si les efforts musculaires ont été intenses et prolongés, sans toutefois dépasser trop la résistance de l'organisme, des malaises généraux viennent s'ajouter aux douleurs locales et produire un sentiment indéfinissable de lassitude, d'inaptitude au travail, s'étendant même aux muscles qui n'ont pris aucune part à l'exercice. Mais le pouls reste calme, et il ne se produit aucun symptôme fébrile caractérisé. Un peu d'abattement, de sensibilité au froid, témoigne seul d'un trouble passager de la santé. — C'est le second degré de la courbature ; c'est celui qu'on observe le plus communément, et celui auquel s'adresse plus particulièrement cette étude.

Enfin, quand l'exercice a été d'une violence excessive, ou qu'il est supporté par un organisme trop peu résistant, le malaise qui lui succède prend la forme d'un accès de fièvre. — C'est la *courbature fébrile*, telle que nous l'avons décrite en commençant.

La fièvre de courbature, forme type de la fatigue consécutive, ne commence en général que quelques heures après l'exercice qui lui a donné naissance. Elle peut être précédée de frissons et présenter le tableau complet d'une affection fébrile grave. La violence de ses symptômes peut même quelquefois tenir en échec le diagnostic du médecin et faire croire à une fièvre éruptive au début, à une intoxication paludéenne ou à 'toute autre affection débutant par une fièvre intense. Enfin elle peut accidentellement se prolonger bien au delà du terme habituel de sa durée, et persister pendant trois ou quatre jours et plus.

L'intensité de la courbature n'est pas toujours en proportion de la fatigue *immédiate*, de celle qui se fait sentir au cours du travail, et oblige les muscles à cesser d'agir. L'exercice est quelquefois suivi de courbature sans avoir été accompagné d'aucune fatigue musculaire pendant son exécution. Quelquefois, au contraire, le travail a été poussé jusqu'à la limite extrême des forces du sujet sans que celui-ci en ressente le plus léger malaise consécutif.

C'est que la production de la courbature dépend des conditions où se trouve le sujet, plutôt que de celles dans lesquelles se fait le travail. Un exercice modéré, tel que la marche, pourra laisser une courbature fébrile à un homme habitué à l'inaction absolue, tandis que la course ou l'escrime ne produiront chez un sujet bien entraîné aucun malaise consécutif, même local.

Avant de rechercher la raison de cette immunité due à l'accoutumance, il est nécessaire d'établir la cause et le mécanisme des symptômes de la courbature.

Et d'abord il y a deux parts à faire des phénomènes qu'on observe chez les sujets atteints de courbature. Il faut étudier à part les symptômes locaux et les symptômes généraux de cette forme de la fatigue.

Les symptômes locaux ont été plus étudiés que les autres, et pourtant, suivant M. Richet (1), ils n'ont pas été expliqués d'une façon satisfaisante. Sous l'influence des combustions organiques qui accompagnent le travail musculaire, il se produit dans le muscle de l'acide lactique en excès. Suivant les théories admises, cette substance, en imprégnant la fibre musculaire qu'elle sature, serait capable de lui faire perdre momentanément sa puissance contractile.

« Mais d'abord, — dit M. Richet, — les expériences récentes « ont montré qu'il se produit peu d'acide lactique pendant la

---

(1) Ch. RICHET, *les Muscles et les Nerfs*. Paris, Félix Alcan.

« contraction. Ensuite, le sang alcalin passant incessamment dans
« le muscle devrait à chaque instant neutraliser l'acide lactique
« formé. Enfin, comment expliquer que, plusieurs jours après la
« fatigue, tel ou tel muscle reste douloureux ? Assurément il n'y
« reste plus de traces de l'acide lactique que la contraction y avait
« fourni soixante-seize heures auparavant (1). »

Selon nous, les douleurs locales persistantes de la courbature
doivent s'expliquer par une série de petites lésions matérielles.

Si l'on fait subir à une région du corps des pressions énergiques,
des manipulations prolongées comme celles qui résulteraient
d'un massage excessivement violent, on détermine dans les
masses musculaires ainsi froissées des phénomènes douloureux
persistants, parfaitement analogues aux douleurs musculaires de
la courbature.

D'autre part, on voit souvent un excès de travail déterminer dans
les muscles, les tendons, les synoviales, une série de lésions tout
à fait semblables à celles que pourraient y déterminer des vio-
lences extérieures. Des inflammations des muscles allant jusqu'à
la suppuration, des inflammations de la gaine synoviale avec cré-
pitation douloureuse des tendons, peuvent résulter d'un surmenage des organes moteurs, aussi bien que d'une violence extérieure subie par ces organes. — C'est que le mécanisme des accidents est, dans les deux cas, le même.

La douleur musculaire ressentie dans un muscle qui a trop
travaillé n'est que le premier degré d'une série de petites lésions
semblables à celles qu'on observe à la suite d'un traumatisme
quelconque. Il ne faut pas s'étonner de l'endolorissement prolongé de la fibre musculaire froissée par un travail inaccoutumé, puisqu'on ne s'étonne pas de la persistance des ampoules
sur l'épiderme irrité par un corps dur que la main n'a pas l'habitude de manier. Une série de petites lésions traumatiques des
organes moteurs peut être le résultat d'un exercice violent. On

(1) L'acide lactique a pourtant une part dans les phénomènes locaux de la courbature. Mais son action est passagère. C'est au contact de l'acide lactique qu'il faut
attribuer la raideur qui se produit presque instantanément dans un membre surmené quand la circulation du sang vient à s'y ralentir par le fait même du repos.
Cette raideur, qui rend la reprise du travail si pénible, finit par se dissiper de nouveau à la suite de quelques efforts énergiques, qui rappellent le sang aux muscles.
La raideur qui se produit par le fait du repos n'est pas due autant au refroidissement du muscle qu'à la diminution de la circulation. Le sang ne lave plus
aussi activement la fibre musculaire quand le muscle cesse de se contracter. Quand
le travail reprend, le courant sanguin, redevenu plus intense, entraîne l'acide lactique
qui imprégnait la fibre, et de plus, grâce à son alcalinité, il neutralise cet acide.

ne peut mieux les comparer qu'aux avaries diverses subies par une machine industrielle au cours d'un fonctionnement excessif. C'est ainsi que, dans la machine, les courroies peuvent être distendues, les surfaces de frottement éraillées, l'huile desséchée.

Mais les phénomènes généraux de la fatigue consécutive ne peuvent s'expliquer mécaniquement. Ils sont d'ordre essentiellement vital, et n'ont leurs analogues dans aucune machine construite de main d'homme.

La courbature fébrile présente le tableau général d'une maladie infectieuse à forme bénigne. L'affection qui s'en rapproche le plus est la fièvre intermittente, si on la suppose réduite à un seul accès. Les intoxications septicémiques légères présentent encore une analogie marquée avec la fièvre de fatigue. Il en est de même des fièvres éruptives au début, et de tous les états fébriles caractérisés par la présence dans l'économie d'un élément nuisible contre lequel réagissent les forces vitales.

L'analogie des symptômes pourrait-elle nous amener à chercher une similitude de causes, et ne pourrions-nous pas rattacher la courbature à un processus infectieux ou à un agent toxique? Nous savons que les combustions du travail musculaire produisent dans les tissus vivants des modifications qui en altèrent profondément la structure, et nous savons aussi que les produits qui résultent de ces phénomènes de combustion ou de *désassimilation* sont impropres à la vie et doivent être promptement éliminés de l'organisme, sous peine de malaises graves et d'accidents d'intoxication. L'étude de l'*essoufflement* nous a prouvé que cette forme de la fatigue était une auto-intoxication par l'acide carbonique, produit de désassimilation. La fatigue consécutive, appelée courbature, n'aurait-elle pas aussi pour cause une intoxication passagère de l'organisme par ses propres produits?

Voyons quels éléments nous offre la physiologie du travail musculaire pour répondre à cette question.

Nous savons que la fatigue locale du muscle et l'inexcitabilité, qui résultent d'un travail excessif, viennent d'une modification chimique dans la structure de l'organe et du développement de certains produits organiques de nouvelle formation. La composition et la nature exactes de ces substances, résultant de la désassimilation des éléments anatomiques, ne sont pas encore établies sans conteste, mais leurs effets physiologiques sont connus. On sait que ces *déchets* sont la cause de l'inexcitabilité du muscle fatigué, et que leur contact avec les fibres motrices empêche celles-ci de répondre aux excitations d'une décharge électrique, ou aux ordres de la volonté.

On sait, d'autre part, que ces substances, dont est imprégné le muscle fatigué, ont la curieuse propriété de faire sentir leur puissance fatigante aux éléments musculaires d'un organisme étranger. En effet, en injectant dans les muscles d'une grenouille saine une bouillie résultant de la trituration d'un muscle fatigué, on arrive à rendre ces muscles inexcitables et incapables d'entrer en contraction.

Parmi les produits de désassimilation du muscle, ne se formerait-il pas des composés capables de faire sentir leur action toxique à l'ensemble de l'organisme et d'y déterminer les malaises généraux et les troubles fébriles de la courbature ?

Mais la courbature ne se produit à la suite de l'exercice que dans des circonstances déterminées : dans le cas où le sujet n'a pas l'habitude de l'exercice qu'il exécute. Il faudrait donc trouver des produits de désassimilation dont la formation ne fût pas constante à la suite du travail, et fût subordonnée au défaut d'accoutumance du sujet au travail, à son manque d'*entraînement*.

Or, justement, il nous a été donné de faire une série d'observations prouvant que certains déchets organiques se forment constamment, à la suite d'un exercice, quand le sujet qui s'y livre n'est pas entraîné, et que ces déchets font défaut quand le sujet est habitué à la pratique de cet exercice. Nous avons pu maintes fois nous assurer qu'il y avait une coïncidence constante entre la formation de ces déchets et la production de la courbature, et nous avons cru légitime d'établir entre ces deux faits un rapport de cause à effet.

II.

C'est parmi les déchets éliminés dans l'urine à la suite du travail musculaire qu'il faut, selon nous, chercher les éléments capables de causer les malaises généraux de la courbature.

Quelle est au juste, parmi les substances chimiques qu'on retrouve dans le liquide urinaire, celle à laquelle revient le rôle de produire ces malaises ? Il nous est impossible de le dire au juste, mais nous pouvons affirmer qu'elle fait partie des *sédiments uratiques*.

Les sédiments uratiques sont ces dépôts, connus de tous les observateurs, qui se forment dans l'urine à la suite d'un exercice violent. Tout le monde a pu remarquer l'apparence trouble que prend le liquide urinaire quelques heures après son émission, quand on vient de faire une marche forcée, un jour d'ouverture de chasse, par exemple, n'étant pas encore habitué à la fatigue. Ces sédiments, qui indiquent une saturation de l'urine par des substances peu solubles, ne se forment qu'au bout d'un certain nombre d'heures, quand le liquide a eu le temps de se refroidir. L'urine devient alors habituellement d'un blanc jaunâtre qui la fait ressembler à du pus ; quelquefois la nuance est rougeâtre, rappelant la couleur de la brique pilée. Mais si l'on chauffe dans une éprouvette une certaine quantité de cette urine ainsi troublée, on la voit aussitôt reprendre sa limpidité, par dissolution du précipité, qui est plus soluble à chaud qu'à froid. Quand on laisse de nouveau refroidir le liquide, il redevient trouble comme il l'était avant l'ébullition.

Cette épreuve très sommaire est suffisante pour établir que les sédiments observés à la suite du travail musculaire dans l'urine sont dus *pour la majeure partie* à des urates. Nous verrons que, d'après l'analyse chimique faite avec méthode, ce sont bien des urates alcalins et ammoniacaux qui forment ces sédiments. C'est pourquoi nous leur donnons avec Neubauër (1) le nom de *sédiments uratiques*.

Les auteurs s'accordent tous à reconnaître que l'aspect de l'urine peut être modifié par le travail musculaire, mais ils sont loin de s'entendre sur les conditions dans lesquelles cette modification se produit.

Suivant M. Béclard (2), l'exercice musculaire *diminue* la proportion d'acide urique et d'urates contenus dans l'urine.

Suivant M. Lécorché (3), l'acide urique et les urates *augmentent* dans l'urine à la suite de l'exercice musculaire.

A la suite de ces deux affirmations diamétralement opposées, nous pouvons en citer deux autres qui semblent se contredire.

Pour M. Bouchard (4), les exercices modérés font *disparaître* les sédiments des urines qui en renfermaient d'habitude, et les

(1) NEUBAUËR, *l'Urine.*
(2) BÉCLARD, *Physiologie.*
(3) LÉCORCHÉ, *la Goutte.*
(4) BOUCHARD, *le Ralentissement de la nutrition.*

exercices violents en font apparaître dans celles qui n'en renfermaient pas d'ordinaire.

Pour M. Guyon (1), un exercice très faible *augmente* les urates
et l'acide urique de l'urine, et une vie très active les fait diminuer.

Si les auteurs que nous citons ont la même opinion sur la
question, il faut convenir qu'ils l'expriment d'une façon bien différente, et qu'il est difficile, d'après l'ensemble de leurs conclusions,
de se faire une idée bien nette des effets du travail sur la production des sédiments uratiques.

Quant on cherche à se faire personnellement une opinion sur
cette question, à l'aide d'une observation attentive, on s'aperçoit
que bien des causes d'erreur peuvent rendre l'observation in-
exacte, car bien des circonstances autres que l'exercice font apparaître des sédiments dans l'urine. Il faut s'assurer, d'abord, si le
sujet qui se prête à l'expérience ne présente pas déjà, habituellement, des sédiments dans l'urine; c'est là le cas de la plupart
des hommes à vie très sédentaire. Il faut être sûr aussi qu'il ne
se trouve pas exposé à une des causes nombreuses qui peuvent
accidentellement provoquer l'apparition de ces sédiments. On sait,
en effet, que les veilles prolongées, les grands travaux d'esprit,
les excès de table produisent souvent ce phénomène. Enfin il
faut savoir s'il n'est pas sous le coup d'une affection constitution-
nelle ou d'un état pathologique passager, capables de produire
des troubles dans la limpidité de l'urine : la goutte et la fièvre,
par exemple. En un mot, il faut être au courant des habitudes,
des antécédents, de l'état de santé actuel, ainsi que des faits et
gestes de son sujet.

Dans ces conditions, le meilleur sujet que l'observateur puisse
choisir pour ses études, c'est lui-même, à la condition qu'il se
trouve en état de santé parfaite. C'est donc sur nous-même qu'ont
été faites les observations que nous allons rapporter. Mais nous
avons eu soin de les répéter, comme contrôle, sur plusieurs
personnes dont nous connaissions parfaitement l'état de santé
et le genre de vie, et qui, pour la plupart, se livraient avec nous
à divers exercices du corps.

Les résultats de ces observations peuvent se résumer ainsi
qu'il suit:

Quand un homme bien portant, d'une vie sobre, active et régu-

(1) GUYON, *Maladies des voies urinaires.*

lière, vient de se livrer à un exercice du corps, l'aspect de son urine varie beaucoup, suivant trois circonstances différentes : 1° suivant le moment où elle est examinée, 2° suivant la violence plus ou moins grande de l'exercice, et 3° suivant l'état plus ou moins parfait d' « accoutumance » au travail.

Au sujet du moment où se fait l'examen du liquide, il est à peine nécessaire de rappeler une circonstance aussi importante que bien connue : les urines qui doivent laisser déposer des sédiments uratiques deviennent troubles après refroidissement seulement, et sont toujours limpides au moment de leur émission. Mais à côté de ce fait bien connu, il en est un autre que nous croyons être le premier à signaler : c'est que l'exercice musculaire ne fait sentir son influence sur le liquide urinaire, pour y produire des sédiments, qu'*au bout d'un certain nombre d'heures*.

Il est important de bien préciser ce fait. Supposons qu'on se livre à l'exercice musculaire dans les conditions voulues pour amener dans l'urine les troubles consécutifs dont nous parlons. Supposons aussi qu'on ait eu soin de vider la vessie immédiatement avant l'exercice, de façon à n'y laisser aucune goutte du liquide qui s'était formé avant le travail. Si l'on se met alors à faire des armes ou à ramer, le réservoir urinaire va se remplir avec du liquide sécrété pendant le travail et à la suite de ce travail. Si l'on recueille alors successivement, dans des vases séparés, l'urine qui sera émise à divers intervalles, toutes les heures par exemple, on aura une série d'échantillons du liquide urinaire qui s'est formé depuis le commencement de l'exercice, soit pendant la durée du travail, soit après.

Si alors on dispose ces différents échantillons par ordre chronologique et qu'on les conserve jusqu'au lendemain, voici ce qu'on observe :

L'urine émise tout de suite après l'exercice ne présente aucun trouble, pas plus que celle émise *une heure* et *deux heures* après. C'est seulement dans le vase contenant l'urine de la troisième heure après la cessation du travail que se manifeste le plus habituellement le premier nuage dû aux sédiments uratiques. C'est un fait qui ne s'est jamais démenti dans les observations faites sur six ou sept personnes d'âges et de tempéraments différents, mais toutes bien portantes et présentant d'habitude des urines claires : les sédiments dus au travail musculaire n'ont été éliminés en moyenne que trois heures après la cessation de l'exercice. En revanche, chez quelques sujets les urines ont conservé leur

limpidité pendant un laps de temps beaucoup plus long ; nous
en avons observé pour lesquels les sédiments ne se montraient
que dans l'urine émise six et sept heures après l'exercice.

Au risque de nous répéter, nous tenons à bien établir que ce délai
moyen de trois ou quatre heures ne s'applique pas au temps
écoulé entre l'émission de l'urine et la formation du précipité,
mais au temps qui sépare la fin de l'exercice de l'instant où l'urine
est rendue. — Du reste, l'urine qui doit déposer est émise, comme
toujours, parfaitement limpide et se trouble plus ou moins vite
suivant la température du milieu ambiant.

Voilà donc un premier fait : *les sédiments urinaires qui s'observent chez l'homme à la suite du travail ne doivent être recherchés que dans l'urine émise trois heures au moins après
l'exercice.*

Cette particularité peut être une cause d'erreur pour les observateurs. Si on recueille l'urine émise une heure après le travail,
on n'y trouvera jamais les précipités uratiques et on pourra conclure que l'exercice n'en a pas produit, alors qu'il s'en montrera
de très abondants dans l'urine de la troisième ou quatrième heure,
sur laquelle l'examen n'aura pas porté.

Mais une autre conclusion découle du fait signalé ci-dessus : ce
fait prouve que les substances organiques qui doivent former les
précipités s'éliminent tardivement, et séjournent dans l'économie
pendant un temps prolongé avant de passer sur le filtre rénal. Or
l'on sait que le rein n'élabore pas les substances retrouvées
dans l'urine, mais qu'il les élimine telles qu'elles lui sont apportées par le sang. Les matières excrémentitielles, qui sont les déchets du travail musculaire, se trouvent donc toutes formées dans
l'organisme avant de passer au travers de l'organe sécréteur.
Elles peuvent faire sentir leur influence nuisible pendant un
temps prolongé, puisqu'elles séjournent plusieurs heures dans
l'économie.

Il faut ajouter que cette production des sédiments uratiques
commençant trois heures après le travail se prolonge quelquefois
pendant vingt-quatre heures, c'est-à-dire aussi longtemps que les
malaises généraux de la fatigue.

Le moment où le précipité s'observe étant ainsi établi, il est
facile d'étudier l'influence qu'exercent sur sa production d'abord

les conditions dans lesquelles se fait le travail, et ensuite l'état physiologique dans lequel se trouve le sujet.

Si le travail est peu intense et dure peu, le précipité fait défaut. Il est très abondant au contraire quand l'exercice est très violent et très prolongé. Le sujet sur lequel on observe restant le même, les sédiments urinaires sont d'autant plus abondants et se montrent pendant une période de temps d'autant plus prolongée que l'exercice a nécessité un travail musculaire plus intense et plus soutenu. — Suivant la violence plus ou moins grande de l'exercice, le précipité peut varier depuis un imperceptible nuage ne se montrant qu'une fois dans l'urine d'une seule miction, jusqu'aux dépôts les plus épais rendant trouble et boueux tout le liquide émis pendant vingt-quatre heures.

Mais l'état du sujet a bien plus d'influence que la violence de l'exercice pour augmenter ou diminuer la quantité de sédiments rendus à la suite du travail. Plus on se rapproche de l'état d'*entrainement*, et moins abondants sont les dépôts de l'urine pour une même quantité de travail. A mesure qu'on acquiert par l'exercice plus de résistance à la fatigue, les urines perdent leur tendance à faire des dépôts.

Rien d'intéressant comme de suivre pas à pas cette progression inverse des deux phénomènes : résistance à la fatigue et émission d'urines sédimenteuses. Si le même individu se livre chaque jour au même exercice nécessitant la même dépense de force; s'il entreprend, par exemple, de parcourir, en ramant pendant une heure, une distance donnée toujours la même, il arrive que son exercice, après lui avoir donné les premiers jours de fortes courbatures, ne produit plus, au bout d'une semaine, qu'un malaise insignifiant. Il arrive aussi que ses urines, après avoir donné lieu à des précipités très abondants au début, ne présentent plus, en dernier lieu, qu'un imperceptible nuage. A mesure que les sédiments deviennent plus rares, la sensation de fatigue consécutive tend à diminuer, et le jour où les urines gardent, après le travail, toute leur limpidité, l'exercice ne laisse plus à sa suite aucune espèce de malaise : la courbature ne se produit plus.

Il y a donc un lien étroit, une coïncidence constante entre la formation des sédiments uratiques et la production de la courbature.

Cette remarquable corrélation se retrouve dans toutes les circonstances qui peuvent faire varier les effets du travail. Si l'on passe d'un exercice auquel le corps est fait, à un autre exercice exigeant l'action d'un groupe musculaire différent, on éprouve de nouveau les malaises de la courbature, et les urines recommencent à présenter des sédiments. — Ainsi, l'homme habitué à des marches forcées ne ressent aucune fatigue consécutive le lendemain d'une longue étape faite à pied. Il éprouvera cependant une courbature s'il essaye de faire, sans y être habitué, une courte reprise d'escrime. Si on examine son urine, on pourra constater que ce liquide, qui gardait toute sa limpidité après douze heures de marche, se trouble fortement après vingt minutes d'assaut. Il en sera toujours ainsi quand on entreprendra un travail nouveau, capable de mettre en jeu des muscles qui n'ont pas encore été exercés.

L'étroite corrélation qui existe entre la courbature de fatigue et la formation des substances d'excrétion qui troublent la limpidité de l'urine, peut être constatée même dans les circonstances accidentelles qui font varier la résistance du sujet et le rendent momentanément plus vulnérable à la fatigue. Sous l'influence d'une indisposition légère, d'un trouble insignifiant de la santé, il arrive souvent, comme le savent tous les amateurs de *sport*, que l'aptitude au travail est momentanément diminuée. Ces jours-là, le gymnasiarque n'a pas sa vigueur habituelle et l'exercice est suivi d'une sensation de malaise oubliée depuis longtemps. L'homme rompu au travail nous présente alors les mêmes phénomènes de fatigue que le débutant, et aussitôt ses urines, qui ne se troublaient plus depuis longtemps à la suite de l'exercice, recommencent à déposer des sédiments uratiques.

Nous avons maintes fois observé ces faits sur nous-même et avons pu les noter aussi sur d'autres sujets, ainsi que le prouve l'observation suivante.

Un de nos amis, canotier intrépide, entraîné à outrance, se prêtait à nos études sur les modifications du liquide urinaire par le travail ; mais il était tellement endurci à l'exercice musculaire, que jamais ses urines ne présentaient le moindre sédiment : la fatigue n'avait plus prise sur lui. Un matin, nous ramions avec lui, dans le même canot, et nous fûmes surpris de ne pas lui trouver sa vigueur accoutumée : il lui fallut toute son énergie morale pour manier l'aviron jusqu'au bout du parcours habituel. Deux nuits sans sommeil avaient produit cette faiblesse momentanée. Or, ce jour-là, l'exercice lui laissa pour la journée tout entière une sensation de malaise et de courbature qu'il n'éprouvait jamais, et ses urines qui, depuis longtemps, demeuraient constamment limpides après le travail, présentèrent des dépôts uratiques très abondants.

Toutes les fois que l'organisme se trouve dans un état de « moindre résistance », il y a tendance à production des sédiments uratiques, et tendance aussi à la manifestation des symptômes de la courbature.

Il peut arriver que le défaut de résistance de l'organisme soit produit passagèrement par une cause d'ordre moral, une préoccupation vive, une émotion dépressive. Il nous a été permis de constater que, dans cet état d'abattement physique et moral, un homme très endurci au travail peut perdre momentanément son immunité pour la fatigue, et présenter à la suite d'un exercice musculaire les symptômes de la courbature ; mais, du même coup, ses urines perdent leur limpidité habituelle à la suite du travail, et se chargent de sédiments. Nous avons observé ce fait sur un homme rompu à tous les exercices de corps, et en état de parfait entrainement, qui s'adonnait régulièrement à l'escrime. Il faisait des armes tous les jours, sans présenter jamais ni phénomènes de courbature, ni sédiments dans les urines. Un jour, à la suite d'une assez courte leçon d'armes prise sous le coup de la préoccupation d'un duel sérieux pour le lendemain, il ressentit les malaises d'une courbature très accentuée, et nous constatâmes la présence dans ses urines d'un abondant précipité.

Tels sont les faits d'observation montrant la solidarité constante qui existe entre l'émission des déchets uratiques et la production de la courbature de fatigue. Toutes les circonstances capables de rendre l'homme plus vulnérable à la fatigue ont le privilège de créer en même temps une disposition de l'urine à se charger de sédiments.

Entre ces deux phénomènes, émission d'urines troubles et malaises consécutifs de l'exercice, il y a une corrélation tellement constante qu'il est impossible de n'y pas voir un rapport de cause à effet.

CHAPITRE VI.

LA COURBATURE (SUITE).

I.

Une première objection se présente contre la conclusion que nous venons de formuler.

Certains auteurs considèrent une urine qui dépose à la suite du travail musculaire non pas comme un liquide contenant plus de matières excrémentitielles qu'à l'état normal, mais comme un liquide plus concentré, c'est-à-dire contenant moins d'eau pour la même quantité de principes en dissolution. Les sédiments urinaires ne seraient pas plus abondants dans les urines qui déposent à la suite du travail, mais l'eau qui les tient en dissolution aurait diminué. De là, saturation plus grande du liquide et tendance au précipité(1). Si la théorie de ces auteurs était vraie, les sédiments urinaires n'indiqueraient pas un changement dans la composition chimique du liquide ; ils signifieraient seulement qu'une partie de l'eau habituellement éliminée par le rein a été rendue par d'autres voies, et notamment par la peau. La transpiration excessive serait donc la véritable cause de la formation des dépôts.

(1) *Dictionnaire de médecine et de chirurgie pratique*, art. « Urine ».

F. LAGRANGE.

Deux arguments majeurs peuvent être opposés à cette théorie.
— En premier lieu, il arrive souvent que l'urine est aussi abondante les jours où elle offre des sédiments que les jours où elle
n'en présente pas. Nous avons pu nous en assurer grâce à une
cinquantaine d'observations prises sur des sujets divers. Il est
maintes fois arrivé au cours de ces observations que, la transpiration ayant été très modérée et l'urine se trouvant plus abondante que d'ordinaire, des sédiments se sont produits, le sujet ne
se trouvant pas accoutumé au travail. — Par contre, nous avons
pu constater que, chez les hommes parfaitement entraînés, il se
produit très fréquemment, au cours du travail, des sueurs profuses, sans que pour cela les urines se troublent.

Une longue observation de fatigue, prise sur un ami et sur nous-
même, nous a permis de contrôler pendant neuf jours consécutifs
le résultat des études que nous avions déjà faites, et leur donnera
sans doute une plus grande autorité.

Au commencement d'août 1886, nous sommes partis, dans un
canot, avec l'intention de parcourir *à force de rames*, dans le plus
court espace de temps possible, la distance qui sépare Limoges
de Paimbœuf. Nous avons ainsi effectué en neuf jours un parcours de 550 kilomètres en ramant continuellement avec deux
avirons chacun, « à deux de couple », suivant l'expression technique, obligés en outre de faire un travail supplémentaire excessif
en faisant passer notre lourd bateau par-dessus les barrages
élevés et presque à sec qui coupaient, au nombre de 83, le cours
de la Vienne.

Cette énorme dépense de force musculaire ne nous a jamais
courbaturés, parce que nous étions l'un et l'autre endurcis par un
entraînement de deux mois. Après des journées de douze et qua-
torze heures de travail au grand soleil, par les jours les plus
chauds de l'année, nous avons éprouvé des souffrances variées,
mais jamais celles de la courbature ; jamais il ne nous est arrivé
de nous trouver, le matin au lever, moins dispos que la veille, et
pourtant la fatigue était poussée à ses dernières limites pendant
le travail, et, quand nous quittions les avirons, nous nous sen-
tions à bout de forces. L'exercice était poussé jusqu'au surmenage, puisque, malgré une nourriture très substantielle, largement
arrosée de vin et surtout de café, nous avons maigri chacun de
dix livres en neuf jours. Pourtant la courbature ne nous a jamais
atteints, mais jamais aussi nos urines, chaque jour observées,
n'ont présenté le moindre sédiment uratique.

Si pourtant ces sédiments étaient le résultat de la transpiration excessive, jamais occasion ne se présenta plus favorable à leur formation que dans notre seconde journée de voyage, dont voici l'exposé fidèle.

Le 10 août, après cinquante kilomètres franchis à l'aviron sous un soleil ardent qui nous avait couvert de phlyctènes la nuque, le visage et les poignets, après avoir transpercé de sueur nos gros tricots de laine, nous reçûmes l'hospitalité dans le petit bourg d'Availles dont l'aubergiste était en même temps boulanger. Nos lits étaient composés d'un unique mais énorme matelas de plume dans lequel nous nous trouvâmes enfouis jusqu'au menton par une nuit de chaleur caniculaire. Enfin notre hôte, comme s'il avait voulu nous fournir tous les éléments nécessaires à une expérience physiologique, nous avait donné une chambre placée directement sur la voûte de son four qui chauffait pendant notre sommeil.

Il est impossible d'imaginer un assortiment plus complet de conditions capables de provoquer la sueur: travail forcé pendant dix heures au grand soleil d'août; nuit passée dans la plume, dans un appartement chauffé comme une étuve. Ce jour-là, une avarie au bateau, que nous devions réparer, nous força à passer une demi-journée dans le village, et nous eûmes tout le loisir d'observer nos urines émises depuis plusieurs heures. Mais, malgré les sueurs profuses qui avaient transpercé nos vêtements le jour et inondé la nuit notre couche, aucun dépôt ne se produisit ni chez notre ami, ni chez nous.

Ainsi, il ne suffit pas de suer beaucoup pendant et après le travail pour rendre des sédiments dans les urines. La transpiration excessive peut produire chez les sujets entraînés, aussi bien que chez tous les autres sujets, une diminution de la quantité d'urine rendue, mais ne détermine pas forcément l'apparition des sédiments uratiques.

Enfin une dernière preuve, la plus concluante sans doute, établit l'augmentation réelle de l'acide urique et des urates dans l'urine qui présente les sédiments uratiques à la suite de l'exercice: c'est l'analyse chimique.

Voici le résultat de l'examen d'un échantillon d'urine recueillie, après une très longue séance d'escrime, sur un sujet non entraîné qui depuis deux mois s'était abstenu de tout exercice musculaire (1).

(1) L'analyse a été faite par M. Papon, chimiste expérimenté, auquel nous adressons ici tous nos remerciements pour le concours qu'il a bien voulu nous prêter.

Pour un litre de liquide urinaire, la quantité d'acide urique éliminé a été de 1 gr. 43.

Chez le même sujet ayant exécuté le même travail, après entraînement préalable, et dont l'urine n'a formé aucun dépôt, la quantité d'acide urique éliminé pour un litre de liquide a été 0 gr. 60, chiffre qui ne s'écarte pas de la normale.

On voit donc que, pour l'exécution du même travail musculaire, l'homme non entraîné élimine un peu plus que le double de la dose normale d'acide urique, tandis que chez l'homme entraîné ce produit n'augmente pas.

Les documents que nous apportons à l'étude des modifications de l'urine par le travail musculaire sont évidemment très incomplets, car ils ne visent qu'un seul fait : la production des sédiments uratiques ; mais ce fait par lui-même était intéressant à préciser, et de plus, jusqu'à ce jour, personne n'avait signalé sa corrélation si étroite avec les malaises généraux de la courbature.

Nous pouvons, d'après l'étude qui précède, établir un fait : c'est que la proportion d'acide urique éliminé est fortement augmentée quand l'urine devient trouble à la suite du travail. Or l'urine ne fait que débarrasser l'organisme des produits qui se trouvaient déjà tout formés dans le sang. L'acide urique en excès que nous constatons dans le liquide urinaire, à la suite de l'exercice musculaire, existait donc dans le liquide sanguin avant d'être expulsé au dehors. Nous savons, de plus, que l'élimination des principes uratiques ne commence que trois heures après l'exercice, et se prolonge quelquefois fort longtemps, pendant vingt-quatre heures et même trente-six heures. Pendant toute cette période de temps, l'organisme a été soumis à l'influence de l'acide urique en excès.

L'exercice violent laisse donc à sa suite, chez les hommes non entraînés, une surcharge urique du sang, une véritable *uricémie*, semblable à celle qu'on observe, par exemple, chez les sujets goutteux quand ils sont sous l'imminence d'un accès de goutte.

II.

Est-ce à l'excès d'acide urique qu'il convient d'attribuer les malaises ressentis à la suite de l'exercice violent ?

Il y a évidemment, parmi les déchets éliminés dans les sédiments urinaires, bien d'autres produits qui ont pu faire sentir leur influence à l'organisme pendant le séjour prolongé qu'ils ont fait dans le sang avant d'être expulsés de l'économie. Il est certain que les substances extractives, telles que la créatinine, la xanthine et les autres produits de combustion incomplète, ont un rôle important dans la production des malaises fébriles de la fatigue consécutive. Mais ces substances sont encore si mal connues dans leurs effets physiologiques, qu'il convient de parler de leur influence probable avec la plus grande réserve.

Nous avons, au contraire, souvent, l'occasion d'observer des circonstances où l'urine renferme des urates en excès, et de constater que les troubles subis dans ces cas par l'organisme ressemblent quelquefois beaucoup à ceux que produit la fatigue musculaire consécutive.

L'accès de fièvre intermittente et la fièvre rhumatismale sans déterminations localisées sont les deux affections qui ressemblent le plus à la fièvre de courbature. Or ces deux affections s'accompagnent, comme la courbature, d'une abondante émission d'urates.

Une douche froide prise par un sujet qui n'y est pas habitué produit généralement un malaise consécutif assez accentué, avec sentiment général de brisement dans les membres et léger mouvement fébrile ; nous avons pu nous assurer qu'en observant les urines du sujet à la suite de ces symptômes tout pareils à ceux de la courbature, on voit qu'elles renferment aussi des sédiments uriques en abondance.

On pourrait objecter que dans les exemples cités il y a un mouvement fébrile, et attribuer à la fièvre la production des urates aussi bien dans la courbature de fatigue que dans l'accès de fièvre intermittente ou de fièvre rhumatismale. Mais la fièvre ne se produit que par exception à la suite d'un exercice violent, et l'on peut cependant observer des sédiments uratiques abondants dans des circonstances où le travail musculaire a laissé le pouls et la température dans leur état normal. Selon nous, les urates et les autres déchets de combustion qui les accompagnent sont les causes et non les effets de la fièvre. L'état fébrile, dans la courbature, est le résultat d'un effort de l'organisme pour éliminer ces déchets, quand ils se trouvent accumulés en trop grande quantité.

Il est impossible de ne pas voir une certaine analogie entre le processus de la fièvre de courbature et celui de l'accès de goutte. Dans les deux cas il y a *uricémie*, c'est-à-dire surcharge du sang par les urates. Seulement, dans l'accès de goutte, le sang se décharge sur les articulations et y rejette l'excès de sels uratiques qu'il renferme, tandis que, dans la courbature de fatigue, la décharge a lieu sur le rein, et les substances nuisibles s'éliminent par les urines.

Cette analogie dans les causes est confirmée par l'observation des faits. — Chez les sujets prédisposés à la goutte, un exercice très violent, pris sans entrainement préalable, est souvent la cause déterminante d'un accès. C'est que l'accès de goutte, comme la courbature, est dû à une accumulation de composés uriques dans le sang, à un état d'*uricémie*. L'exercice musculaire trop violent met momentanément l'organisme dans toutes les conditions voulues pour l'explosion des accidents de la diathèse urique. Nous avons pu observer maintes fois que l'exercice le plus violent est sans danger pour le goutteux quand celui-ci est en état d'entrainement parfait. — Un de nos amis intimes, président très actif de notre société d'escrime, est goutteux depuis longtemps. Les assauts les plus prolongés n'ont jamais déterminé chez lui le plus léger accès de goutte, tant qu'il s'est tenu en condition d'entrainement : il a eu quelquefois, au contraire, des malaises articulaires assez prononcés quand il s'est remis tout d'un coup à faire des armes, après avoir abandonné trop longtemps la salle.

Si l'état d'entrainement peut mettre un goutteux à l'abri des dangers que présente habituellement pour lui la fatigue, c'est que chez l'homme bien entrainé le travail ne produit ni les sédiments uratiques, ni l'état d'uricémie passagère qui leur donne naissance.

Mais une dernière question reste à résoudre pour expliquer d'une manière satisfaisante la production de la courbature. Pourquoi les déchets azotés qui constituent les sédiments uratiques ne se forment-ils pas, à travail égal, chez l'homme entrainé aussi bien que chez l'homme qui se livre à l'exercice pour la première fois ?

Il ne peut y avoir qu'une réponse à cette question : c'est que, chez l'homme qui ne fait pas agir ses muscles, il existe des matériaux capables de donner naissance à ces produits de combustion incomplète, tandis que chez l'homme entrainé, le travail musculaire a usé et fait disparaitre ces tissus. L'exercice violent pratiqué assidûment chaque jour a fait disparaitre peu à peu les *tissus de réserve* qui s'étaient accumulés dans les muscles. Le travail a brûlé et dissipé les matériaux économisés par l'inaction.

Les tissus de réserve sont destinés à ne séjourner que temporairement dans l'économie : ce sont des provisions destinées à faire les frais des combustions, et non à entrer dans la trame intime du corps pour en devenir partie intégrante. Aussi ces tissus sont-ils plus facilement atteints que les autres par le mouvement de désassimilation. Ils résistent moins aux combustions du travail ; ils brûlent plus facilement, se détachent des organes avant d'avoir subi leur dernier degré d'oxydation, et restent à l'état de produits de combustion incomplète. Ces déchets, suivant l'expression de M. Bouchard (1), sont de *véritables cendres* organiques.

Mais les matériaux capables de donner lieu à ces déchets ne forment dans l'organisme qu'une provision limitée, qui se dépense d'autant plus vite que le travail musculaire est plus intense. Aussi l'exercice violent a-t-il bientôt dissipé les réserves résultant de l'exercice insuffisant, et, avec les tissus de réserve, disparaissent aussi les déchets dus à la désassimilation trop facile de ces provisions exubérantes. L'homme entraîné ne fait plus de déchets uratiques, parce qu'il a épuisé les provisions capables de leur donner naissance, parce qu'il a *brûlé ses réserves.*

Plus on pénètre dans le détail des faits, et plus cette opinion se confirme.

Les amateurs de gymnastique savent tous qu'en reprenant un exercice du corps abandonné trop longtemps, il est impossible d'échapper à la courbature ; mais tous ceux qui ont eu l'occasion de passer par cette petite épreuve savent qu'il y a deux manières de payer son tribut. — Les uns font chaque jour une petite quantité de travail qu'ils augmentent graduellement, et arrivent ainsi, au bout d'un temps assez long, à reprendre la dose d'exercice habituelle. Ceux-là ne ressentent après l'exercice qu'un très léger malaise, et leurs urines ne font qu'un imperceptible dépôt. Ils arrivent à se remettre à la gymnastique la plus violente sans avoir passé par la courbature complète. C'est qu'ils n'ont produit à chaque fois qu'une très minime quantité de déchets de combustion. Ces déchets étaient insuffisants pour déterminer un malaise grave dans l'organisme, et trop peu abondants pour

(1) BOUCHARD, *loc. cit.*

troubler fortement les urines. — D'autres préfèrent se libérer plus vite et font du premier coup tout le travail possible, exerçant leurs muscles sans aucun ménagement. Il en résulte pour le lendemain une violente courbature et des urines surchargées d'urates. Mais à la troisième séance, en général, ils ont repris toute leur aptitude au travail et se trouvent désormais à l'abri de la fatigue consécutive. A ce moment aussi, les urines ne peuvent plus former de dépôts, et gardent à la suite de l'exercice une limpidité parfaite.

Ces deux méthodes différentes aboutissent, en résumé, au même résultat : l'épuisement des tissus de réserve.

Si nous cherchons à établir aussi nettement que possible les conclusions qui se dégagent des faits observés par nous, et exposés ici pour contribuer à l'étude de la fatigue consécutive, nous serons fondé à formuler deux opinions, dont l'une représente un fait certain, et l'autre une hypothèse très vraisemblable.

1° Nous pouvons présenter comme un fait certain l'augmentation des produits de combustion incomplète qui forment les sédiments uratiques, dans tous les cas où le travail musculaire doit être suivi des malaises généraux fébriles ou non fébriles de la courbature.

2° Nous proposons comme vraisemblable l'hypothèse qui établit un rapport de cause à effet entre ces deux phénomènes étroitement unis par une coexistence constante : production des déchets azotés qui forment les sédiments uratiques, et apparition des malaises généraux de la fatigue consécutive. Cette hypothèse nous semble appuyée sur des déductions suffisantes pour qu'il nous soit permis d'attribuer la *courbature de fatigue* à une sorte d'auto-intoxication de l'organisme par des produits de désassimilation.

Il y aurait ainsi une certaine analogie entre le processus de la courbature et celui de l'essoufflement. Ces deux formes de la fatigue seraient dues à la surcharge du sang par certains produits de désassimilation.

Le malaise respiratoire qu'on appelle essoufflement est dû à la saturation du sang par un produit de désassimilation qui s'élimine par le poumon. Le malaise général qu'on appelle fatigue consécutive ou courbature de fatigue doit être attribué à la présence dans l'économie de certains produits de désassimilation qui s'éliminent par le rein.

On connaît très bien le produit auquel doit être attribué l'essoufflement : c'est l'acide carbonique.

Il est beaucoup plus difficile, dans l'état actuel de la science, de préciser celui ou ceux qui sont la véritable cause de la courbature. Mais on peut affirmer que ces produits se trouvent au nombre des substances qui composent les sédiments uratiques, et que, parmi celles-ci, l'acide urique et les urates jouent un rôle important dans les phénomènes de la fatigue générale consécutive.

CHAPITRE VII.

LE SURMENAGE.

I.

Le *surmenage* n'est autre chose que la fatigue poussée à l'extrême.

Nous avons vu que le travail excessif a pour conséquence la
formation dans l'économie de certains produits de désassimilation, et que les malaises généraux de la fatigue ont pour cause
une sorte d'intoxication du corps par ces déchets, qui font sentir
leur influence nuisible jusqu'au moment où ils ont été éliminés
du corps par les organes excréteurs. Dans l'état de surmenage,
l'organisme ne peut plus lutter contre les déchets trop abondants
que les organes éliminateurs ne suffisent pas à rejeter au dehors.
Il y a disproportion entre le pouvoir éliminateur de l'organisme
et la grande quantité de produits de combustion qui l'encombrent.

Entre la fatigue et le surmenage il y a simplement une différence de dose dans les substances qui empoisonnent l'organisme; mais ces substances sont les mêmes et ont la même origine : ce sont toujours les déchets de combustion produits par le travail.

Un homme qui s'arrête essoufflé au bout de cinq minutes de course est un homme dont l'organisme se trouve sous le coup d'une intoxication passagère par l'acide carbonique résultant de l'exercice. Un cheval qu'on jette dans un galop très rapide et qu'on force à maintenir ce galop jusqu'à ce qu'il crève, meurt *surmené*. Les accidents qui le tuent sont dus, comme tout à l'heure, à l'acide carbonique qui sature l'organisme ; mais, dans le premier cas, le gaz toxique a été éliminé à temps ; dans le second cas, il s'est accumulé à une dose capable d'amener la mort.

L'acide carbonique est, de tous les produits de combustion, celui qui se forme avec le plus de rapidité et en plus grande abondance pendant le travail. C'est le plus redoutable pour l'organisme ; c'est lui qui fait courir à l'homme et à l'animal qui travaillent les dangers les plus pressants. Quand l'organisme a le dessous dans sa lutte pour l'expulser, le combat est toujours très court et les accidents deviennent rapidement mortels. C'est ce qu'on observe sur le cheval qu'on excite à galoper sans lui laisser le temps de souffler, et en le faisant sortir de ses allures, c'est-à-dire en lui demandant une vitesse qui est disproportionnée avec le pouvoir de ses poumons. L'animal sorti de ses allures fait plus d'acide carbonique qu'il n'en peut éliminer par la respiration. En très peu de temps il s'en accumule dans le sang une dose assez forte pour produire un commencement d'intoxication. Si on lui permettait de s'arrêter ne fût-ce qu'une minute, il pourrait, dans ce court temps de repos, rejeter au dehors le surcroît de gaz qui le gêne et reprendre sa course sans aucun danger. Mais si on ne le laisse pas souffler un instant, il garde en lui-même ce surcroît d'acide carbonique, dont la dose s'accroît de plus en plus à chaque respiration, les centres nerveux sont baignés par un sang impropre à la vie, le muscle cardiaque est imprégné d'une substance qui le paralyse, la circulation s'arrête et l'animal meurt. — La mort par essoufflement peut être considérée comme le type du surmenage *suraigu*. Cette forme de surmenage aboutit en réalité à l'asphyxie, par auto-intoxication.

Le surmenage que nous appellerons *aigu* suit une marche un peu moins rapide. Le type en est fourni par les animaux qu'on chasse à courre. Dans ce genre de chasse l'animal ne doit pas être tué, mais *pris*, c'est-à-dire poursuivi à outrance, jusqu'à ce que l'épuisement complet de ses forces ne lui permette plus d'échapper aux chiens.

Étudions ce qui se passe chez un chevreuil harassé de fatigue et dont on va bientôt sonner l'hallali :

L'animal a *rusé*, c'est-à-dire que, de temps en temps, au lieu de continuer directement sa course, il s'est arrêté, cherchant à se cacher après être revenu sur ses pas, après avoir fait des « crochets » pour dépister les chiens. Sa course est ainsi coupée d'une foule de temps d'arrêt assez longs pour lui permettre de souffler, et d'éliminer son acide carbonique par la respiration. Aussi se fera-t-il chasser longtemps, cinq ou six heures, quelquefois plus, ce qui ne lui serait pas possible s'il marchait droit devant lui sans s'arrêter, car la frayeur le ferait sortir de ses allures, et, bien qu'il soit plus vite que les chiens, il s'essoufflerait et serait pris très promptement. Tous les veneurs savent que si la bête chassée sort du bois pour faire un long *débuché*, la chasse sera promptement terminée; à moins qu'il ne s'agisse d'un animal de première force, un vieux loup, par exemple, qui se moque des chiens, connait la puissance de son jarret et ne fait pas aux chasseurs l'honneur de sortir de ses allures pour les éviter.

Le chevreuil évite donc, grâce à ses ruses, de succomber à l'essoufflement; mais le travail excessif qu'il fait pour échapper à ses ennemis donne naissance à divers produits de désassimilation qui, à un moment donné, s'accumulent en grande quantité dans l'organisme, car ils ne peuvent pas, comme l'acide carbonique, s'éliminer en quelques minutes. Une grande partie de ces produits, en effet, ne peut s'éliminer que par l'urine, et nous avons dit que les déchets éliminés par l'urine ne sont expulsés du corps qu'avec une très grande lenteur. Il sera donc impossible au chevreuil de se débarrasser pendant sa course de ces produits de combustion qui encombrent ses muscles et empoisonnent son sang. Quand leur accumulation sera excessive, deux ordres de faits se produiront. En premier lieu, ses mouvements deviendront difficiles à cause de la gêne occasionnée dans les organes du mouvement par les déchets qui les encombrent, et qu'on peut comparer aux cendres qui embarrassent un foyer ou à la suie qui engorge les tuyaux d'une cheminée. En second lieu, ces déchets seront résorbés par les vaisseaux sanguins et pris par le torrent de la circulation, d'où prompte infection de l'organisme.

Après quelques heures d'une chasse un peu vive, le chevreuil commence à ralentir sa course, ses jambes se raidissent, les chiens gagnent sur lui.—Il est *sur ses fins*, disent les veneurs.— Pour nous, il est empoisonné par les déchets organiques dont la production est excessive et qui se sont accumulés à haute dose. Ses jambes sont raides, parce que les sucs musculaires commencent à se coaguler sous l'influence d'un acide élaboré par les combustions, l'acide sarcolactique, et que ses muscles en totalité ont subi une véritable décomposition chimique sous l'influence de la chaleur du travail. Les organes du mouvement font défaut à l'animal, il ne peut plus fuir et se laisse manger vivant par les chiens. Mais ce n'est pas seulement là la cause de sa mort; car si, par une dernière ruse, le chevreuil forcé parvient à dépister ses ennemis, il meurt presque toujours des suites du surmenage.

Une bête complètement forcée n'a pas besoin d'être étranglée par les chiens ou servie par le chasseur; elle crève, et il arrive souvent qu'au lendemain d'une chasse on retrouve dans une broussaille le cadavre de l'animal dont on avait perdu la voie, et qui est venu là mourir des suites de sa fatigue. — Un de mes amis avait lâché dans ses bois quelques chevreuils et les chassait quelquefois, sans avoir l'intention de les prendre et uniquement pour dresser ses chiens, arrêtant la meute au moment où il voyait l'animal près de sa fin. Il arriva que plusieurs chevreuils moururent des suites de ces chasses, qui n'étaient cependant qu'un jeu, une sorte de petite guerre, et dans lesquelles aucun coup de fusil, aucun coup de dent n'atteignait l'animal. — Ce n'est pas seulement l'impuissance de courir, la fatigue locale des membres qui constitue l'état de l'animal forcé: c'est un état général de décomposition des tissus vivants capables d'amener des accidents mortels. L'animal forcé est un animal empoisonné par une sorte de putréfaction de ses chairs encore vivantes.

Si on examine le corps d'une bête forcée, on constate des faits très intéressants à étudier. Du côté des membres, il se produit presque instantanément un état de raideur qu'on appelle la rigidité cadavérique des muscles. Ce phénomène s'observe après la mort chez tous les animaux, sans exception, aussi bien que chez l'homme: mais il n'a lieu d'ordinaire que plusieurs heures après la cessation de la vie, tandis que chez l'animal forcé il se produit aussitôt que la vie disparaît, quelquefois même dès les der-

niers instants de l'agonie. Rien de plus curieux et rien de plus
capable d'apitoyer un homme, — si un homme qui chasse était
capable de pitié, — que de voir une malheureuse bête forcée se
trainant sur des jambes qui ne peuvent plus se fléchir, et qui présentent la raideur d'un morceau de bois.

Les phénomènes cadavériques commencent ainsi quelques
instants avant la mort chez les animaux atteints de surmenage
aigu.

Parmi les phénomènes qui suivent la mort, il en est encore un
qui devance de beaucoup le moment où il se produit d'ordinaire :
c'est la putréfaction. Le gibier forcé ne peut pas se conserver,
il doit être mangé tout de suite, car il est déjà faisandé quelques
heures après la mort. Le corps d'un animal forcé se putréfie et se
décompose avec la même rapidité que celui d'un homme enlevé
par une maladie infectieuse et dont on est obligé de hâter l'inhu-
mation. — On peut d'ordinaire conserver longtemps un animal
auquel on a enlevé les entrailles aussitôt après l'avoir tué. La
nécessité de cette précaution s'explique par la présence habituelle
dans le tube digestif de microbes dont les germes s'insinuent
après la mort dans tous les tissus, que le mouvement vital ne
défend plus contre leur invasion. Pour le gibier forcé, l'opération qui consiste à le vider est complètement inutile et ne retarde
pas la putréfaction. C'est que le point de départ de cette putréfaction n'est plus dans un agent introduit du dehors, par les voies
digestives, mais dans des produits qui se sont créés de toutes
pièces dans l'organisme par le travail, et surtout dans les parties
de l'organisme qui ont le plus travaillé, dans les muscles.

La corruption rapide que subit l'animal surmené est causée par
des modifications chimiques qui se produisent dans ses muscles.
Les muscles ne sont autre chose que la viande ou la *chair* de
l'animal ; ils représentent en poids plus de la moitié de la bête,
et il n'est pas surprenant qu'une altération de composition qui
porte sur une pareille masse puisse avoir des effets très accentués sur l'organisme tout entier.

Les muscles qui ont travaillé avec excès ont subi une altération
dans leur composition chimique. D'alcalins qu'ils étaient à l'état
de repos, ils sont devenus acides : ils renferment de l'acide lactique qu'on n'y trouvait pas avant le travail ; ils sont moins riches
en oxygène et plus chargés d'acide carbonique qu'au moment du
repos. Beaucoup de matières azotées résultant des combustions

du tissu musculaire lui-même sont augmentées considérablement.

Ces substances, dont le dernier degré de combustion est l'urée, forment une série de corps qui ne diffèrent entre eux que par une plus ou moins forte proportion d'oxygène, et par conséquent par un degré plus ou moins prononcé d'oxydation ou de combustion. Tous les auteurs énumèrent parmi elles la créatine, l'hypoxanthine l'acide inosique, etc., et enfin le plus connu et le plus intéressant par le rôle qu'il joue dans la goutte, l'acide urique.

Ces substances sont généralement peu cristallisables et ont pour caractère commun de se dissoudre dans l'alcool quand on fait macérer dans ce liquide un muscle fatigué. On les appelle d'une manière générale *substances extractives*.

Les substances extractives se rencontrent à l'état de repos dans les muscles, mais elles s'y trouvent en quantité bien plus considérable à la suite du surmenage. Liébig a pu extraire dix fois plus de *créatine* des muscles d'un renard forcé que de ceux d'un renard sacrifié dans le laboratoire après avoir été tenu en cage.

Quelle est la part des substances extractives dans la production du surmenage? Ces substances jouent-elles le rôle principal dans les accidents infectieux qu'on observe sur les êtres surmenés? Voilà des questions qui trouveront bientôt sans doute une réponse satisfaisante. M. A. Gautier (Académie de médecine, 15 janvier 1886) a démontré que, parmi les produits du travail musculaire, il se forme des alcaloïdes dont la puissance toxique n'est pas inférieure à celle des poisons signalés déjà dans les viandes putréfiées sous le nom de ptomaïnes. Il est impossible, dans l'état actuel de la science, de désigner par leur nom et leurs caractères chimiques les substances organiques qui sont les véritables agents des accidents du surmenage, mais tout porte à croire que les alcaloïdes, nommés par M. Gautier *leucomaïnes*, sont la cause de bien des accidents encore mal connus qui atteignent les bêtes ou les hommes surmenés.

Chez l'homme il est rare d'observer des cas de surmenage aigu, surtout à notre époque de civilisation. L'antiquité nous en a légué un exemple célèbre, celui du soldat de Marathon qui, voulant être le premier à annoncer la victoire, courut d'un trait jusqu'à Athènes et tomba mort en arrivant.

On a pu s'assurer que la fatigue poussée aux dernières limites amène, pour l'homme comme pour l'animal, la rigidité hâtive de

tout 'e système musculaire. On a vu des combattants, morts
après une lutte longue et acharnée, dont les corps en état de surmenage aigu avaient conservé des attitudes étranges. Leurs ca-
davres étaient restés dans des positions correspondant à des
mouvements de défense et d'attaque. La raideur cadavérique
survenant au moment même de la mort avait surpris les mou-
rants dans leur dernière attitude, et les muscles instantanément
raidis, les y avaient maintenus.

Sous l'influence du surmenage aigu, la rigidité cadavérique envahit aussi rapidement les muscles de la figure que ceux du reste
du corps, et, pour la même raison, peut conserver à ces muscles
la contraction qu'ils avaient dans les derniers moments de la vie,
et, par conséquent, l'expression des dernières sensations qu'ils
ont pu éprouver. Chez des personnes mortes assassinées et qui,
ayant cherché à se défendre, s'étaient épuisées en quelques minutes de lutte suprême, on a constaté quelquefois une expression
d'épouvante qui persistait plusieurs heures après la mort. Leurs
efforts désespérés pour échapper aux meurtriers avaient occasionné un prompt surmenage ; la raideur des muscles de la face,
survenant très promptement, avait conservé à la physionomie
une sorte de cliché de l'expression dernière.

Si l'on s'étonnait de ce que la rigidité cadavérique ait pu se
produire au moment même de la mort, nous citerions un fait signalé par M. Ch. Richet, qui a pu voir les muscles se raidir avant
que le cœur n'eût cessé de battre (1).

Les mauvais effets du surmenage sur la chair des animaux
ont été fréquemment signalés par les vétérinaires, et par les industriels qui s'occupent de la conservation des viandes. La
chair d'un animal tué en pleine fatigue devient très vite flasque,
humide ; elle prend une odeur aigrelette, une odeur de *linge
sale*, suivant l'expression de MM. Raillet et Vilain : il est impossible de la conserver longtemps. Il est dangereux de faire usage
de la chair des animaux soumis au surmenage si elle n'est pas
mangé très fraîche. On a cité des épidémies de typhus dues à la
consommation de bestiaux qu'on fatiguait en leur faisant suivre
des armées en marche. Ces faits sont bien connus des fabricants
de conserves de viande, et ces industriels prennent des précau-
tions pour remédier aux inconvénients de la fatigue chez les
animaux qu'ils font abattre. Dans les saladeros de l'Amérique

(1) Ch. Richet, *les Muscles et les Nerfs*. Paris, Félix Alcan

du Sud, on a grand soin de ne pas tuer aussitôt arrivés les bœufs à demi sauvages auxquels on a fait subir de longues courses pour les amener des Pampas à l'abattoir. Chaque établissement est pourvu d'une grande cour où les animaux se reposent avant d'être sacrifiés. Leur chair ne se conserverait pas si on l'utilisait avant que les bœufs surmenés n'aient eu le temps d'éliminer par deux ou trois jours de repos, les déchets de fatigue.

En opposition à ces faits où le surmenage donne à la viande des propriétés nuisibles, on pourrait en citer d'autres où la fatigue est recherchée au contraire comme moyen de développer dans la chair des animaux qu'on veut tuer des qualités culinaires particulières. Nous avons entendu des gourmets soutenir qu'autrefois on mangeait à Paris du bœuf bien meilleur qu'aujourd'hui. Avant les chemins de fer, les bestiaux conduits à pied, à petites journées, faisaient quelquefois plus de cent lieues avant d'arriver à l'abattoir : on disait que la fatigue de la route attendrissait la viande et lui donnait un goût de « noisette ». De même, dans l'Italie méridionale, on a l'habitude, avant d'abattre les buffles, qui vivent presque en liberté, et dont la chair est dure et coriace, de les poursuivre longtemps à cheval, et de les faire galoper à toute allure. Leur chair, après ces courses folles, acquiert, dit-on, un goût plus savoureux.

Ces faits ne sont pas en contradiction avec les premiers que nous avons cités. Ils prouvent toujours que la fatigue accumule chez les animaux des produits nouveaux dont la présence modifie profondément les qualités de la chair. Si ces produits ne sont pas en trop grande quantité, et surtout si on mange l'animal aussitôt tué, de manière à éviter la fermentation putride dont ils hâtent l'apparition, la chair fatiguée est inoffensive. Les matières extractives produisent même une sorte d'assaisonnement de la viande et lui donnent une pointe de haut goût, un montant agréable au palais. Les amateurs préfèrent cette saveur à celle de la viande ordinaire, comme ils préfèrent au gibier frais le gibier faisandé.

C'est toujours par le surmenage qu'on peut expliquer le goût particulier de la chair des animaux qu'on a fait souffrir avant de les tuer. Un boucher des environs de Limoges avait la réputation de vendre de la viande de porc bien meilleure que celle des autres boucheries. Cette brute ne tuait jamais ses animaux sans les torturer. Il leur crevait les yeux et ne les saignait que lentement à petits coups. Dans certains cantons du midi de la France,

F. LAGRANGE.

on ne saigne les oies qu'après les avoir plumées toutes vives, dans le but d'attendrir leur chair par la souffrance. Certaines ménagères se vantent de donner à un lapin domestique un goût de « gibier » en le tuant par un procédé très lent, par exemple en le pendant à l'aide d'un nœud coulant qui se serre peu à peu et permet à la bête de se débattre longuement avant que la mort n'arrive.

Ces pratiques inhumaines ne méritent que l'indignation des gens de cœur; mais il faut reconnaître, au point de vue scientifique, que l'idée qui les fait commettre n'est pas sans fondement. La chair de l'animal qui a beaucoup souffert peut avoir un goût particulier, aussi bien que celle de l'animal surmené, car la souffrance amène le surmenage. La malheureuse bête qu'on martyrise s'épuise en efforts désespérés pour échapper à la douleur et dépense en quelques minutes autant de force nerveuse qu'elle pourrait le faire pendant un long travail.

On a remarqué depuis longtemps que les animaux auxquels on fait subir des vivisections pour les expériences physiologiques et qui ne succombent qu'au bout d'un certain temps de souffrances et de lutte impuissante pour se soustraire à la douleur présentent après leur mort tout l'aspect des animaux forcés : poil hérissé, mouillé de sueur, raideur cadavérique hâtive, et chair rapidement envahie par la putréfaction.

Voilà bien des faits en apparence très disparates et qu'on ne s'attendait pas, peut-être, à trouver groupés ensemble. Ils ont, comme nous espérons l'avoir démontré, un lien commun : c'est le développement, dans l'organisme, de certains produits de désassimilation qui résultent de la trop grande quantité de travail musculaire effectué. Ces produits se rencontrent aussi bien dans le corps de l'homme qui se surmène par le travail, que dans celui de l'animal qui s'est longtemps débattu contre la souffrance, parce que dans les deux cas il y a le même excès de fatigue

Le *surmenage lent* est dû, comme le surmenage aigu, à l'imprégnation de l'organisme par les déchets du travail ; mais les accidents ont une marche moins rapide, et une terminaison habituellement moins fatale parce que la dose des substances nuisibles est moins considérable, l'exercice qui la produit étant moins violent.

Cet état s'observe chez les personnes dont le corps est soumis à des travaux trop soutenus, ou à des fatigues qui se répètent trop fréquemment et ne sont pas suivies de temps de repos suffisamment prolongés.

Supposons un homme se livrant à un travail fatigant mais qui ne dépasse pas absolument la mesure de ses forces. Le travail est supporté et produit dans l'organisme les malaises habituels de la fatigue consécutive et de la courbature. Si le sujet recommence dès le lendemain le même exercice, les déchets du travail de la veille ne sont pas encore éliminés au moment où d'autres déchets viennent se réunir à eux pour en grossir la dose. Supposons que, les jours suivants, le travail continue sans interruption : la dose de substances nuisibles accumulées dans le sang grossira de plus en plus, et atteindra, au bout d'un certain temps, une proportion suffisante pour déterminer des accidents graves. — Ce jour-là, la fatigue prendra les proportions d'une maladie et l'état de surmenage sera établi.

L'état de surmenage lent aboutit à des maladies de longue durée, ou bien à des états morbides mal caractérisés qui ne constituent pas à proprement parler des maladies, mais qui impriment à l'organisme une modification profonde, capable de faire subir une influence pernicieuse aux moindres troubles de la santé qui pourraient accidentellement se produire. L'organisme infecté par les produits de désassimilation devient un terrain admirablement préparé pour l'éclosion des germes les plus malfaisants.

Les troubles plus ou moins durables de la santé qui sont la conséquence des excès de travail seront étudiés dans le chapitre suivant.

CHAPITRE VIII.

LE SURMENAGE (SUITE).

Les maladies de surmenage. — Les fièvres *pseudo-typhoïdes*. — L'*auto-infection* et l'*auto-typhisation*. Opinion du professeur Peter. — Microbes et leucomaïnes. Fréquence des fièvres de surmenage. — Prédisposition plus grande des adolescents. Deux observations personnelles. — Abus d'escrime et excès de trapèze.
Le surmenage dans l'armée. — Les colonels *trop remuants*. — Les manœuvres de force.
Le surmenage, cause aggravante des maladies. — Forme infectieuse que revêtent les affections les plus légères sur les organismes surmenés.
Les prétendues *insolations* des soldats en marche. — Rôle prédominant du surmenage dans la production de ces accidents. — Rareté de l'insolation chez le cavalier; sa fréquence chez le fantassin. Elle épargne les sujets accoutumés à la fatigue. — Rareté de l'insolation chez le paysan qui moissonne.

Il arrive souvent que le médecin se trouve en présence d'une fièvre continue dont il ne peut trouver le point de départ dans des causes extérieures. Aucune contagion, aucune épidémie à invoquer : le malade offre un cas isolé. On est tenté de porter le diagnostic de fièvre typhoïde, et l'on ne rencontre cependant aucun des éléments ordinaires d'étiologie de cette fièvre; une enquête minutieuse prouve qu'il n'a pu y avoir ni contagion, ni infection par l'air, les eaux, le lait, les fosses d'aisances; on ne trouve la cause de la maladie ni dans les personnes ni dans les choses qui entourent le malade. Si, alors, l'on recherche avec soin dans les circonstances qui ont précédé la maladie, on trouve presque toujours que le sujet a été soumis à un abus d'exercice ou un excès de travail quelconque.

Il existe, en effet, une fièvre de surmenage qui a la plus grande analogie avec les affections typhiques, et, au milieu de la confusion qui règne entre la fièvre typhoïde véritable et les accidents graves de la fatigue, il est difficile de déterminer d'une façon très précise les caractères pathognomoniques qui appartiennent à l'une et à l'autre.

La fièvre de surmenage n'est que l'exagération de la courbature. Les causes et le processus sont les mêmes. Ces deux affections sont dues à une auto-infection, à un empoisonnement du corps par le corps ; et les agents infectieux sont, dans les deux cas, des produits de désassimilation dus au travail ; mais, dans la simple courbature, le malade s'est arrêté à temps et a pu, grâce au repos, éliminer les substances, cause des accidents, tandis que dans la fièvre de surmenage ces substances ont été renouvelées par un nouveau travail avant leur expulsion complète et se sont ainsi accumulés à haute dose dans le sang.

Le surmenage n'aboutit pas toujours à un état fébrile à forme typhoïde. Il arrive souvent que les accidents se bornent à un état général de prostration, de langueur de toutes les fonctions. Dans ce cas les accidents ne font pas explosion et les troubles de l'organisme s'arrêtent à la période prodromique, à l'état d'imminence morbide. C'est une menace qui avorte, parce qu'on remédie à temps aux abus qui l'ont provoquée. La maladie que couvait le sujet n'a pas pu éclore, parce que l'organisme a été mis dans des conditions hygiéniques meilleures, — et la seule condition hygiénique efficace contre le surmenage, c'est le repos. C'est ainsi qu'il faut s'expliquer beaucoup d'états morbides qu'on appelle des *commencements* de fièvre typhoïde, accidents qui se développent quelquefois avec une grande violence et se dissipent au bout de très peu de jours.

On cite habituellement le surmenage parmi les causes qui prédisposent à la fièvre typhoïde ; mais le surmenage fait plus que de prédisposer à la fièvre typhoïde : il est capable, en dehors de toute autre cause, de créer des épidémies de fièvres continues absolument semblables à la fièvre typhoïde.

Plusieurs membres éminents de l'Académie de médecine, dans une discussion des plus intéressantes (*Comptes rendus*, mars 1886), à propos des poisons découverts par M. A. Gautier dans les produits de l'organisme vivant, ont fait ressortir l'importance de l'auto-intoxication dans les maladies. Ils ont montré que le sang peut subir l'influence toxique de certains poisons chimiques appelés leucomaïnes qui s'élaborent dans l'organisme lui-même, et s'y accumulent dans certains cas soit par défaut d'élimination, soit par excès de production. — Le professeur Peter appelle ce mode d'infection *auto-typhisation*, parce qu'il donne lieu à des affections tout à fait semblables aux maladies typhoïdes.

Le travail excessif, cause active d'accumulation de produits organiques toxiques, aboutit très fréquemment à l'auto-typhy-sation.

Il nous a été donné d'observer personnellement plusieurs cas de ces fièvres pseudo-typhoïdes sur des sujets dont nous connaissions bien le genre de vie. Nous avons pu aisément remonter de l'effet à la cause, et reconnaître, après enquête faite, le rôle exclusif de l'excès de travail musculaire dans la production de la maladie.

Deux de ces malades nous ont surtout frappé. L'un s'était surmené par l'escrime, passant chaque jour six heures le fleuret à la main. Un autre avait abusé de la gymnastique *avec engins* et s'exerçait, durant quatre heures de la journée, à une barre fixe installée chez lui. Tous deux étaient des adolescents, et, à cet âge, les éléments anatomiques du corps, moins stables qu'à l'âge viril, subissent plus facilement le mouvement de désassimilation. Le travail avait eu plus de prise sur leurs tissus, et les déchets surabondants résultant des combustions trop intenses avaient empoisonné leur organisme.

A chaque instant, dans la pratique, le médecin se heurte à des cas qui l'étonnent et qui seraient inexplicables si le surmenage n'était pas invoqué comme cause des faits observés. — Une caserne est ancienne; ses murs et ses plafonds recèlent sans doute des microbes, car une épidémie se déclare : la fièvre typhoïde décime les hommes. On blanchit les murs, on désinfecte, l'épidémie augmente et fait rage. On change de colonel : la maladie disparaît comme par enchantement.—C'est qu'un chef moins remuant a pris le commandement : les hommes ne sont plus soumis à un surcroît de manœuvres. Plus de promenades de 50 kilomètres, plus de prouesses de gymnastique et de voltige destinées à faire l'admiration de la population civile. Le soldat, ramené au travail strictement réglementaire, n'est plus sous le coup du surmenage ; une diminution de fatigue a suffi pour éteindre l'épidémie.

Les fièvres typhoïdes, si fréquentes dans l'armée, sont presque toujours des fièvres de surmenage. Elles s'observent surtout dans les troupes soumises à des manœuvres supplémentaires, à des marches forcées ; elles sévissent de préférence dans les armes qui demandent un travail de force, dans les garnisons d'artillerie, par exemple, comme on l'a vu à Angoulême et à Clermont. Enfin elles atteignent de préférence les jeunes soldats, qui ne sont pas encore habitués à la fatigue. De plus, détail caractéristique, elles se propagent rarement à la population civile dont les maisons touchent les casernes, mais qui n'est pas soumise aux mêmes causes de surmenage.

Tout nous prouve le rôle important de la fatigue musculaire dans la production des maladies. Tout nous montre, à côté des influences venues du dehors, la puissance des agents morbifiques qui prennent naissance dans l'organisme. Les microbes, organismes parasites, jouent leur rôle dans les maladies infectieuses, mais à côté d'eux il faut compter comme agents d'affections graves certains poisons chimiques qui se développent pendant les actes vitaux qui accompagnent l'exercice violent.

Ces poisons, qu'on a entrevus seulement depuis peu et qu'on a assimilés aux alcaloïdes de la putréfaction, sont capables d'exercer une influence pernicieuse sur l'organisme au sein duquel ils ont pris naissance et qui ne les a pas assez promptement éliminés. Ils sont cause du développement de certaines formes d'affections typhoïdes. Ils sont cause aussi de l'aggravation si remarquable que prennent les lésions les plus simples, les affections les plus bénignes quand elles se déclarent chez un homme surmené.

A la suite des grandes fatigues physiques, une pneumonie ou un érysipèle prennent un caractère infectieux, et les plaies les plus simples tendent à se compliquer d'accidents de *septicémie*. Ce n'est plus un germe introduit du dehors qui est venu vicier le sang : c'est l'organisme lui-même qui s'est intoxiqué par ses propres produits. La maladie primitivement bénigne tend à s'aggraver et à prendre une forme infectieuse, parce qu'elle évolue sur un terrain vicié par les leucomaïnes et autres poisons dus à l'activité exagérée des organes.

La fièvre typhoïde, d'après tous les observateurs, est le résultat de l'absorption d'un miasme humain. Ce sont toujours les grandes agglomérations d'hommes qui lui donnent naissance. Un auteur des plus autorisés, Griesinger (1), fait ressortir la différence étiologique remarquable qu'on constate entre la fièvre intermittente paludéenne, maladie de la campagne, des pays incultes et des contrées dans lesquelles les hommes sont rares et les végétaux abondants, et la fièvre typhoïde, maladie des villes et des locaux encombrés d'êtres humains.

Le surmenage augmente les dangers de l'encombrement par un mécanisme bien simple, en augmentant la quantité de miasmes

____

(1) Griesinger, *Maladies infectieuses.*

émis par les hommes qui se trouvent réunis dans un même local.

Un dortoir occupé par quarante hommes qui viennent de faire une marche forcée est beaucoup plus chargé de miasmes que celui où passent la nuit un nombre égal de personnes qui n'ont fait aucun travail musculaire. Il suffit, pour s'en assurer, d'entrer dans une chambrée militaire le lendemain d'une longue étape. On est presque renversé par l'odeur repoussante et toute particulière qui s'en dégage. — En dépit de toutes les plaisanteries faites sur le fantassin, ce ne sont pas les pieds des hommes fatigués qui exhalent cette odeur pestilentielle, mais leurs poumons et toute la surface de leur peau.

On a eu maintes fois l'occasion de signaler des faits qui s'accordent avec cette opinion de l'empoisonnement de l'homme par l'homme, et de voir que ces intoxications par le miasme humain sont d'autant plus graves que les sujets d'où provient la substance toxique ont supporté plus de fatigue.

On lit dans l'histoire de la révolte des cipayes dans l'Inde anglaise le fait suivant :

Un régiment de cipayes, après avoir été vaincu par les Anglais, prit la fuite, et les 800 hommes qui en restaient furent poursuivis et traqués comme des bêtes fauves pendant trois jours consécutifs. La fatigue étant à son comble, les malheureux se réfugièrent dans une petite île où ils se laissèrent prendre sans résistance, comme des animaux forcés. Après leur capture, on en enferma 180 dans une pièce étroite pour attendre le moment où ils devaient être passés par les armes. Le lendemain matin, quand on vint les chercher pour l'exécution, les trois quarts étaient morts. L'encombrement d'un espace trop étroit par ces hommes surmenés avait accumulé dans l'air du cachot des miasmes à haute dose dont l'absorption avait causé la mort de 125 des prisonniers. Les 55 autres furent pris d'accidents fébriles à forme typhoïde, et la plupart succombèrent après trente ou quarante jours de maladie.

C'est au surmenage encore qu'il faut attribuer la plus grande part dans certains accidents qu'on rapporte en général à la chaleur du soleil, et qu'on désigne à tort sous le nom d'*insolations*.

Dans une colonne militaire en marche par une journée très chaude, on voit souvent des hommes tomber tout à coup sans connaissance, et quelquefois mourir sur place. On attribue généralement ces graves accidents aux ardeurs du soleil. Selon nous, il faut l'intervention de deux facteurs pour amener le *coup de chaleur* auquel succombe le jeune soldat en marche sur une route exposée au soleil d'août. Le soleil est assurément l'un des facteurs de l'accident, mais le travail en est un autre et de beaucoup le plus important des deux.

On se rappelle comment le corps se débarrasse de l'excès de chaleur que développe en lui le travail musculaire. On sait que l'appareil vaso-moteur amène le sang à la peau à mesure qu'il s'échauffe, par le travail; le corps se refroidit ainsi par rayonnement avec d'autant plus de rapidité qu'il y a plus de différence entre la température de sa surface extérieure et celle du milieu ambiant, ce milieu étant supposé plus froid que le sang, ainsi qu'il arrive dans les climats tempérés. Si l'air ambiant est beaucoup plus froid que le sang, ce liquide, à mesure qu'il arrive à la peau, se rafraîchit presque instantanément; si, au contraire, la température extérieure dépasse celle de l'organisme, la surface cutanée, au lieu de perdre de la chaleur par rayonnement, doit en gagner.

Malgré ce résultat si défavorable au refroidissement du sang, le corps, dans l'état de repos, se défend victorieusement contre l'invasion de la chaleur extérieure, grâce à la réfrigération produite par la sueur qui s'évapore et par la vapeur d'eau qui s'échappe du poumon; c'est ainsi qu'on peut, sans inconvénient grave, séjourner pendant quelques minutes dans une étuve dont la température dépasse de beaucoup celle du soleil le plus ardent. Mais si à l'action de la température élevée vient s'ajouter celle de l'exercice musculaire, l'organisme n'a pas à lutter seulement contre la chaleur du milieu ambiant, il doit se défendre encore contre le surcroît de chaleur développée dans ses organes. Il est privé, dans cette lutte inégale, du concours de l'appareil vaso-moteur, dont l'action lui devient inutile. Le sang, amené constamment à la peau, ne peut plus perdre sa chaleur par rayonnement dans un milieu ambiant déjà plus chaud que lui, et le sang retournera aux organes internes en leur rapportant la presque totalité du calorique dû au travail.

Il y a une nuance très accusée entre notre manière de comprendre l'insolation dans nos pays, et la façon dont on l'explique d'ordinaire. Pour nous, le soleil ne tue pas l'homme en lui donnant un surcroît de chaleur, mais simplement en l'empêchant de se défaire de sa chaleur intérieure qui s'est développée avec excès — Qui ne voit du premier coup l'importance pratique de cette distinction ? L'homme qui succombe pendant une marche forcée au grand soleil n'est pas tué par le soleil, mais par la marche forcée. Il ne meurt pas d'insolation, mais de surmenage, et par conséquent, s'il n'est pas surmené, le soleil à lui seul ne peut le tuer. Le soleil n'est plus la cause essentielle de l'accident, il n'en est qu'une condition accessoire.

On ne voit jamais dans nos climats tempérés aucun cas d'insolation mortelle chez des hommes exposés aux ardeurs du soleil, quand ces hommes ne se trouvent soumis à aucun travail fatigant. Un homme qui stationne au grand soleil de juillet prendra peut-être un *coup de soleil* si sa peau est délicate ; il pourra se congestionner le cerveau s'il n'est pas suffisamment garanti par la coiffure ; il pourra éprouver des malaises très variées dus à l'excès de température : une syncope, une indigestion, etc., mais jamais d'accidents mortels, à moins de complication d'une autre maladie ou d'un vice de constitution qui n'auraient rien de commun avec l'insolation proprement dite.

Les officiers de cavalerie savent tous que leurs hommes sont très rarement atteints d'insolation, tandis que les chevaux qui les portent succombent très fréquemment à cet accident. C'est dans l'infanterie que le coup de chaleur s'observe presque exclusivement, de préférence dans les marches forcées et quand les hommes sont chargés du poids maximum. L'officier d'infanterie qui ne porte pas de sac est beaucoup plus rarement atteint que ses hommes, et, parmi ceux-ci, la prétendue insolation s'adresse toujours à ceux qui se trouvent moins accoutumés à la fatigue. Dans les accidents d'insolation qu'on signale chaque année au moment des grandes manœuvres, les soldats qui succombent sont toujours des réservistes ayant passé sans préparation et sans transition de l'oisiveté musculaire complète au travail excessif, et se trouvant, par conséquent, dans les conditions les plus favorables au développement des accidents de *surmenage*.

Les mêmes constatations ont été faites maintes fois pour les animaux. Il est d'observation vulgaire qu'un cheval est d'autant plus sujet à tomber frappé d'insolation qu'il est plus chargé de graisse et moins entraîné par le travail de tous les jours

Les hommes endurcis à la fatigue, ceux qui journellement font des travaux pénibles sont rarement victimes des accidents dont nous parlons. On ne voit jamais à la campagne un paysan mourir d'insolation. Jamais, pourtant, aucune troupe en manœuvre n'a supporté les ardeurs du soleil d'été plus longtemps que les moissonneurs et avec autant d'insouciance de toute précaution.

En résumé, la chaleur du soleil ne peut à elle seule amener la mort, sauf dans les climats torrides. Les accidents dits d'insolation qu'on observe dans nos pays tempérés sont bien dus à l'élévation de la température du sang, puisqu'on a noté au thermomètre jusqu'à 45° chez les sujets qui succombent; mais cette température excessive n'est pas le résultat de la chaleur du soleil, elle est la conséquence des combustions vitales excessives.

Ce qui tue l'homme dans la prétendue insolation, c'est le surmenage subi dans des conditions hygiéniques mal comprises, mais ce n'est pas le soleil.

CHAPITRE IX.

LE SURMENAGE (FIN).

Un jour, passant devant une baraque de lutteurs, nous fûmes frappé par l'apparence maladive d'un homme qui haranguait la foule, tout en exécutant des tours de force avec des boulets de canon et des haltères. C'était un grand garçon efflanqué, à l'aspect famélique, aux traits tirés, aux membres longs et amaigris, paraissant pourtant doué d'une très grande force musculaire, à en juger par la facilité avec laquelle il manœuvrait ses poids.

La baraque avait un aspect misérable et le public qui s'y pressait n'était rien moins que choisi; mais le désir de voir à l'ouvrage notre hercule taillé en phtisique l'emporta sur le respect humain, et, grimpant sur la planche inclinée qui servait d'escalier, nous entrâmes dans l'*établissement*.

Là, nous pûmes observer l'homme de plus près et constater que ses membres, malgré la vigueur dont ses exercices faisaient preuve, étaient secs et décharnés. Ses maigres cuisses qui faisaient merveille dans l'assaut de *savate* ne remplissaient plus le maillot, dont l'étoffe retombait en plis nombreux. Enfin une voix éteinte et rauque, jointe à quelques petites quintes de toux, donnaît à supposer que l'homme fort pouvait bien avoir une poitrine délicate.

La représentation terminée, il nous fut facile d'être initié au genre de vie de cet homme qui nous semblait un intéressant sujet d'étude. Courant de foire en foire, il faisait un travail excessif, donnant chaque jour dix représentations où il fallait *tomber* un ou deux adversaires, sans compter les assauts de « canne » et de « boxe française » et l'exercice des poids. Dans l'intervalle des représentations, c'était *la parade* avec les haltères et les boulets de canon. Les muscles ne chômaient guère et pourtant ne grossissaient pas, loin de là. Il est vrai que l'ordinaire n'était pas plantureux et qu'on ne dînait bien qu'aux jours de bonne recette. Le lutteur devenant plus confiant nous parla enfin de sa santé, et il nous fut facile de comprendre qu'il était tuberculeux. En effet, peu de temps après, nous apprîmes qu'il avait succombé à la phtisie pulmonaire.

Ainsi finissent bien souvent les hommes forts qui, après s'être accoutumés au travail, après avoir passé par l'entraînement qui leur permet de travailler avec excès sans ressentir le malaise de la fatigue, dépassent la limite de leurs forces, et ne réparent pas leurs pertes avec une alimentation substantielle.

Les entraîneurs ont un mot d'une image très saisissante pour caractériser un cheval dont on a poussé l'entraînement trop loin : ils disent que le cheval a été *flambé*. Ce mot signifie que le travail excessif qu'on lui a fait subir ne s'est pas borné à brûler les tissus de réserve, la graisse et les autres matériaux du corps inutiles au mouvement, mais que les combustions se sont attaquées au cheval lui-même considéré comme machine, et à ses tissus musculaires, organes essentiels du mouvement.

De même, notre hercule de foire avait été *flambé* par le travail musculaire excessif. Il présentait le type d'une forme de surmenage bien différente de celle que nous avons décrite et que nous appellerons l'*épuisement* organique.

I.

La forme de surmenage que nous appelons épuisement organique est un état de fatigue chronique dans lequel l'organisme, au lieu d'absorber des produits nuisibles comme dans la fatigue aiguë ou le surmenage fébrile, se dépouille au contraire de ses matériaux utiles et de ses tissus les plus nécessaires à la vie.

Cet état représente d'ordinaire la forme chronique de la fatigue, mais il peut se produire très promptement lorsque l'inanition est jointe au travail. Il résulte d'un défaut d'équilibre entre les recettes et les dépenses.

Si l'on se livre à un exercice très violent, et que l'alimentation soit proportionnée au travail, l'organisme répare ses pertes; et, le travail ayant une tendance à grouper les matériaux assimilés sur les organes qui participent à l'action, ce sont les muscles qui bénéficient du surcroît de nutrition : la machine se consolide. Mais si l'alimentation est insuffisante, ou, — ce qui revient au même, — si la nourriture introduite dans l'estomac n'est pas assimilée, il y a disproportion entre la dépense de chaleur que nécessite la machine animale, et la quantité de combustible qui lui est apportée de l'extérieur. Or, il n'y a pas de mouvement sans chaleur, et il ne peut se produire de la chaleur sans que des matériaux quelconques soient brûlés. Aussi, à défaut d'aliments suffisants, et les tissus de réserve étant épuisés, les organes essentiels à la vie devront faire les frais des combustions du travail. — Un homme qui mange peu et travaille beaucoup peut se comparer à ces malheureux qui, ayant épuisé toutes leurs provisions de chauffage, suppléent à l'absence des bûches avec les débris de leur mobilier.

Ce n'est pas toujours une profession demandant une très grande force musculaire qui amène l'épuisement organique. C'est plutôt une occupation exigeant un très grand nombre d'heures de travail. Les combustions, dans ce cas, ne sont pas très violentes, et les déchets qu'elles produisent ont le temps de s'éliminer : les produits de désassimilation ne s'accumulent pas dans l'organisme il n'y a pas auto-intoxication, mais beaucoup de matériaux organiques sont brûlés et l'organisme subit des pertes.

Il peut arriver que l'homme s'épuise sans ressentir le moindre malaise de fatigue, et puisse continuer, tout en maigrissant sensiblement, le travail qu'il a entrepris. Mais toutes les fois que l'organisme est dépouillé d'une partie de ses matériaux essentiels, il tombe dans un état de « moindre résistance » et ne se défend plus contre les innombrables dangers qui peuvent l'atteindre de l'extérieur. — L'épuisement est la prédisposition par excellence à toutes les maladies.

Il convient, selon nous, de faire une différence capitale entre le surmenage par intoxication et le surmenage par épuisement. Dans le premier cas, il s'agit d'un état infectieux, susceptible d'être influencé par les affections diverses qui atteignent le sujet, mais capable par lui-même de produire des accidents graves et même la mort. Dans le second cas, c'est un état d'amoindrissement de la résistance vitale, donnant à l'organisme une réceptivité plus grande pour les maladies, mais ne pouvant créer une maladie par lui-même.

Prenez un homme *épuisé*, donnez-lui une hygiène convenable, mettez-le à l'abri de tout germe contagieux, il refera inévitablement à force de temps les tissus qu'il a perdus. Qu'on donne à un jeune soldat surmené par des marches forcées, ou à un animal forcé à la chasse, toutes les conditions de repos, d'alimentation et d'hygiène, il pourra se faire que ni l'un ni l'autre n'échappent à une maladie grave et tous deux pourront succomber.

L'épuisement organique est l'état dans lequel se trouve un homme dont le corps a subi des pertes excessives. Il présente de l'analogie avec tous les états morbides caractérisés par une diminution considérable des éléments organiques du corps vivant. — Or toute soustraction importante des matériaux qui font partie intégrante de l'organisme amène un état général de faiblesse et d'adynamie.

On sait l'épuisement qui résulte des sueurs trop copieuses provoquées par une chaleur excessive ou par tout autre agent. Cette déperdition est une cause d'affaiblissement suffisant pour qu'on attache la plus grande importance à la faire cesser chez les malades affaiblis, les phtisiques, par exemple.

La diarrhée est une cause d'épuisement plus active encore que la sueur : elle suffit, dans certaines cholérines, pour enlever en peu de jours les nourrissons les plus robustes, quand on ne réussit pas à l'arrêter d'emblée. La cholérine des adultes, par la déperdition rapide et abondante qu'elle provoque, amène aussi une prostration profonde en quelques heures. Tout le monde sait l'épuisement profond et prolongé qui résulte des grandes pertes de sang.

Tous les flux, enfin, toutes les pertes par sécrétion exagérée, amènent un abaissement de la force et de la résistance du sujet et le disposent à subir l'influence de toutes les causes de maladies capables de l'atteindre.

On peut en se basant sur les faits, émettre cet axiome :

Toutes les fois qu'un homme est dans les conditions normales de structure, une perte notable de poids est une preuve de diminution dans la résistance du sujet.

Il faut à l'organisme, pour être réellement fort et résistant, une certaine masse d'éléments ; si on les lui prend d'un côté, il faut les lui rendre de l'autre, et ce qu'on ôte de graisse à un homme ou à un cheval à l'entraînement, il faut le lui restituer sous forme de muscles, sous peine de le jeter dans un état d'affaiblissement qui diminue sa résistance.

Pourquoi l'organisme dépouillé d'une partie de ses éléments tombe-t-il dans un état de moindre résistance ? Il est difficile de répondre à cette question d'une façon satisfaisante. On peut dire que les divers éléments du corps se prêtent un mutuel appui et que dans la lutte pour l'existence ils concourent chacun pour sa part à la défense commune.

Les éléments essentiels du sang sont les globules. Quand ces éléments diminuent, il se produit un état de résistance moindre de tout l'organisme. On attache une telle importance, quand on veut juger de la gravité de l'état du sujet, au nombre de ces globules, qu'on a imaginé des appareils pour les compter. Il n'y a rien d'absurde à attribuer aux éléments qui constituent la fibre du muscle, ou les éléments du nerf, la même importance qu'aux globules sanguins dans la résistance de l'organisme.

Quelle que soit l'insuffisance de la théorie, retenons les faits et tâchons de les mettre en lumière. Efforçons-nous surtout de faire ressortir l'importance pratique de la connaissance exacte de l'état d'épuisement et des conditions dans lesquelles il se produit.

II.

L'épuisement dû au travail musculaire se fait sentir en général sur l'organisme tout entier, et toutes les fonctions, tous les organes paraissent en ressentir l'influence. Le symptôme le plus frappant de cette forme de surmenage est un état de langueur générale des fonctions et de prostration des forces, un état d'*adynamie*. On peut observer, chez un homme épuisé, de l'anémie, de la névropathie, des troubles digestifs, de la faiblesse musculaire, etc.

Quelquefois les troubles paraissent se localiser sur certains

organes, ou sur certains systèmes organiques, suivant la forme
de travail qui a produit l'épuisement, et suivant les conditions
accessoires dans lesquelles ce travail s'exécutait chez certains
sujets.

Ce qui frappe le plus l'observateur chez l'homme épuisé par le
travail musculaire, c'est la diminution de volume des muscles
qui ont travaillé avec excès. L'homme qui s'épuise par le travail
brûle son tissu musculaire, et l'on voit ainsi deux causes opposées
amener le même résultat. Le muscle s'atrophie par l'inaction : il
s'atrophie aussi par l'excès de travail ; tandis qu'un travail modéré, accompagné d'une alimentation suffisante, augmente son
volume et sa vigueur.

L'épuisement peut se faire sentir sur divers organes internes, et
notamment sur le cœur. Le cœur, en sa qualité de muscle, devrait
s'hypertrophier sous l'influence du travail musculaire, car il n'y a
pas de surcroît d'exercice sans augmentation de l'action du myocarde. Le plus souvent, en effet, cet organe s'hypertrophie, dans le
vrai sens du mot, c'est-à-dire devient plus épais, plus lourd, offre
des parois plus résistantes et plus capables d'imprimer au sang
une impulsion vigoureuse. On a constaté l'hypertrophie *vraie* ou
concentrique du cœur chez beaucoup d'athlètes et de gymnasiarques. On l'a constatée aussi chez des chevaux de course, et
notamment sur le célèbre cheval *Éclipse* dont le cœur atteignait
trois ou quatre fois le poids ordinaire. Mais pour le cœur, comme
pour les autres muscles, l'excès d'exercice amène l'usure et la
dégénérescence des fibres, diminue la résistance de l'organe,
et, tout en produisant la dilatation des cavités, occasionne un
amincissement de leurs parois et une diminution de vigueur de
leurs fibres.

Cet état s'observe très souvent chez les sujets qui ont abusé des
exercices capables d'amener le surmenage du cœur, — la course,
par exemple. — Les coureurs de profession, qu'on voit encore
en Afrique faire des trajets dont le récit est à peine croyable,
finissent presque tous par subir la dilatation passive du cœur, résultant de l'épuisement de l'organe. On les met généralement à
la retraite vers l'âge de quarante ans, et ils présentent alors des
troubles graves de la santé occasionnés par des affections cardiaques.

Quelquefois l'épuisement manifeste surtout son action sur le
système nerveux central, et l'homme épuisé devient névro-
pathe.

L'*épuisement nerveux* est un état qu'on a observé et étudié sous différents noms dans tous les temps, mais dont aujourd'hui plus que jamais on rencontre à chaque instant des exemples. Il est l'aboutissant du surmenage intellectuel, aussi bien que du surmenage physique, et il est aussi le résultat des excès de plaisir, ce qui ne l'empêche pas d'accompagner les chagrins violents et les préoccupations de toutes sortes. Toutes les causes physiques et morales qui nécessitent le fonctionnement exagéré des centres nerveux peuvent amener un état de fatigue analogue à celui qu'on observe dans les muscles après leur fonctionnement excessif.

Nous montrerons plus loin combien certains exercices physiques associent énergiquement les centres nerveux au travail des muscles. Ces exercices, si on les pratique avec excès, peuvent donc amener la déperdition excessive de certains éléments de la fibre ou de la cellule nerveuse. Il faut faire une véritable opération intellectuelle pour coordonner, pondérer et mesurer le jeu des muscles dans tous les exercices de précision. Aussi le surmenage à forme névropathique est-il plutôt le résultat de ces exercices que celui des travaux grossiers ne demandant qu'un emploi machinal de la force physique. De là la supériorité des mouvements qui ne demandent aucune application, aucun apprentissage, quand il s'agit de sujets dont les centres nerveux sont déjà surmenés par le travail intellectuel.

Quel que soit l'exercice pratiqué, il peut cependant amener l'épuisement nerveux, car la substance nerveuse est obligée d'entrer en jeu pour exciter les contractions de l'élément musculaire, et, dans le cas où le cerveau n'est pas requis pour provoquer les mouvements, — dans les actes automatiques, par exemple, — c'est la moelle épinière qui entre en jeu, et c'est elle qui peut ressentir, en cas d'excès de travail, les effets de l'épuisement. C'est ainsi qu'on a signalé la coïncidence de l'épilepsie avec les fatigues de marches trop soutenues et cité plusieurs observations dans lesquelles des accidents à forme convulsive avaient suivi de longs trajets exécutés à pied en très peu de temps.

Mais l'épuisement nerveux peut s'établir d'une manière plus indirecte par le fait du surmenage. L'excès de travail peut amener un appauvrissement du sang, un état d'anémie qui, atteignant tout l'organisme, pourra néanmoins faire sentir plus spécialement ses effets sur les centres nerveux chez les sujets prédisposés.

Les médecins aliénistes ont depuis longtemps signalé l'épuisement et l'anémie des centres nerveux comme cause fréquente de certaines formes de folie mélancolique. Il nous a été permis de constater, pour notre part, que le surmenage physique, en appauvrissant la constitution, avait souvent pour aboutissants certains troubles très remarquables des fonctions cérébrales.

Au cours d'une pratique médicale de onze années à la campagne, nous avons été frappé du nombre considérable de cas d'aliénation mentale observés par séries à certains moments de l'année, et frappé surtout de ce fait que les malades présentaient tous le type de la folie mélancolique. En général, ces malades guérissaient assez vite et leur trouble mental se dissipait en deux ou trois mois, sans qu'il fût besoin de les mettre dans un asile d'aliénés. Après être resté longtemps sans voir dans ces cas si nombreux autre chose que des séries, de simples coïncidences, nous finîmes par comprendre quel était le lien qui les unissait. Nous avions affaire à des cas d'épuisement nerveux par fatigue physique exagérée.

Le commencement de l'automne était toujours le moment où nous observions ces cas de folie passagère, et c'est justement à cette époque que se terminent les grands travaux des récoltes.

Pour qui connaît la vie du paysan, époque des récoltes veut dire période de surmenage. En temps ordinaires, les gens de la campagne ne font pas une très grande dépense de force musculaire. Ils sont toujours sur pied, toujours exposés au mauvais temps, toujours occupés à des travaux qui les tiennent au grand air et les habituent à la dure, mais à des travaux qui ne demandent ni vitesse, ni grand effort de muscles. A partir de la fin de juin, au contraire, commence une période de trois mois pendant laquelle le paysan fauche, moissonne, se hâte de peur des pluies, soulève à bout de bras de lourdes gerbes ou d'énormes tas de foin. L'habitant des campagnes fait alors une vraie gymnastique compliquée de sueurs profuses, car elle a lieu sous un soleil ardent. Il ne répare pas ses forces par le sommeil, car il se lève de grand matin; il est mal couché, et dévoré par les parasites de toute espèce, de plus il est mal nourri; au lieu de se donner un régime substantiel tous les jours, le paysan aime mieux faire *le repas du loup*, et, s'il prend tous les jours un peu de vin, il réserve toutes ses ressources pour deux ou trois grands festins dans des assemblées où il se gave jusqu'à l'indigestion.

Excès de travail, transpiration excessive, insuffisance de sommeil et de nourriture, telles sont les influences auxquelles est soumis le paysan chaque été. De ces fatigues il ne résulte pas, d'habitude, les accidents fébriles que nous avons signalés chez les sujets qui abusent du travail sans entrainement préalable, parce que les paysans, travaillant sans cesse, sont toujours entrainés. La moisson qui les surmène ne produit pas chez eux cette intoxication par les déchets qu'on observe chez les sujets passant de l'inaction au travail forcé. Le paysan, desséché par le travail de tous les jours et par une alimentation insuffisante, n'a pas la moindre parcelle de ces tissus de luxe qu'on appelle tissus de réserve. Aussi, chez lui, la fatigue se traduit-elle non par un empoisonnement de l'organisme et des fièvres infectieuses à forme typhoïde, mais par un état d'épuisement présentant des nuances variées, dans lesquelles les formes nerveuses tiennent une grande place.

Par suite d'une erreur très accréditée, on dit généralement que les travaux des champs mettent le paysan à l'abri des troubles nerveux si communs dans les villes. L'opinion publique en est restée, sur ce point, aux idées de J.-J. Rousseau et autres hygiénistes par intuition qui prétendaient qu'avec de l'exercice, le grand air et des *mœurs pures*, il n'y a pas de maladie possible. Il suffit d'ouvrir les yeux pour s'assurer que ces idées préconçues sont bien loin de s'accorder avec les faits.

Les femmes de la campagne sont des sujets hors ligne pour étudier l'épuisement. Elles aussi, comme les hommes, travaillent, transpirent, dorment mal et sont mal nourries. De plus, elles ont le soin et l'allaitement de leurs enfants habituellement très nombreux. La vie d'une jeune mère de famille, dans une maison de paysans, est une vie d'épuisement continuel. Aussi les femmes des villes auraient-elles tort de se croire le monopole des maladies nerveuses. Il y a autant de névropathes à la campagne qu'à la ville, mais les névropathies rurales ont généralement une manifestation peu bruyante. Cette modération dans les symptômes tient à ce simple fait que les malades n'ont pas le temps de se lamenter et que leur entourage n'a pas le temps de les plaindre. Elles ne souffrent pas moins, mais elles mettent une sourdine à leur douleur, de peur que leur mari ne l'y mette de sa main. Mais les névralgies, les gastralgies, les vertiges et les névroses de toute sorte forment le fond des maladies de la paysanne épuisée par le travail. Quant à l'Hystérie, si ses manifestations complètes, sous forme d'attaques, sont plus rares qu'à la ville, cela tient à des causes morales qu'il faut signaler en passant. Pour les femmes du monde, « être nerveuses » est un brevet de distinction, « avoir des crises » est toujours un moyen d'intéresser vivement son entourage. A la campagne, crise de nerfs est synonyme d'attaque d'épilepsie.

La salutaire frayeur qu'on a du *haut mal*, à la campagne, est un préservatif puissant contre les mouvements convulsifs et les contorsions de l'attaque d'hystérie, dans laquelle le moral joue un si grand rôle.

CHAPITRE X.

THÉORIE DE LA FATIGUE.

La fatigue est un régulateur du travail. — Conditions organiques qui hâtent l'apparition de la sensation de fatigue : faiblesse des organes ; exubérance des tissus de réserve.

Succession et enchaînement des faits de la fatigue. — Fatigue locale et fatigue générale ; fatigue immédiate et fatigue consécutive.

Les différents « processus » de la fatigue :

1º Effets traumatiques du travail sur les organes du mouvement.

2º Auto-intoxication par les produits de désassimilation.

3º Épuisement *organique* par *autophagie*.

4º Épuisement *dynamique* par dépense de la force disponible des éléments musculaires et nerveux. Insuffisance des notions physiologiques actuelles pour expliquer tous les faits de la fatigue.

Nous avons passé en revue les principaux faits physiologiques qui accompagnent le travail, et les modifications de l'organisme qui résultent de l'activité musculaire. Nous pouvons maintenant les résumer brièvement et exposer les conclusions qui en découlent.

En prenant l'acte musculaire à son point de départ, qui est la contraction du muscle, et en l'étudiant jusqu'à son aboutissant le plus éloigné, qui est la fatigue consécutive ou courbature, et jusqu'à ses conséquences pathologiques les plus graves, qui sont le surmenage et l'épuisement organique, nous pourrons présenter un tableau complet des faits de la fatigue et en formuler une théorie rationnelle.

I.

La fatigue est la conséquence de l'action matérielle exercée par le travail sur les organes du mouvement et sur les grands systèmes organiques associés à l'exercice. La sensation qui résulte pour l'individu de l'activité excessive de ses muscles est un véritable régulateur du travail, qui fonctionne avec d'autant plus de sensibilité que l'excès d'exercice présente plus de danger pour l'organisme.

Chez un homme très affaibli, la sensation de fatigue est très pénible : c'est que, dans un corps très faible, les organes, ayant peu de résistance, seraient exposés à subir très facilement les avaries du travail. Chez l'homme de vie inactive surchargé de tissus de réserve, la fatigue se produit très intense à propos du moindre travail. C'est que l'exercice violent, à cause des tissus de réserve exubérants que son organisme renferme, amènerait promptement chez lui la courbature et le surmenage.

Si l'on jette un coup d'œil d'ensemble sur les faits du travail et sur les faits de la fatigue, on peut voir aisément que les uns dérivent des autres, et il est facile de saisir les rapports de cause à effet qui les unissent.

Quand le muscle se contracte avec force, il se produit, dans toutes les parties sensibles de la région où siège le travail, des secousses et des froissements d'où résulte une douleur. Il se produit en outre dans le muscle, par le fait même de son travail, un mouvement de désassimilation d'où résultent des substances organiques toxiques, et la présence de ces produits de combustion est cause de la sensation locale d'impuissance qu'on éprouve dans le muscle qui a travaillé.

Mais l'organisme tout entier se trouve associé au travail d'un seul muscle. Par le fait même de la contraction musculaire, le liquide sanguin subit une accélération qui oblige le cœur à activer ses mouvements. Le poumon reçoit plus de sang qu'à l'état normal et se congestionne, les mouvements respiratoires augmentent de fréquence. Alors intervient une nouvelle cause de malaise, la saturation du sang par l'acide carbonique, résultant des combustions du travail. Une souffrance générale de l'organisme est le résultat de cette intoxication passagère, contre laquelle le poumon s'efforce de lutter pour chasser au dehors le gaz nuisible : l'Essoufflement se produit.

A l'essoufflement se joignent les sensations pénibles dues à l'échauffement du sang et à l'impression que produit ce sang surchauffé sur les centres nerveux, et ainsi se trouve complété le tableau de la Fatigue Générale qui suit l'exercice.

Mais, aussitôt le travail interrompu, les troubles fonctionnels du cœur et du poumon s'apaisent, par suite de ralentissement de

l'impulsion donnée au sang. En même temps la production
d'acide carbonique diminue, et celui qui était formé s'élimine
rapidement, la température du sang s'abaisse par rayonnement
et par l'évaporation de la sueur qui inonde le corps.

Tout devrait alors rentrer dans l'ordre, et pourtant, si l'exercice
a été poussé très loin, l'organisme, malgré le repos des muscles,
se trouve sous le coup d'une souffrance persistante qui est la Fatigue Consécutive. Les membres qui ont travaillé conservent un
certain degré d'endolorissement que le repos ne fait pas disparaître d'emblée, parce que les muscles ont subi de véritables
lésions mécaniques sous l'influence du travail : tiraillements,
petites déchirures des fibrilles, froissements des membranes d'enveloppe et des synoviales, contusions des articulations.

Mais d'autres souffrances se développent aussi qui ne peuvent
plus s'expliquer par une cause mécanique : ce sont la fièvre, le
malaise général, la sensation de faiblesse et l'abattement, symptômes indiquant que l'organisme est sous le coup d'un agent
toxique. Ces malaises sont dus au passage dans le sang des produits de désassimilation qui engorgeaient les muscles et dont le
courant sanguin dépouille peu à peu la fibre musculaire pour les
porter au rein chargé de les balayer au dehors. Le nettoyage de la
machine musculaire par le sang est d'autant plus long que les
scories dues à l'exercice sont plus abondantes.

Pendant tout le temps qui s'écoule entre la production de ces
déchets et leur expulsion par l'urine, l'organisme se trouve sous
le coup d'un véritable empoisonnement : d'où la fièvre de courbature et la sensation de malaise général. Les déchets azotés auxquels est due la courbature fébrile se détachent lentement des
muscles et passent lentement à travers le filtre rénal. Pendant tout
ce temps qui précède leur élimination, l'organisme est sous le
coup de leur action et lutte contre elle.

Ainsi s'expliquent l'apparition tardive de la fatigue consécutive
et sa persistance après que le travail a cessé.

Enfin, si les déchets sont trop abondants ou l'organisme trop
peu résistant, on voit ces substances nuisibles donner lieu, par
un processus que nous ne connaissons pas, à la production
d'autres substances pareilles, qui se renouvellent dans le sang
pendant un grand nombre de jours, et donnent lieu aux fièvres
graves de surmenage.

Nous sommes ainsi fondé à dire que le point de départ de tous
les accidents généraux de la fatigue est un empoisonnement de

l'organisme par ses propres produits de désassimilation. Toutes les phases de la fatigue générale, depuis le simple malaise qui amène l'impuissance musculaire momentanée, jusqu'à l'essoufflement extrême auquel les animaux succombent, et à la fièvre de surmenage qui simule le typhus, sont dues à des substances toxiques plus ou moins actives, et retenues plus ou moins longtemps dans le sang.

Mais les troubles de nutrition qui sont les suites du travail ne peuvent pas s'expliquer tous par l'auto-intoxication du corps. Dans certaines formes du surmenage, on voit le mouvement de nutrition s'alimenter aux dépens des tissus les plus essentiels à la vie. Les tissus de réserve étant épuisés, les tissus formant la trame des organes sont attaqués à leur tour, et le corps, au lieu de s'assimiler des matériaux nuisibles, comme dans les autres formes du surmenage, se dépouille au contraire des éléments organiques indispensables à l'équilibre de la santé. — Il n'y a plus, dans ce cas, auto-intoxication, mais *autophagie* et épuisement.

II.

Parmi les faits de la fatigue, il en est toute une série dont la classification méthodique semble jusqu'à présent impossible, parce qu'ils sont trop mal connus. On ne peut les ranger ni à côté des faits mécaniques, tels que les avaries subies par les muscles, ni à côté des troubles de nutrition, tels que les intoxications dues aux déchets, et l'épuisement dû à la diminution de la masse des tissus organiques. Nous les appellerons faits *dynamiques* de la fatigue, parce qu'ils semblent se manifester uniquement par une perte de force, sans qu'aucune lésion, aucune modification chimique aucune perte matérielle puissent être constatées dans l'organe. Ainsi, dans l'exemple suivant : — Pressons de toutes nos forces un dynamomètre manuel un grand nombre de fois de suite, de façon que nos pressions se succèdent avec une très grande rapidité, nous observerons alors que, si le premier effort amène l'aiguille de l'appareil au chiffre 50, par exemple, les efforts suivants ne se traduiront plus que par le chiffre 45 ; puis, à chaque nouvelle épreuve, le dynamomètre accusera une nouvelle diminution de la pression, si bien que les efforts deviendront, au bout d'un certain temps, à peine suffi-

sants pour déplacer l'aiguille indicatrice. Ici la fatigue de la main
ne saurait s'expliquer par un trouble plus ou moins profond de
la nutrition des muscles, car elle se dissipe trop promptement :
cinq minutes de repos suffisent pour rendre aux muscles leur
vigueur première ; on ne peut invoquer qu'un effet *dynamique*.
La main était devenue momentanément impuissante, par dépense excessive de l'énergie propre contenue dans la fibre musculaire ou dans l'élément nerveux qui actionne cette fibre.

On appelle *épuisement* l'état d'un organe qui a perdu ainsi
momentanément son énergie spéciale ; mais il ne faut pas confondre cet épuisement dynamique avec l'épuisement *organique*
dont nous avons fait l'histoire et qui se caractérise par la diminution de certains éléments anatomiques. Dans la substance nerveuse épuisée, on voit diminuer non la masse des molécules matérielles, mais simplement la manifestation de l'énergie propre
dont ces molécules sont douées.

Découvrira-t-on dans le nerf fatigué des troubles de nutrition
aujourd'hui méconnus ? Tout porte à le croire, puisqu'on sait que
la substance nerveuse s'échauffe et se congestionne quand elle
est en activité. Son travail est soumis aux mêmes conditions physiologiques que le muscle, et sa fatigue doit être soumise aux
mêmes lois. Mais, dans le muscle lui-même, on a pu constater un
épuisement de la contractilité musculaire qui semble dû, dans
certains cas, à une semblable dépense de l'énergie de la fibre,
indépendamment de toute intoxication par les produits de désassimilation et de toute déperdition matérielle dans l'organe. On ne
peut donc se refuser à admettre, parmi les faits de la fatigue, une
série de phénomènes dus à une simple déperdition de l'énergie
vitale par suite de l'activité même de l'élément qui a travaillé.
Il faut faire une catégorie provisoire de ces faits sous le titre de
fatigue dynamique, et admettre que cette forme de la fatigue est
due, dans les nerfs et dans les centres nerveux, à une dépense trop
grande de la force qu'on appelle, faute d'un meilleur mot, l'*influx
nerveux*.

L'influx nerveux, de même que la chaleur de l'électricité, est le
résultat de la mise en liberté d'une force qui existait en puissance
ou à l'*état latent* dans les molécules de la substance nerveuse.
d'où certaines circonstances la font sortir. Une barre de fer
chauffé qu'on plonge dans l'eau se refroidit par la perte de son
calorique que le liquide plus froid lui soustrait. Un nerf qu'on
excite pour qu'il fasse entrer un muscle en contraction semble de

même être spolié, par le fait de son travail de transmission, d'une certaine quantité d'énergie, et de même que le fer rouge n'avait qu'une quantité déterminée de chaleur libre, de même le nerf reposé n'avait qu'une somme limitée d'influx nerveux disponible qui a été dépensée par le travail.

L'analogie, jusque-là, semble satisfaisante ; elle cesse de l'être si on considère que la chaleur perdue par le fer qui s'éteint ne se reproduit pas spontanément, tandis que le nerf, abandonné à lui-même, retrouve son énergie, son influx nerveux, par le seul fait du temps qui s'écoule. La provision de force épuisée se renouvelle sans qu'il soit besoin d'aucune autre condition que de cesser un instant de la dépenser.

Supposez un réservoir d'une grande capacité dans lequel l'eau s'accumule grâce à un tuyau de conduite d'un très faible débit. Ouvrez le réservoir et utilisez l'eau qui le remplit, pour mouvoir une turbine : au bout d'un certain temps, la provision d'eau s'épuise et la turbine ne tourne plus. Pourtant la conduite d'eau ne cesse d'amener du liquide ; et si vous fermez le réservoir, la masse qui s'accumule peu à peu redeviendra bientôt suffisante pour faire marcher la roue. — Telle est, à défaut d'explication satisfaisante, l'image que nous proposons pour faire comprendre comment se succèdent les faits.

Nous nous sommes efforcé de présenter au lecteur une théorie aussi claire et aussi complète que possible de la fatigue ; on devra nous pardonner les lacunes et les imperfections de ce chapitre, en considération de sa nouveauté. Aucun auteur, jusqu'à présent, n'avait groupé dans un cadre méthodique tous les faits qui peuvent être la conséquence du travail, et n'avait cherché à en déterminer les lois.

Les faits de la fatigue sont *locaux* ou *généraux*, *immédiats* ou *consécutifs*. Si nous cherchons à résumer les lois physiologiques, suivant lesquelles ces faits évoluent, nous verrons qu'ils se rattachent à quatre ordres de causes :

1° Lésions matérielles des organes du mouvement ;
2° Auto-intoxication par les déchets du travail ;
3° Résorption exagérée des tissus vivants ;
4° Épuisement dynamique des éléments moteurs.

CHAPITRE XI.

LE REPOS.

I.

Dans une machine à vapeur, à moins d'accident, le travail continue tant qu'on alimente le foyer.

Dans le corps humain, malgré l'alimentation la plus riche, le mouvement musculaire devient impossible au bout d'un certain temps d'exercice, et le travail doit forcément s'interrompre : l'organisme a besoin de repos. La machine humaine ne peut travailler que d'une façon intermittente. Mais cette imperfection apparente est en réalité le résultat d'une supériorité très grande sur la machine industrielle. Le repos dérive de la faculté qu'a l'organisme vivant de se *réparer*.

La machine qui travaille s'use lentement mais fatalement : plus elle a servi, moins elle est apte à servir. On peut calculer à l'avance la somme de travail en kilogrammètres que fera tel ou tel appareil, tel ou tel instrument avant d'être usé. Un canon est hors de service au bout d'un certain nombre de coups tirés. Plus une machine fonctionne, plus elle se détériore et perd son aptitude à fonctionner. Au contraire, plus le corps vivant travaille, plus il devient résistant et apte au travail. C'est une loi du mouvement vital que la fonction fortifie l'organe, au lieu que le fonctionnement d'une machine en use les rouages.

Les organes du corps humain réparent les pertes qu'ils ont faites par le travail et font pour les compenser des acquisitions nouvelles; or, c'est une loi de la vie que les pertes du travail ne se réparent pas pendant le travail même, mais seulement après que le travail a cessé. — Le repos est donc la période de temps nécessaire aux organes pour réparer les pertes que leur a fait subir le travail.

Quelle est la nature des actes qui concourent à réparer les organes après une période de fonctionnement? Ces actes sont nombreux et compliqués; quelques-uns nous sont connus, la plupart nous échappent.

La réparation des organes est, à proprement parler, un renouvellement complet de ces organes. Un muscle qui travaille fait du *déchet*, c'est-à-dire se dépouille de certaines parcelles de son tissu qui se détachent de l'organe et sont balayées au dehors. A leur place, le sang, attiré en abondance au muscle par le fait même de sa contraction, y porte des matériaux nouveaux qui s'y fixent et remplacent ceux qui en ont été éliminés. A chaque instant, une parcelle nouvelle se détache à l'état de déchet, et se trouve remplacée par une molécule de nouvelle formation. Il en résulte que le muscle en entier finit par se renouveler, et que le mouvement de nutrition remet ainsi à neuf les instruments du travail.

Ainsi le corps est une machine dont les rouages se renouvellent constamment d'eux-mêmes et sont soumis à une réparation continuelle. Cette réparation est cause que le corps ne s'use pas en travaillant.

Le torrent sanguin qui traverse un muscle exerce sur ce muscle un véritable lavage en le débarrassant des déchets de combustion qui résultent du travail. Ce lavage exige un temps assez long, puisque, suivant nos observations, douze et même vingt-quatre heures sont quelquefois nécessaires pour l'élimination des déchets par l'urine. Pendant ce temps, des ondées successives de liquide sanguin viennent entraîner les molécules détériorées qui forment les déchets, et portent en même temps aux muscles dont ces déchets se détachent les éléments azotés nécessaires pour les remplacer.

Il est facile de comprendre que cette opération ne peut s'accomplir régulièrement sans que le travail s'arrête, car la formation continuelle de nouveaux déchets rend tout à fait nul le résultat du nettoyage éxercé par le courant sanguin. Les matériaux de nouvelle formation ne peuvent pas non plus se fixer sur des tissus encombrés de débris qui, en attendant leur expulsion, jouent le rôle de corps étrangers, et le muscle n'est pas réparé.

Le résultat d'un temps de repos insuffisant devra donc être, d'une part, l'accumulation des matériaux détériorés par les combustions et, d'autre part, le défaut de réparation, la nutrition insuffisante des organes du travail.

C'est ainsi que l'auto-infection par les déchets du travail, conséquence du surmenage, se produit chez les individus soumis à des travaux trop prolongés coupés de temps de repos trop rares et trop courts. De même, l'insuffisance du repos amène l'épuisement et la diminution de volume des tissus brûlés par le travail. Quelle que soit l'abondance de l'alimentation, un exercice trop prolongé et trop continu peut amener l'amaigrissement, parce qu'il ne laisse pas le temps au mouvement de nutrition de fixer sur les tissus les matériaux élaborés par la digestion.

Il faut donc, dans l'hygiène de l'exercice, équilibrer avec soin les périodes de travail et les périodes de repos. La succession plus ou moins éloignée du temps de repos est aussi importante à établir que la quantité de travail effectué.

Tous les exercices ne demandent pas la même période de repos; tous ne peuvent pas sans inconvénient se prolonger pendant le même temps.

Les exercices qui essoufflent doivent être coupés de temps d'arrêt très rapprochés, mais ces temps d'arrêt peuvent être courts. En effet, ces exercices produisent beaucoup d'acide carbonique en un temps très court. Ce produit de combustion est capable d'occasionner en très peu de temps des accidents graves : d'où la nécessité de l'éliminer promptement pour empêcher son accumulation. D'un autre côté, il est très volatil et se déplace avec une grande facilité; aussi est-il promptement chassé de l'organisme par la respiration. — En certaines contrées de la Tunisie, il y a encore des coureurs commissionnaires ou porteurs de dépêches, appelés *rekas*, qui sont d'une résistance inouïe à la fatigue et à l'essoufflement. Quand un reka sent que sa respiration s'embarrasse pendant la course, il s'arrête, compte jusqu'à soixante et repart. Ce repos lui suffit pour reprendre haleine.

Le travail de fond occasionne moins promptement la fatigue que l'exercice de vitesse, mais il nécessite un repos plus prolongé. Un marcheur qui n'est pas habitué aux longs trajets pourra, avec de l'énergie, faire une route de cinq ou six heures sans s'arrêter; mais si la fatigue a tardé à se produire, elle tardera aussi à disparaître, et ce ne sera plus une minute ou deux qu'il lui faudra pour redevenir dispos, mais bien une journée, deux peut-être. C'est que les déchets de la fatigue ne seront plus, cette fois, des corps gazeux, comme l'acide carbonique et la vapeur d'eau, et ne se déplaceront pas avec une grande rapidité pour sortir de l'organisme. Ces déchets, ainsi que nous l'avons expliqué, seront des produits azotés, solides, très peu solubles, et demandant un temps très long (de 6 à 18 heures) pour s'éliminer du corps par l'urine. De là la durée du temps de repos nécessaire. Si l'exercice recommence trop tôt, si le temps de repos est insuffisant, de nouveaux déchets se formeront avant que les premiers amassés ne soient sortis du corps, et ils s'accumuleront à haute dose. C'est ainsi que se produit l'intoxication due au surmenage à tous les degrés.

Le repos est donc la condition essentielle de l'élimination des déchets du travail, parce qu'à l'état de repos, la production de ces déchets se ralentit. Il est la condition essentielle aussi de la réparation des organes, parce que le mouvement d'assimilation en vertu duquel ces organes se réparent est entravé par le mouvement de désassimilation si actif pendant le travail.

II.

Mais l'élimination des produits de désassimilation et la réparation des tissus n'expliquent pas tous les faits dans lesquels le repos intervient pour rendre aux muscles fatigués le pouvoir d'entrer de nouveau en contraction.

Quand nous étendons le bras horizontalement, et qu'au bout de cinq minutes la fatigue nous oblige à le laisser retomber, il nous suffit de le laisser inactif pendant une minute pour recouvrer la faculté de l'étendre de nouveau. — Que s'est-il passé dans le muscle pendant cette minute de repos?

Le temps de repos a été trop court pour permettre au courant sanguin de *lessiver* en quelque sorte le muscle, et d'entraîner les déchets de combustion qui pouvaient imprégner ses fibres. D'autre part, une minute ne peut suffire pour que les matériaux apportés par le sang puissent réparer matériellement les pertes subies. Il faut donc invoquer un effet dynamique, bien qu'on ne puisse dire au juste en quoi consiste cet effet.

Le muscle, par le fait même de la cessation du travail, fait une nouvelle provision de cette force inhérente à sa fibre, la contractilité, qu'un effort prolongé avait épuisée.

Cette explication ressemble plutôt à un aveu d'ignorance qu'à une théorie ; mais, aussi insuffisante qu'elle soit, elle est conforme aux faits, en ce sens qu'elle implique l'existence d'une force propre au muscle, et indépendante de celle qui peut lui venir d'un apport extérieur. — Qu'on détruise toute communication du muscle avec les vaisseaux nourriciers qui lui apportent le sang ; qu'on fasse disparaître tous les filaments nerveux qui le rattachent aux centres moteurs de la moelle épinière et du cerveau, ce muscle, ainsi réduit à la seule énergie de ses éléments propres, sera susceptible de subir des alternatives d'épuisement par le travail, et de retour à la puissance contractile sous l'influence du repos, aussi bien que lorsqu'il était associé aux organes de circulation et d'innervation. Si on l'électrise d'une manière continue, il se fatiguera et ne répondra plus à l'excitation du courant ; si on le laisse alors un certain temps sans chercher à le mettre en action, on verra peu à peu son pouvoir contractile reparaître, comme si ses éléments étaient capables d'élaborer d'une manière incessante une certaine quantité de force contractile pour remplacer celle qui a été épuisée par la contraction trop prolongée.

Il est une dernière catégorie de faits où une autre influence doit être invoquée, si l'on veut bien se rendre compte des effets du repos. La cessation d'un effort musculaire semble avoir quelquefois pour unique objet de faire cesser la douleur que provoque la contraction dans le muscle.

Le muscle est traversé par de nombreux filaments nerveux sensitifs, et ces filets sont nécessairement froissés quand un muscle entre en contraction. Tout le monde connaît un phénomène qui montre à quel point la contraction musculaire peut devenir douloureuse quand elle est poussée trop loin : la *crampe* n'est autre chose qu'une contraction musculaire involontaire et exagérée. Ce phénomène nous montre à quel point un muscle qui se contracte peut provoquer des phénomènes douloureux. La douleur qui accompagne un froissement persistant des nerfs sensitifs tiraillés par le muscle est souvent la vraie cause de la sensation qui nous invite et nous force à relâcher le muscle en faisant

cesser une attitude fatigante. Ce qui semble confirmer cette explication, c'est la faculté que possèdent les personnes hypnotisées
de supporter pendant un temps extrêmement prolongé les attitudes
les plus fatigantes, la station sur un seul pied, par exemple, sans
manifester aucun sentiment de fatigue. Il est permis de croire
que, chez ces sujets, la disparition de la fatigue est due à l'anesthésie des filets nerveux et à l'abolition de la sensation douloureuse. Cette anesthésie se manifeste, comme on sait, dans tous
les nerfs sensitifs chez les hypnotisés, puisqu'on peut piquer profondément le sujet et transpercer la peau avec des épingles sans
déterminer aucune douleur.

Ainsi, en résumé, le repos des muscles a pour effet:

1° De faire cesser certaines sensations douloureuses en faisant
cesser les contractions capables de froisser douloureusement les
filets nerveux et de tirailler les fibres musculaires;

2° De donner aux déchets de combustion le temps de s'éliminer;

3° De permettre aux éléments plastiques du sang de réparer les
matériaux enlevés aux organes par les combustions du travail;

4° Enfin de donner le temps aux éléments musculaires ou nerveux de faire une nouvelle provision d'énergie, par un mécanisme
physiologique qui est encore inconnu.

Le repos est l'état diamétralement opposé au travail, et les phénomènes qu'on observe dans ces deux états si différents sont
absolument inverses. Le travail musculaire produit l'exagération
des phénomènes vitaux et donne à toutes les fonctions une intensité plus grande : il accélère le pouls et la respiration et élève
la température du corps. Le repos amène le ralentissement du
pouls et de la respiration et abaisse la température.

De même que le travail, le repos a des degrés, et ces degrés
sont très relatifs. Pour le sujet habitué à courir, c'est se reposer
que d'aller au pas ; pour le malade habitué à la position horizontale, c'est faire un travail que de se tenir assis.

Le repos complet, c'est le sommeil, parce que dans cet état tous
les muscles de la vie de relation sont dans le relâchement, et
ceux de la vie organique fonctionnent avec moins d'énergie. La
respiration et le pouls sont moins fréquents qu'à l'état de veille
et la température s'abaisse. De plus, un organe qui travaille sans
cesse à l'état de veille, le cerveau, se repose à l'état de sommeil,

et sa circulation devient beaucoup moins active, ainsi qu'on a pu s'en assurer en étudiant des hommes atteints d'une plaie de la boîte osseuse du crâne.

La diminution de température pendant le sommeil est une preuve que les combustions diminuent, et que les déchets sont réduits à leur minimum. Du reste, on a pu constater que l'acide carbonique rendu pendant le sommeil n'était que la moitié de celui qui s'élimine pendant l'état de veille.

La continuité dans le travail produit une fatigue d'autant plus intense que la dépense de force est plus considérable. Un violent effort ne peut être soutenu longtemps ; mais si l'exercice le plus violent est coupé de temps de repos même très courts, suffisamment rapprochés, cet exercice peut être continué pendant un temps fort long.

En Angleterre, dans les combats de boxeurs, la lutte est suspendue toutes les trois minutes et les champions prennent deux minutes de repos entre chaque reprise (1). Cette manière de couper le combat de temps d'arrêt très fréquents paraît au premier abord un adoucissement à la brutalité de la lutte ; c'est au contraire une manière d'en rendre le résultat plus meurtrier. Autrefois, quand les reprises étaient plus longues, les boxeurs restaient en garde pendant dix minutes à frapper et à parer ; ils se fatiguaient promptement. Leurs coups devenaient moins assurés et produisaient des lésions moins sérieuses. La lassitude, autant que les blessures, amenait l'impossibilité de continuer la lutte. Aujourd'hui, avec des reprises très courtes et des temps de repos très fréquents, les adversaires conservent leur force intacte, et les coups de poing sont aussi terribles à la fin qu'au début. Le vaincu demande à cesser, non parce qu'il est exténué, mais parce qu'il est gravement blessé. Malgré leur force et leur résistance incroyables, les champions ne pourraient, sans ces temps de repos, supporter les fatigues prolongées de ces combats, dont la durée est souvent de plusieurs heures.

(1) Esquiros, *l'Angleterre et la Vie anglaise.*

TROISIÈME PARTIE

L'ACCOUTUMANCE AU TRAVAIL

LA RÉSISTANCE A LA FATIGUE. — MODIFICATION DES ORGANES PAR LE TRAVAIL. — MODI-
FICATION DES FONCTIONS DES TISSUS PAR LE TRAVAIL. — L'ENTRAÎNEMENT.

CHAPITRE I.

DE LA RÉSISTANCE A LA FATIGUE.

Variabilité de la résistance à la fatigue. — Effets de l'inaction. — Effets de l'activité
habituelle.
La différence de vie entraîne la différence de conformation ; animaux frugivores et
animaux chasseurs ; la chair du lièvre et la chair du loup. — L'homme de peine
et l'homme de cabinet.
Comment on doit expliquer « l'accoutumance » au travail.

Les hommes qui se sont tenus depuis longtemps éloignés des
exercices du corps et dont l'organisme ressent très vivement la
nécessité d'y revenir sont ceux pour lesquels la fatigue est le
plus à redouter, et ceux qui risquent le plus de tomber sous le
coup du surmenage. Ceux, au contraire, qui se livrent journellement au travail musculaire acquièrent le privilège de braver la
fatigue et de résister victorieusement à ses plus graves atteintes.

Mais cette immunité qui se gagne par le travail se perd très
promptement par l'inaction ; elle ne peut se conserver qu'à la
condition d'entretenir le corps dans l'habitude de l'exercice musculaire.

On peut dire que le repos trop prolongé est la condition la plus
efficace pour prédisposer l'organisme à la fatigue. La Courbature
est inconnue aux hommes qui mènent une vie de travail musculaire continuel, et les accidents du Surmenage ne peuvent que
bien difficilement les atteindre. La Fatigue sous toutes ses formes
et à tous ses degrés fait surtout sentir ses effets à ceux qui se

reposent trop. — On voit des femmes qui ne font jamais un pas
dans la rue : leur voiture les en dispense ; qui ne font pas même un
mouvement pour se vêtir : leur femme de chambre est là pour
leur en éviter la peine. Pour ces personnes une promenade à pied
sur le boulevard est une cause de fatigue et de courbature. Si un
jour, par hasard, sur les instances de leur médecin, elles se dé-
cident à marcher pendant une heure, elles se mettent au lit le lendemain avec la fièvre. Le docteur est alors mandé en toute hâte,
et on lui démontre combien il a été barbare de forcer sa malade à
se servir de ses jambes. — En revanche, un facteur rural fait
chaque jour 30 à 40 kilomètres dans sa tournée, n'éprouve aucun
malaise en se couchant, et se lève chaque matin plus dispos.

L'énergie morale n'est pas la véritable cause de la résistance à
la fatigue. La plupart du temps, ce qui fait la différence entre la
puissance de travail de deux sujets, c'est moins la manière dont
ils sont doués physiquement et moralement que la préparation
qu'ils ont subie ou le genre de vie qu'ils ont mené ; c'est moins
leur tempérament que leur aptitude acquise.

Il y a, parmi les animaux domestiques, de grandes différences
comme aptitude au travail. Les animaux sauvages, au contraire,
ont sensiblement la même aptitude à supporter un effort musculaire prolongé. Deux loups de même âge ont à peu de chose près
la même vitesse et le même fond. Deux chiens, fussent-ils frères,
présentent souvent des différences considérables dans leur résistance à la fatigue. La différence que présentent entre eux les animaux domestiques dans la résistance à la fatigue vient des variations si nombreuses que crée la domestication dans leur genre de
vie. L'égalité remarquable des animaux sauvages, au même point
de vue, tient à la similitude des conditions de leur existence.

Quelles sont les conditions qui créent la résistance à la fatigue ?
On a répondu depuis longtemps à cette question, du moins empiriquement, et par des faits. On sait que certaines pratiques de
travail musculaire associées à certaines observances de régime, et
dont l'ensemble s'appelle *entraînement*, amènent très promptement, chez l'homme aussi bien que chez l'animal, la faculté de
supporter sans dommage un exercice violent et prolongé qui
aurait, avant cette préparation, déterminé de graves accidents
dans l'organisme. On sait aussi que la résistance acquise par
l'entraînement se perd aussitôt que le sujet retombe dans les
conditions de vie d'où la méthode l'avait tiré.

Pourquoi un homme qui se livre tous les jours à l'exercice

musculaire acquiert-il, par le fait même du travail, la faculté de travailler sans fatigue ? On fait généralement à cette question une réponse très simple : on dit que l'homme a pris « l'habitude » de la fatigue. Ceux qui veulent donner à leur explication une couleur plus scientifique parlent de « l'accoutumance » du corps au travail.

Si on considère la fatigue comme une souffrance, c'est dire une absurdité que d'affirmer qu'on s'habitue à la fatigue. On ne s'habitue pas à une souffrance au point de ne plus la ressentir. Demandez à un homme atteint d'une névralgie rebelle s'il souffre moins parce qu'il souffre depuis longtemps ! Il ne faut pas dire qu'un homme habitué au travail « supporte » bien la fatigue. Il n'a pas à la supporter : elle ne se produit pas.

Un homme bien entraîné résiste facilement à la fatigue, non parce qu'il méprise la sensation pénible qui accompagne habituellement le travail, comme les Stoïciens méprisaient la douleur, mais parce que cette sensation ne se manifeste pas chez lui, ou du moins se produit très atténuée, très supportable. Ainsi la résistance à la fatigue n'est pas due à la tolérance plus grande du sujet, mais à l'intensité moindre du malaise supporté.

La résistance à la fatigue est le résultat d'un changement matériel produit par un exercice souvent pratiqué dans la structure des organes qui supportent le travail. Quand on dit qu'un homme est « endurci » à la fatigue, il faut prendre cette expression dans le sens propre et nullement dans le sens figuré. Le travail produit dans tous les tissus du corps des changements de nutrition qui les rendent plus résistants, plus fermes, qui les cuirassent en quelque sorte contre les chocs et les frottements et qui les garantissent contre les accidents du travail. Le repos prolongé, au contraire, rend les tissus plus mous et plus vulnérables.

Un jardinier qui travaille du matin au soir ne souffre pas des mains en maniant la bêche ; un homme de cabinet qui voudrait se livrer pendant une heure au même exercice se plaindrait d'avoir les mains endolories. — Le jardinier a-t-il donc plus d'énergie que le savant ? Non : il a seulement la peau plus épaisse. Les ampoules n'ont pas prise sur l'épiderme calleux qui recouvre les régions de la main habituellement en contact avec l'outil. Ce fait est aussi évident que possible. Il nous donne un exemple de ce qui se passe dans l'organisme sous l'influence du travail de tous les jours. Tout organe qui travaille subit une modification matérielle d'où résulte une aptitude plus grande à supporter le travail sans en souffrir.

Par l'exercice journalier les muscles durcissent et deviennent plus élastiques : ils sont ainsi plus propres à résister aux tiraillements et aux déchirures, plus propres aussi à protéger contre les chocs extérieurs les parties sensibles qu'ils recouvrent : filets nerveux, organes internes. Un boxeur bien entraîné ne sent plus les coups de poing : ses chairs sont devenues si dures que le coup ne les meurtrit plus ; c'est le poing de l'adversaire qui vient se meurtrir en le frappant.

L'exercice ne se borne pas à durcir la peau et les muscles : il consolide tous les organes du travail. Les animaux domestiques qui font un service pénible acquièrent des tendons durs et solides. Parmi les bêtes sauvages, il y a une grande différence entre les animaux frugivores et les animaux chasseurs. Les carnassiers, qui vivent de leur chasse et sont toujours sur pied pour guetter et poursuivre leur proie, présentent l'exagération du type de l'animal entraîné. Leurs tendons, les aponévroses qui enveloppent les muscles, et les muscles eux-mêmes, ont pris la dureté du bois. Pour se faire une idée de l'endurcissement des tissus chez l'animal chasseur, il faut, comme nous l'avons fait, disséquer un vieux loup. C'est à peine si le couteau peut entamer les tendons et les tissus fibreux. Il en est de même chez l'oiseau qui vit de sa chasse, le faucon, l'épervier. Toutes les bêtes qui mènent une vie de rapine et de brigandage sont dans un état de mouvement continuel, et l'exercice ininterrompu auquel elles se livrent modifie la structure de leurs organes, au point de leur donner une résistance surprenante.

Les autres bêtes sauvages qui se nourrissent de végétaux ont une structure toute différente. Le lièvre, la perdrix, la caille, sauf les alertes que leur donne de temps en temps le chasseur, passent leur vie à becqueter, ou à brouter une nourriture abon-dante et toujours à leur portée ; ils dorment tranquilles et agissent peu. Aussi leur chair est-elle grasse et tendre, leurs muscles mous et gorgés de sucs savoureux. — On mange le lièvre et la caille, leur chair se fond dans la bouche ; on ne mange pas la chair du faucon ou du loup : on y laisserait les dents.

C'est la différence de travail qui est cause des différences de structures si tranchées qu'on observe parmi les animaux. Les mêmes différences s'observent parmi les hommes. A l'Amphithéâtre, quand on dissèque un homme qui s'est adonné pendant sa vie à des exercices violents ou à des travaux pénibles, on est frappé de la résistance remarquable et de la solidité de tous les tissus qui concourent au mouvement. On comprend aisément alors que ces muscles fermes et volumineux, ces aponévroses épaisses et solides, ces tendons secs et durs comme de l'acier puissent résister sans souffrir à toutes les secousses du travail.

Les os eux-mêmes s'adaptent, par un accroissement de volume et de densité, au fonctionnement plus énergique des muscles qui s'y attachent. On a pesé des os de chevaux de course ayant fait pendant plusieurs années le travail violent de l'hippodrome; on a pesé en regard des os de chevaux de même taille ayant passé leur vie dans la tranquillité du pâturage: le squelette des chevaux de course était de beaucoup le plus lourd, et leurs os étaient plus durs et plus résistants. Chez l'homme, le travail musculaire imprime aussi à la nutrition des os une modification très appréciable. Il est facile de dire, au simple examen d'un squelette humain, si le sujet auquel il appartenait a mené une vie de travail musculaire, ou s'il a vécu dans l'oisiveté physique. Les points de l'os auxquels s'attachent les fibres musculaires restent lisses et réguliers quand les muscles sont demeurés inactifs; au contraire, si le sujet était un travailleur, les points d'attache des muscles sont saillants, et il s'y développe des rugosités destinées à fournir à leurs fibres une attache plus solide.

Outre ces changements si faciles à constater dans l'organisme à la suite du travail, il s'en fait certainement beaucoup d'autres qui nous sont moins connus. Il n'est pas absurde, par exemple, de penser que l'épithélium des membranes synoviales puisse subir, sous l'influence des frottements énergiques du travail, des modifications analogues à celles de l'épiderme, qui s'épaissit, et devenir ainsi plus apte à supporter sans dommage de violentes pressions. De même, tout porte à croire que les filets nerveux qui traversent les muscles sont le siège d'un travail de protection semblable. Le nerf est entouré d'une gaine fibreuse, le névrilème; les éléments qui composent cette enveloppe protectrice participent probablement à la nutrition plus intense de tous les tissus fibreux sous l'influence du travail; ainsi, sans doute, peut s'expliquer la diminution progressive du malaise ressenti dans une région qui travaille. La contraction musculaire répétée devient moins douloureuse, parce que les filets nerveux qui traversent le muscle se trouvent mieux protégés contre les pressions et les froissements par un névrilème plus résistant.

En résumé, l'exercice musculaire a une influence considérable sur le mouvement de nutrition, et c'est à cette influence que sont dus les changements constatés dans la conformation d'un sujet habitué à faire agir ses muscles.

Le corps de l'homme ou de l'animal, sous l'influence d'un exercice régulier et progressivement augmenté, se modifie dans un sens qui rend plus facile l'exécution du travail. Et voilà le secret de « l'accoutumance ».

CHAPITRE II.

I.

Les physiologistes disent que « *la fonction fait l'organe* ». Ce mot signifie que le corps humain s'adapte matériellement, par un changement de conformation, à un acte souvent répété.

Il est toujours difficile de se représenter exactement un fait énoncé sous une forme générale et abstraite. Nous tâcherons donc de donner un corps à l'idée que nous exprimons, en citant un exemple. — Chez un homme atteint de luxation de l'épaule, la tête de l'humérus est sortie de la cavité articulaire et s'est fixée dans une région voisine. Supposons que la réduction n'ait pas été faite, la luxation ne guérit pas, et, la tête de l'os ne rentrant pas dans le creux d'où elle s'est échappée, les mouvements ne s'exécutent plus, le membre s'immobilise dans la position vicieuse que lui a donné l'accident, et au bout de quelques mois l'*ankylose* se produit. Si le médecin est alors appelé, il est trop tard pour remettre en place les os luxés ; et il n'y a plus qu'un conseil à donner, celui de faire agir le plus possible le bras pour lui rendre la faculté de se mouvoir. En effet, par suite des mouvements journellement imprimés à l'os, il arrrive que les fonctions se rétablissent et que le bras, tout en restant dans une position irrégulière, redevient capable d'agir.

On voit des sujets dont la tête humérale est allée se loger entre la clavicule et les premières côtes, à plusieurs centimètres en dedans de l'articulation normale, et qui cependant recouvrent, par le fait même de l'exercice journalier des bras, une grande partie des mouvements de leur membre. Si on a l'occasion de faire l'autopsie de ces sujets, on trouve alors que l'os du bras s'est creusé une cavité nouvelle aux dépens de la clavicule et des côtes avec lesquelles il est en contact. Si la luxation est ancienne et si le sujet a beaucoup agi avec son membre luxé, la cavité articulaire de nouvelle formation présentera toutes les apparences d'une articulation normale. Une membrane synoviale, du cartilage, des tissus fibreux formant une capsule d'enveloppe, enfin tous les éléments qui constituent une articulation, se seront développés sur un point où il n'en existe pas à l'état normal. On appelle *fausse articulation* cette jointure ainsi créée de toutes pièces. — L'articulation, organe indispensable au mouvement, peut donc être créée par le mouvement même.

Ainsi « la fonction fait l'organe ». Mais de cette loi découle un corollaire qu'on pourrait formuler ainsi : « la cessation de la fonction fait disparaître l'organe ».

Dans le cas pris pour exemple, la cavité articulaire d'où s'était échappé l'humérus luxé, n'étant plus le centre de ses mouvements, perd en très peu de temps sa forme, sa structure normale ; le liquide synovial qui servait à lubréfier les surfaces articulaires, n'étant plus utilisé, ne se sécrète plus ; la synoviale elle-même disparaît ; bien plus, les cartilages articulaires sont remplacés peu à peu par des tissus osseux, et, au bout d'un certain temps, la cavité articulaire tout entière se comble et disparaît. — La cessation de la fonction a fait disparaître l'organe. — La loi qui rattache intimement l'existence de l'organe à celle de la fonction n'est nulle part aussi évidente que dans le travail musculaire. Elle s'applique non seulement à la création d'un organe nouveau par une fonction nouvelle, mais encore au perfectionnement de l'organe déjà existant par le fait d'un fonctionnement plus fréquent.

Les faits constatés chez l'homme qui travaille tous les jours se rapportent très exactement à la loi que nous venons d'exposer. Le travail musculaire tend à modifier la nutrition de tous les organes moteurs et à leur donner une structure qui favorise l'exécution des mouvements. Si l'on passe en revue tous les organes qui concourent à l'exécution du travail, on voit que tous sont soumis à cette loi physiologique de l'adaptation à la fonction, ou, en d'autres termes, du perfectionnement par le travail. On voit aussi, si l'on fait des observations contradictoires, que le défaut de fonctionnement des organes a pour résultat leur déchéance et l'arrêt de leur développement.

Les muscles grossissent par le travail, en même temps que leurs fibres deviennent nettes de tout tissu gênant et se dépouillent de la graisse qui pouvait entraver leur contraction. Le repos atrophie au contraire la fibre musculaire, et le muscle trop longtemps inactif s'infiltre de tissus graisseux.

Les articulations sont les parties du corps dont le fonctionnement parfait a la plus grande importance pour l'exécution des mouvements. Aussi n'y en a-t-il aucune qui subisse plus qu'elles l'influence de l'exercice musculaire. Pour s'en rendre compte, il faut comparer la jointure qui a gardé une immobilité prolongée à celle qui a été soumise à des mouvements répétés. Celle qui agit beaucoup acquiert une merveilleuse facilité à se mouvoir ; celle qui est restée dans l'inaction finit par *s'ankyloser* et les os qui la composent arrivent à se souder entre eux. L'exercice d'un membre conserve à ses jointures toute leur mobilité, et c'est là ce qui fait que les gymnasiarques gardent jusque dans la vieillesse des mouvements souples et des attitudes juvéniles. Pourtant l'âge tend à incruster des sels calcaires sous les tissus de l'économie ; les artères du vieillard sont dures et perdent leur élasticité ; ses tissus fibreux tendent à s'indurer et ses ligaments sont envahis progressivement par l'ossification. Mais le mouvement continuel d'une jointure s'oppose au travail d'incrustation calcaire qui tend à l'envahir ; le travail rend impossible l'ankylose et la dégénérescence calcaire des tissus fibreux : tant que l'homme fait agir ses muscles, il conserve la liberté de ses membres. — La persistance de la fonction conserve l'intégrité de l'organe.

Les organes internes, sous l'influence de l'exercice musculaire, subissent eux aussi des changements favorables à l'exécution de l'acte souvent répété.

Le poumon, dont toutes les cellules entrent en jeu par suite d'une respiration plus active, se déploie et repousse de tous côtés les pièces osseuses dans lesquelles il est emprisonné : le thorax se dilate, les côtes se relèvent et la poitrine prend une forme bombée très caractéristique. Tous les gymnasiarques de profession présentent une sorte de voussure à la partie de la poitrine qui correspond aux côtes supérieures et à la clavicule. On a pris des mesures sur les jeunes militaires de l'École de gymnastique de Joinville, et on a constaté en très peu de mois un accroissement de plusieurs centimètres dans la circonférence de la poitrine sous l'influence de l'exercice musculaire auquel ils se livrent.

Il est facile de comprendre combien la respiration doit être facilitée par cette augmentation de capacité du thorax. Le volume d'air introduit dans les cellules pulmonaires est beaucoup plus considérable, et, l'élimination des déchets respiratoires se faisant sur un champ beaucoup plus vaste, l'essoufflement diminue pendant l'exercice.

Le cœur subit, lui aussi, un changement de volume et de structure. Ses fibres musculaires prennent de l'accroissement, et surtout leur tissu devient plus ferme, plus dense; il se dépouille de la graisse qui le gênait et ôtait à ses fibres leur tonicité. Cette modification est favorable à l'exécution de l'exercice, car un cœur vigoureux chasse le sang avec énergie et lui fait traverser sans difficulté la trame des organes. L'impulsion plus énergique donnée au sang s'oppose à l'engorgement des vaisseaux capillaires du poumon pendant l'exercice, et supprime ainsi une cause très puissante d'essoufflement : la congestion pulmonaire passive.

II.

Par quel mécanisme l'exercice musculaire amène-t-il dans les organes les transformations dont nous venons de présenter un aperçu sommaire? Pour répondre à cette question il faut pénétrer plus avant dans le détail des changements subis par un organisme qui travaille chaque jour et étudier l'influence de l'exercice sur la nutrition des tissus vivants.

L'exercice musculaire a pour premier effet d'activer les combustions vitales, et par conséquent de diminuer la masse des tissus aux dépens desquels ces combustions s'alimentent. Mais il a aussi pour résultat d'activer le mouvement d'assimilation, c'est-à-dire d'ajouter aux tissus déjà existants de nouvelles molécules puisées dans les produits de la digestion. Il en résulte que le second résultat compense l'effet du premier, et que les pertes subies par le fait du travail sont réparées par les acquisitions nouvelles qui sont les suites du travail même.

Mais les pertes et les acquisitions, si elles se font équilibre comme quantité, n'ont pas pour siège les mêmes éléments anatomiques. Certains tissus sont usés par les combustions de l'exercice musculaire, et ce sont des tissus d'un autre ordre qui bénéficient de l'accroissement du mouvement nutritif. Sous l'influence du travail les muscles augmentent, tandis que la graisse diminue. Or, les muscles sont les organes du travail, et leur développement plus grand augmente la force du sujet. Les graisses, au contraire, sont des tissus encombrants, inutiles à l'exécution mécanique des mouvements, et capables de porter entrave au travail de diverses manières. — Le mouvement nutritif est donc dirigé par le travail musculaire dans un sens qui rend le sujet plus apte à travailler.

Quand on descend aux détails du mouvement, on voit qu'à chaque contraction musculaire le sang se porte au muscle, baigne la fibre motrice, et reste en contact avec elle pendant un temps prolongé ; c'est ainsi que les éléments du liquide nourricier peuvent se déposer sur les éléments des muscles, dont ils augmentent peu à peu le volume. Le tissu graisseux, lui, subit pendant le travail des modifications chimiques, auxquelles sa composition le rend très apte. Il est fait d'éléments ayant de l'affinité pour l'oxygène, car il est composé d'hydrogène et de carbone. Or, l'oxygène est le principe le plus actif des combustions vitales. C'est aux dépens des tissus hydro-carbonés que se font de préférence les combinaisons chimiques d'où la chaleur vitale tire son origine. A chaque effort musculaire, il se fait une dépense de calorique proportionnelle à la force de la contraction, et, d'après les théories les plus récentes, c'est grâce à la combustion des graisses que s'alimente la chaleur dépensée par les muscles en travail.

Si nous cherchons à présent les conséquences de ces faits au point de vue de l'aptitude au travail, nous trouverons que la disparition progressive du tissu graisseux et l'augmentation du volume des muscles sont deux conditions qui favorisent également le travail.

L'augmentation de volume des tissus musculaires amène une augmentation proportionnelle de la force du sujet. On sait en effet que la puissance contractile de l'organe est en raison directe de sa surface de section.

La diminution des tissus graisseux facilite le travail, pour plusieurs raisons qu'il nous faut exposer avec quelques détails.

En premier lieu, la disparition des masses graisseuses qui infiltrent les organes allège le corps et facilite tous les mouvements qui ont pour but de le déplacer : la marche, la course, le saut. Ce résultat est un des plus importants et des plus recherchés dans les méthodes d'entrainement qui préparent les sujets aux exercices de vitesse. Mais la graisse ne gêne pas seulement le travail par son poids : elle est une cause d'échauffement excessif du corps pendant l'exercice musculaire ; elle s'oppose à la prompte réfrigération du sang, parce qu'elle a peu de conductibilité pour la chaleur : le corps enveloppé d'une couche de graisse tend à conserver sa chaleur comme s'il était recouvert d'une certaine épaisseur d'ouate. Quand un homme obèse s'échauffe sous l'influence du travail, il rayonne avec peine son calorique vers l'extérieur, à travers la couche de graisse qui le recouvre, et le sang parvient difficilement à se refroidir.—Nous observons, du reste, la contre-épreuve de ce fait. Les animaux très amaigris supportent très mal le froid. Les chevaux de course que l'entrainement a privés de leur revêtement graisseux craignent les refroidissements, et, malgré leur vigueur extraordinaire, ne peuvent, sans graves inconvénients, se passer de chaudes couvertures et d'écurie confortablement installée.

Enfin une autre cause de fatigue résulte de l'accumulation de la graisse dans l'organisme : c'est la facilité avec laquelle ce tissu cède au mouvement de désassimilation.

On sait que la graisse est le type des tissus de réserve. Ces tissus ont pour destination de faire face aux dépenses supplémentaires de calorique que peut nécessiter un surcroit de travail musculaire ; ce sont des provisions amassées dans le corps et toujours prêtes à faire les frais des combustions. On pourrait dire que ces matériaux ne font pas partie intégrante de l'organisme et tiennent le milieu entre les organes auxquels ils sont seulement accolés, sans entrer dans leur structure intime, et les aliments dont ils dérivent et sur lesquels ils ont été prélevés comme une épargne journalière.

Les tissus de réserve, étant destinés à disparaître, ont donc moins de résistance que les tissus formant la trame fondamentale des organes; aussi subissent-ils avec exagération les combustions vitales. Un homme très abondamment pourvu de tissus graisseux dépense plus de chaleur, à travail égal, qu'un homme de même poids doué de tissus plus secs, et chez lequel les muscles dominent. Les combustions semblent se limiter difficilement chez l'homme obèse, et la quantité de chaleur produite dépasse de beaucoup celle qu'utilise le travail. Quand un obèse a perdu sa graisse, on peut dire que le rendement de ses muscles a augmenté : leur contraction est alimentée par des combustions plus modérées, et la dépense de calorique tend à se rapprocher davantage du chiffre de l'équivalent mécanique.

Mais d'autres éléments de fatigue tendent à disparaître chez l'homme qui maigrit, à mesure que diminue chez lui la dépense de calorique: ce sont les produits de désassimilation. Ces produits sont très différents, suivant la nature des combinaisons chimiques, sources de la chaleur produite ; ils sont encore très mal connus, mais on ne peut s'empêcher de penser que leur composition est subordonnée à celle des tissus qui leur donnent naissance. On est fondé à croire, par exemple, que les tissus graisseux, composés surtout d'hydrogène et de carbone, devront fournir par leur combustion, par leur combinaison avec l'oxygène, beaucoup d'acide carbonique et d'eau. Cette opinion est confirmée par l'observation des faits, qui nous montre combien les sujets gras s'essoufflent, toutes conditions égales d'ailleurs, plus facilement que les sujets maigres, et combien ils sont plus sujets à transpirer.

Les hommes et les animaux chargés d'embonpoint voient leur respiration devenir plus facile à mesure que l'entraînement les débarrasse de leur surcroît de tissu graisseux. Tous les entraîneurs savent bien que ce bénéfice n'est pas le résultat seulement de la diminution du poids total du corps et du moindre travail qui en résulte, par exemple pour courir. En effet, un cheval bien entraîné, de même qu'un boxeur en parfaite « condition » doivent peser autant qu'avant la préparation. Ils doivent avoir fait des acquisitions en tissu musculaire capables de compenser leurs pertes de tissus adipeux.

Selon nous, cette immunité pour l'essoufflement tient en grande partie à ce que l'absence des réserves hydro-carbonées entraine la diminution des produits de combustion dont l'hydrogène et le carbone sont la base, et en particulier de l'acide carbonique. Un sujet bien entraîné doit produire, à travail égal, moins d'acide carbonique qu'avant l'entraînement.

Dans la préparation des chevaux de course, on attache une grande importance à faire disparaître la graisse, et on sait très bien qu'en diminuant ce tissu on facilite beaucoup la respiration du cheval. Mais les entraîneurs donnent de ce fait une explication de fantaisie : ils prétendent que la graisse « interne » gêne les mouvements du poumon, et qu'en la supprimant on rend le jeu de cet organe plus libre. Cette explication est tout à fait insuffisante. Et d'abord, le poumon est de tous les organes internes le moins sujet à s'infiltrer de tissus graisseux. De plus, l'immunité pour l'essoufflement pendant le travail se produit chez tous les sujets entraînés, même quand ils conservent une certaine quantité de graisse supérieure à celle que portent avec eux les sujets qui n'ont pas encore subi l'entraînement.

En effet, il y a des sujets qui, suivant l'expression des gens de métier, « s'entraînent gras », c'est-à-dire qui, malgré le travail et malgré la faculté acquise de le supporter, conservent une forte dose de tissus graisseux. Chez ces sujets, une certaine quantité de graisse fait partie constituante de l'organisme, et celui-ci ne peut la perdre qu'à la condition de perdre en même temps une partie de sa résistance. Ce fait est très connu des hommes de cheval, et il est signalé dans l'ouvrage très estimé de Stonehenge sur l'entraînement du cheval de course. Il y a beaucoup de chevaux susceptibles d'acquérir la vitesse et la puissance de souffle sans perdre leur embonpoint aussi complètement que les autres.

Quand on fréquente les réunions d'hommes adonnés à la gymnastique, on voit qu'il en est de l'espèce humaine comme de l'espèce chevaline, et il n'est pas très rare de rencontrer des gymnasiarques très agiles et même des coureurs de profession qui présentent à la fois un embonpoint très appréciable et une respiration très libre et très résistante à l'essoufflement. A côté de ces sujets, on voit tous les jours des hommes qui font peu de volume, ont à peine sous la peau quelques millimètres de tissus graisseux, et s'essoufflent cependant, — n'étant pas entraînés, — incomparablement plus vite que les sujets restés gros et gras après l'entraînement.

Si la graisse ne gênait que par son volume, il n'en serait pas ainsi ; mais elle gêne surtout par la facilité avec laquelle elle cède au mouvement de désassimilation, ou, en d'autres termes, par la facilité avec laquelle elle brûle pendant le travail. Or, toute graisse ne brûle pas avec la même facilité. Chez certains tempéraments, la graisse fait partie intégrante de la structure des organes : elle est un tissu constitutionnel, elle a pour ainsi dire droit de cité au milieu des éléments anatomiques qu'elle accompagne. Chez certains autres, au contraire, la maigreur est l'attribut dominant du tempérament, et toute la graisse qu'on y trouve est un élément surajouté, ne faisant partie de la constitution qu'à titre provisoire, et destiné, par conséquent, à disparaître avec la plus grande facilité. Chez les uns, la graisse est un tissu « de constitution »; chez les autres, elle n'est qu'une *réserve*, une provision destinée à être consommée à la première demande de l'organisme.

Il est donc contraire aux faits d'observation de parler de « graisse interne » qui disparaît et de « graisse externe » qui persiste. La graisse se distribue également sur tout l'organisme; et si une cause, telle que le travail, la fait diminuer, ce sont les parties qui travaillent le plus qui maigrissent les premières.

Quand on observe des hommes obèses faisant de l'escrime pour maigrir, on voit que chez eux la graisse interne est loin de diminuer la première ; l'abdomen est la région qui garde avec le plus de ténacité sa provision graisseuse. Rien de plus disgracieux que la forme du corps à cette période ingrate pendant laquelle l'obèse diminue des bras, des pectoraux et des jambes et n'a encore rien perdu de son ventre. Les régions que l'escrime a fait travailler ont perdu leur embonpoint; les bras et les jambes paraissent grêles, et la poitrine, qui s'est desséchée sous l'influence du travail des muscles pectoraux, paraît serrée et rentrée par comparaison avec l'abdomen resté aussi volumineux qu'au début de l'exercice. Ce n'est qu'en persistant quelques semaines encore dans son exercice que l'obèse obtient, — ce qu'il ambitionnait avant tout, — de perdre son ventre. Or, la respiration est devenue facile et l'essoufflement a diminué longtemps avant la disparition de ces masses graisseuses de l'abdomen, dont la persistance doit singulièrement gêner le mouvement du poumon quand il se dilate dans le sens vertical.

La diminution de l'essoufflement, chez l'homme ou chez le cheval qu'on entraîne, tient bien moins à la liberté plus grande du poumon par diminution de la graisse qui l'avoisine, qu'à la moindre production de l'acide carbonique par suite de la disparition des provisions des tissus combustibles qui donnaient naissance à une trop grande quantité de ce gaz.

Les sujets habitués au travail de vitesse acquièrent très vite la faculté de ne pas s'essouffler, parce que le travail de vitesse est celui qui fait le plus promptement disparaître les tissus graisseux.

La combustion des tissus graisseux par le fait même du travail explique d'une manière satisfaisante pourquoi la pratique de l'exercice musculaire diminue la tendance de l'homme à s'essouffler. L'homme entraîné n'a plus dans son organisme les éléments capables de produire cette surabondance d'acide carbonique cause de la gêne respiratoire excessive qu'il éprouvait avant de s'habituer à l'exercice. La disparition de ces tissus riches en hydrogène explique aussi la moindre tendance de l'homme entraîné à transpirer. La sueur est composée en majeure partie d'eau, et l'oxydation d'un élément riche en hydrogène devait tendre à donner naissance à un excès de sécrétion aqueuse.

L'essoufflement n'est pas la seule forme de la fatigue, de même que les graisses ne sont pas les seuls tissus de réserve. Il se produit, par le travail, des déchets de combustion azotés qui ne peuvent dériver des tissus hydrocarbonés. Il y a parmi les tissus de réserve des éléments albuminoïdes, et c'est d'eux que dérivent les substances azotées excrétées par l'urine et qu'on voit diminuer quand l'organisme a été soumis depuis longtemps à la pratique assidue de l'exercice musculaire.

Ces tissus ont, dans la production de la Courbature, le même rôle qui appartient à la graisse dans la production de l'essoufflement. Le tissu graisseux, en se brûlant, donne naissance à de l'acide carbonique et autres produits riches en carbone et en hydrogène; les tissus azotés produisent, en subissant les combustions, toute une série de composés riches en azote, dont l'acide urique et les diverses substances extractives sont les types. Selon nous, — et nous espérons l'avoir démontré par des arguments suffisamment probants (1), — les déchets azotés de combustion qui se forment pendant le travail et séjournent dans le sang à sa suite sont la cause des malaises généraux, fébriles ou non fébriles, qui constituent la fatigue consécutive ou Courbature.

Chez l'homme accoutumé au travail, les malaises consécutifs de l'exercice ne se produisent pas. C'est là un des résultats les plus frappants de l'entraînement, et ce résultat serait tout à fait inexplicable si on n'admettait pas que l'exercice journalier fait disparaître du corps l'élément organique auquel sont dus les phénomènes de la fatigue consécutive. Cet élément, selon nous, c'est la réserve azotée que renferment les muscles. Nous pensons

(1) Voir pages 118 et suivantes.

que cês matériaux de réserve azotée siègent dans le muscle lui-
même ; les faits d'observation montrent, en effet, que les hommes
habitués à une forme déterminée de l'exercice perdent leur
immunité pour la fatigue et peuvent éprouver les effets généraux
de la courbature, s'ils veulent s'adonner à un exercice différent,
exigeant l'entrée en jeu de muscles qui n'ont pas encore été
modifiés par le travail et n'ont pas encore perdu leurs tissus de
réserve.

L'exercice modifie donc le muscle non seulement en faisant
grossir ses éléments, mais encore en changeant sa structure, en
éliminant de l'organe non seulement la graisse, mais encore les
éléments azotés capables de donner lieu à des déchets de combustion surabondants, d'où résultent l'auto-intoxication de l'organisme et la fatigue générale consécutive.

Ainsi, plus on analyse les faits du travail, plus on voit que la
répétition fréquente des mouvements musculaires produit, dans
la nutrition des tissus vivants, des modifications matérielles capables de mettre l'organisme à l'abri des malaises divers de la fatigue.

CHAPITRE III.

MODIFICATION DES FONCTIONS PAR LE TRAVAIL.

Augmentation de la contractilité du muscle. Perfectionnement probable de la conductibilité du nerf. Perfectionnement des facultés de coordination du mouvement. — L'éducation du sens musculaire. — La domination des réflexes par la volonté; régularisation des mouvements respiratoires.
Modifications du système nerveux par l'exercice des muscles. — Modifications matérielles subies par la substance nerveuse. Sont-elles purement hypothétiques ? — Une observation du docteur Luys. — Les modifications fonctionnelles du système nerveux. — La *mémoire* de la moelle épinière; son utilité dans l'exécution des actes fréquemment répétés.
Les modifications psychiques dues à l'accoutumance au travail. — L'adresse. — Le courage physique. — Incroyable énergie des boxeurs.

Nous avons étudié les modifications matérielles que subit l'organisme sous l'influence du travail ; nous venons de voir comment l'exercice, puissant modificateur du mouvement de nutrition, a le pouvoir de transformer les organes et de changer profondément la structure des tissus du corps. L'homme accoutumé à travailler présente des particularités importantes dans sa conformation extérieure, et en offre aussi de très caractéristiques dans sa structure intime. Tous les rouages de la machine humaine se sont adaptés peu à peu au fonctionnement plus intense qui leur était journellement demandé, et ont acquis un perfectionnement matériel qui les rend plus aptes à fonctionner.

L'homme s'est physiquement transformé sous l'influence de l'exercice et, si l'on veut résumer en deux mots les changements qui sont survenus dans son organisme, en passant d'une existence inactive à des habitudes de travail, il faut dire que toutes les parties de l'organisme capables de favoriser l'exécution du travail se sont développées et que tous les matériaux qui pouvaient être une cause de gêne dans l'exécution des mouvements ont subi une diminution de volume et tendent à disparaître.

De ces deux ordres de modifications organiques résultent deux aptitudes différentes qui s'acquièrent par le fait de l'accoutumance au travail : aptitude à produire des mouvements plus énergiques, par suite du développement plus grand des organes moteurs ; aptitude à supporter plus longtemps des efforts musculaires intenses par suite de la disparition des tissus de réserve dont les produits de désassimilation trop abondants amenaient l'auto-intoxication du corps, cause la plus efficace des accidents de la fatigue.

Les changements matériels survenus dans le corps humain à la suite du travail régulièrement supporté peuvent expliquer en grande partie l'augmentation de la force et la résistance à la fatigue. Mais on n'aurait qu'une idée incomplète des bénéfices dus à l'accoutumance, si on ne faisait la part d'un autre perfectionnement acquis par l'homme qui exerce ses muscles : c'est le perfectionnement de toutes les fonctions qui interviennent directement ou indirectement dans l'exécution du travail.

I.

Sous l'influence d'un exercice journalier bien dirigé, les muscles ne deviennent pas seulement plus volumineux et plus fermes : ils deviennent aussi plus contractiles. « Les muscles d'un homme « *entraîné* se contractent avec une force extraordinaire sous l'in- « fluence du choc électrique (1), » disait, il y a déjà longtemps, Royer-Collard dans son Mémoire sur l'entraînement des boxeurs anglais. La fibre musculaire acquiert par l'exercice une augmentation de sa propriété contractile et peut répondre plus vigoureusement aux ordres de la volonté, aussi bien qu'aux excitations d'une pile électrique. Aussi observe-t-on qu'à volume égal un muscle habitué à se contracter est plus fort qu'un muscle demeuré longtemps inactif.

Le même perfectionnement s'observe dans les fonctions respiratoires sous l'influence du travail. Les poumons n'ont pas seulement acquis plus de développement par l'exercice : ils ont gagné, en outre, une aptitude plus grande à exécuter leurs mouvements avec calme et régularité, au milieu des perturbations violentes qu'apporte le travail dans l'organisme. Chez l'homme habitué à l'exercice violent, la respiration garde longtemps son

(1) ROYER-COLLARD, *Mémoire à l'Académie*, 1842.

rythme régulier, tandis qu'elle est promptement troublée par le travail chez l'homme accoutumé à l'inaction.

Le cœur lui-même, outre qu'il acquiert par un exercice bien dirigé une structure plus favorable au travail, en se dépouillant de la graisse qui pouvait le surcharger, le cœur, disons-nous, acquiert un fonctionnement plus régulier. Il tend à perdre cette impressionnabilité excessive qui, chez l'homme débutant dans l'exercice, le mettait promptement en émoi au moindre changement dans la tension artérielle, à la moindre élévation de température du sang : il ne s'affole plus sous l'influence des mouvements violents.

Une comparaison pourra être utile pour préciser ces faits, plutôt que pour les expliquer, — car aucune explication physiologique satisfaisante ne saurait jusqu'à présent en être donnée. Un homme qui s'accoutume au travail perfectionne ses organes, et devient pareil à un ouvrier qui exécute sa tâche avec de meilleurs outils. Mais l'ouvrier apprend de jour en jour à se servir de ses outils et finit par en tirer le meilleur parti possible. De même, l'homme qui exerce chaque jour son corps devient plus apte à utiliser ses organes, et leur fait rendre plus de travail parce qu'il sait mieux s'en servir.

Les perfectionnements purement fonctionnels qu'on observe dans le jeu des organes par le fait de l'exercice ne sont nulle part aussi frappants que dans l'exécution des mouvements.

Chaque mouvement, même le plus localisé en apparence, est, ainsi que nous l'avons dit avec détails, un acte nécessitant le concours de plusieurs muscles, les uns synergiques, les autres antagonistes. C'est au système nerveux central qu'appartient le rôle de grouper dans un travail d'ensemble tous les muscles qui doivent concourir à un même mouvement, et de donner à chacun le degré d'action qui lui convient.

Supposons un certain nombre d'hommes employés à déplacer de lourds fardeaux. Si ces hommes, quoique très vigoureux, sont mal dirigés, si leurs mouvements se contrarient, si leurs tractions ou leurs poussées ne se font pas avec ensemble, ils ne pourront pas faire à dix la besogne que feraient cinq hommes bien commandés et habitués à travailler ensemble.

De même, un gymnasiarque ayant à sa disposition des muscles bien exercés, c'est-à-dire habitués à concourir au même mouvement, fera plus de travail qu'un homme d'une force supérieure, mais ne sachant pas se servir de ses membres.

Le travail que peut produire un homme ne dépend pas seulement de la force réelle de ses muscles, mais de la manière dont
il sait l'utiliser.

L'éducation des muscles produit une économie de force dans
les mouvements. Toute contraction musculaire chez un homme
bien exercé a un effet direct et utile au mouvement cherché ; chez
l'homme inhabile, beaucoup de muscles sont paralysés dans leur
effet par l'intervention maladroite d'un muscle antagoniste ; ce
n'est qu'à la suite de tâtonnements inconscients et souvent répétés
que la volonté sait à quel muscle elle doit s'adresser pour obtenir
le mouvement voulu. Chaque mouvement se perfectionne par l'apprentissage, parce que l'exécution finit par en être confiée aux
muscles les plus aptes à l'exécuter.

On serait tenté de croire que chaque muscle a une destination
fixée à l'avance, et qu'il suffit de vouloir déplacer une partie du
corps dans une direction donnée pour trouver immédiatement le
groupe musculaire auquel doit être confiée l'exécution du mouvement ; les actes ordinaires de la vie s'exécutent sans tâtonnement,
et il suffit de vouloir un mouvement usuel des bras et des jambes
pour l'exécuter. En général, il est facile à un homme et même à
un singe d'imiter très fidèlement un mouvement ou une attitude
qu'on lui montre, parce que généralement il s'agit d'actes musculaires déjà exécutés maintes fois par celui qui les reproduit. Mais il
n'en est pas de même pour les actes nouveaux auxquels le corps
n'est pas accoutumé, et il faut une pratique assidue pour apprendre certains mouvements qu'on ne connaissait pas, ou même
pour perfectionner des mouvements que l'on connaissait déjà.

Il n'est qu'une manière utile d'étudier les mouvements : c'est
d'en faire. En agissant soi-même, on comprend aisément qu'il y
a pour chaque acte, même le plus insignifiant, plusieurs procédés dont les variantes échappent presque toujours au spectateur, mais sont ressenties par l'acteur du mouvement. On arrive
par l'apprentissage à faire un choix parmi ces différents procédés
et à prendre, naturellement, celui qui représente la plus grande
économie de force pour le même travail.

De là la grande difficulté d'évaluer la force réelle d'un individu
en se basant sur la mesure de son effort. On peut soutenir qu'un
dynamomètre quel qu'il soit ne donne pas la mesure exacte de la
force de l'homme, parce qu'il y a une manière de frapper, de tirer
ou de presser sur le dynamomètre.

Quoi de plus brutal en apparence et de moins soumis à l'édu-

cation musculaire, de moins indépendant de la dextérité du sujet,
que le fait de frapper *à tour de bras* sur une enclume avec un
lourd marteau ? Pourtant la force du choc ne dépend pas seulement de la vigueur du forgeron. Tout le monde a pu voir dans les
foires une sorte d'appareil dynamométrique composé d'un poteau
élevé au bas duquel se trouve un plateau horizontal. L'homme
qui veut mesurer sa force frappe sur ce plateau avec un marteau
à long manche. Le choc du marteau se communique, à l'aide d'un
mécanisme, à une poupée mobile qui monte verticalement le
long du poteau. La hauteur à laquelle s'élève la poupée mesure
la force du coup de marteau. Or, généralement, les hommes les
plus vigoureux ne font pas monter la poupée à une aussi grande
hauteur que le propriétaire de la machine, souvent de force très
ordinaire, mais qui a eu le loisir de faire l'apprentissage de son
engin et de la manière de s'en servir. Il y a manière de frapper un
coup de marteau ; ceux qui ne connaissent pas le tour de main
à donner *retiennent le coup*, c'est-à-dire font intervenir dans le
mouvement des muscles dont la contraction est contraire à son
exécution. De l'action antagoniste de ces muscles résulte l'amor-
tissement du choc, et, quoique la dépense de force musculaire
soit plus considérable, puisqu'il entre en jeu un plus grand
nombre de muscles, le résultat apparent est moindre.

Il y a une manière de marcher, une manière de courir, une
manière de soulever un fardeau avec le moins d'effort possible.
L'habitude de pratiquer un exercice aboutit donc à une diminution de dépense musculaire, à une économie de travail d'où résulte l'augmentation apparente des forces de l'homme exercé.

L'influence de l'éducation ou de l'apprentissage spontané ne se
fait pas seulement sentir sur les mouvements musculaires :
toutes les grandes fonctions modifient leur jeu pour l'adapter
aux exigences de l'acte qu'on leur demande chaque jour. Si le
pianiste apprend à mouvoir ses doigts avec précision et rapidité,
le chanteur apprend à respirer avec ampleur et à mesurer son
souffle de façon à ne pas couper le chant par une inspiration in-
tempestive.

Dans les exercices violents, l'éducation de la respiration a une
importance capitale. Les coureurs expérimentés arrivent à dominer les effets réflexes du mouvement respiratoire, et à faire des
respirations amples et profondes, tandis que les débutants, obéis-
sant sans résistance aux besoins de leurs poumons novices,

s'essoufflent par des mouvements trop précipités et trop raccourcis du thorax. On peut arriver à régler sa respiration à l'aide de certains principes méthodiques enseignés, mais on y arrive, sinon aussi vite, du moins aussi sûrement, en se laissant aller aux tâtonnements plus ou moins conscients qui accompagnent tout exercice nouveau.

En résistant tous les jours à un mouvement réflexe primitivement irrésistible, il n'est pas impossible d'arriver à dominer ce mouvement. Les personnes qui retiennent leurs larmes ou leur rire, qui étouffent un éternuement ou arrêtent une quinte de toux, sont la preuve que la volonté énergiquement tendue peut lutter d'une façon efficace contre une impulsion instinctive et un besoin organique.

Par contre, on peut arriver, en se laissant aller aux mouvements spontanés, à se créer de véritables maladies. Certains malades, en prenant l'habitude de tousser avec excès, finissent par créer de toutes pièces des *toux* . *rveuses*, contre lesquelles tous les remèdes échouent parce qu'on n'emploie pas le bon qui serait un effort tenace de la volonté.

L'éducation des réflexes, l'empire pris sur les organes, en un mot l'asservissement des mouvements habituellement spontanés aux ordres de la volonté, peuvent donc amener une grande diminution de la fatigue dans les exercices de corps.

II.

Les modifications purement fonctionnelles qui surviennent dans l'organisme par l'effet de l'accoutumance ne peuvent être attribuées à un autre facteur qu'à l'agent régulateur des fonctions organiques, c'est-à-dire au Système Nerveux.

C'est le système nerveux qui préside à toutes les fonctions, et tient sous sa domination le jeu de tous les organes. S'il survient un trouble dans la structure, la nutrition, ou simplement dans le fonctionnement du système nerveux, on observe immédiatement que les fonctions organiques subissent des perturbations diverses, et cela malgré l'intégrité parfaite des appareils qui les exécutent. Du côté des muscles on voit des paralysies, des contractures, des convulsions succéder aux plus légères lésions du cerveau, de la moelle épinière ou des nerfs. On voit aussi, du côté des organes internes, des troubles profonds se manifester dans la fréquence, le rythme ou l'intensité des mouvements du cœur et du poumon, et cela en l'absence de toute lésion des appareils de la respiration et de la circulation, et sous l'influence unique d'un trouble passager de circulation dans certains points des centres nerveux. Enfin, les glandes elles-mêmes peuvent présenter une perversion complète de leurs sécrétions sous l'influence des moindres lésions subies par les nerfs qu'elles reçoivent.

On ne peut, de même, attribuer qu'au système nerveux, et aux modifications que peuvent subir ses éléments, les perfectionnements observés dans le jeu des organes, dans le cas où ces organes ne présentent pas des changements de structure capables de les expliquer. — Si un muscle, après avoir acquis le summum de développement auquel il peut atteindre, continue à augmenter de puissance par l'effet du travail, et cela tout en cessant de s'accroître, on ne peut attribuer cet accroissement purement *dynamique* de sa puissance, qu'à un changement, — connu ou non, — dans la partie du système nerveux qui préside à ses mouvements.

Or, en étudiant la structure des nerfs chez un homme accoutumé au travail, on n'y constate aucun changement appréciable, pas plus que dans celle du cerveau et de la moelle épinière. Entre la substance nerveuse d'un homme adonné à l'exercice corporel, et celle d'un homme qui ne fait pas agir ses muscles, il est impossible de constater aucun caractère différentiel rappelant les changements si tranchés que produit sur la fibre musculaire l'état de travail comparé à l'état d'inaction. Et pourtant l'esprit se refuse à admettre que la loi de transformation des organes par l'exercice puisse atteindre tous les appareils organiques du corps à l'exclusion d'un seul. Il est prouvé que la substance grise du cerveau est un organe indispensable à l'exécution des mouvements volontaires : comment croire que sa nutrition puisse ne subir aucune influence, et ne conserver aucune trace de ce fonctionnement répété, alors que nous voyons tous les organes associés même indirectement au travail, le poumon et la peau, par exemple, présenter une apparence extérieure et une structure intime qui trahissent à l'œil de l'observateur les habitudes de travail du sujet ?

S'il est démontré que « la fonction fait l'organe », si le travail modifie les appareils à l'aide desquels il s'exécute, l'exercice musculaire doit forcément produire des modifications dans le cerveau, instrument indispensable à l'exécution des mouvements volontaires. Le travail nerveux qui se produit dans la substance grise cérébrale pour actionner le muscle, chaque fois que la volonté commande, doit influencer la nutrition de cette portion du cerveau, aussi bien que la contraction influence la nutrition du muscle.

Les modifications de la cellule cérébrale motrice, sous l'influence du travail musculaire, n'ont pas encore été constatées *de visu*, et l'observation n'a pas encore donné une confirmation directe à ces vues de l'esprit, qui semblent légitimes quand on raisonne par analogie. Pourtant une observation, au moins, a été recueillie, qui peut servir de preuve indirecte à cette hypothèse. C'est l'observation citée par le docteur Luys dans son livre sur le *Cerveau* et prouvant qu'à la suite de la perte de la fonction d'un membre, certaines parties de la substance grise du cerveau subissaient une atrophie, due au défaut d'action des cellules motrices. Si le défaut d'action peut atrophier les cellules qui président à certains mouvements, on ne peut se refuser à admettre que leur mise en activité fréquente doit tendre à leur donner du développement.

Il est donc probable que certaines portions du cerveau qui président au mouvement volontaire se développent par l'exercice musculaire, comme certaines autres parties de cet organe, chargées d'exécuter les opérations de l'esprit, se développent par le travail intellectuel. Certaines portions du système nerveux font partie des organes du mouvement, et nous ne pouvons croire que la loi toujours vérifiée : *la fonction fait l'organe*, ne soit pas vraie pour les éléments nerveux aussi bien que pour les autres éléments associés au travail.

Les modifications matérielles subies par le cerveau, sous l'influence du travail, s'étendent, selon toute probabilité, à la moelle épinière et aux nerfs moteurs.

Le nerf moteur conduit au muscle l'ordre de la volonté, mais nous avons vu (1) que les excitations qui traversent le cordon nerveux s'amplifient en passant à travers ses fibres, ainsi que l'a établi Pfluger en formulant sa loi de l'*avalanche*. Le nerf est un appareil de renforcement, en même temps qu'un organe conducteur. Il y a tout lieu de croire qu'une modification moléculaire encore inconnue augmente son pouvoir amplifiant et permet ainsi à un effort de volonté plus modéré de faire contracter le muscle avec une énergie plus grande. En tout cas, l'homme habitué à mouvoir ses muscles semble en obtenir, sans effort, un travail

(1) 1re partie, chapitre I.

beaucoup plus considérable, et cela sans que l'augmentation des fibres musculaires soit suffisante pour expliquer la facilité plus grande avec laquelle elles se contractent. Le nerf semble transformer une excitation modérée qui le traverse en une excitation énergique, et l'homme habitué au travail exécute, *sans effort de la volonté*, des mouvements qui lui coûtaient auparavant une tension volontaire excessive.

Quant à la moelle épinière, elle acquiert, par le fait du travail, des aptitudes qui ne pourraient se comprendre sans une modification organique concomitante; elle garde la mémoire des mouvements souvent répétés, et l'on peut voir, chez un animal privé du cerveau, s'exécuter automatiquement des actes musculaires compliqués, tels que la marche, dans lesquels la volonté consciente n'intervient plus. La mémoire de la moelle épinière est d'un grand secours dans l'exécution de certains mouvements demandant une coordination rapide. La faculté d'automatisme acquise par l'exercice de tous les jours nous vient en aide à chaque instant dans l'exécution des mouvements difficiles et rapides. En escrime, par exemple, bien des parades souvent exécutées sont devenues automatiques et se font avec une telle vitesse, que nous n'aurions pas le temps d'en coordonner successivement tous les mouvements. Comment la moelle épinière aurait-elle la faculté de reproduire automatiquement, et sans l'aide consciente du cerveau, un mouvement très compliqué, si l'exécution répétée de ce mouvement n'avait imprimé dans les tissus nerveux qui le provoquent des modifications persistantes?

Trouvera-t-on étrange d'entendre parler d'un mouvement qui laisse son empreinte matérielle dans le tissu nerveux? Mais n'aurait-on pas trouvé étrange, il y a vingt ans, d'entendre dire que la parole articulée à haute voix pût laisser sur une feuille métallique une empreinte capable de la reproduire? Et pourtant le *phonographe* nous a prouvé que ce phénomène n'était pas une chimère de l'esprit.

Ainsi il est difficile de prouver par des arguments directs que le système nerveux participe aux changements organiques du corps humain, quand celui-ci s'est transformé par le travail. Il sera, sans doute, plus difficile encore de démontrer scientifiquement que les facultés psychiques subissent l'influence de l'exercice musculaire, et se modifient, par le fait même du travail, dans un sens favorable à l'exécution d'un exercice journellement pratiqué.

Et pourtant il est incontestable que certaines facultés de l'âme entrent en jeu dans l'exercice du corps, pour exciter la contraction des muscles et pour coordonner les mouvements; il est incontestable aussi que ces facultés se perfectionnent et se développent par l'exercice physique.

Les facultés qui président à la coordination des mouvements se développent par l'exécution des exercices difficiles, et leur perfectionnement dote le sujet de la qualité qu'on appelle *l'adresse*.

La faculté qui ordonne au muscle d'agir et lui fournit l'excitation indispensable à son entrée en contraction s'appelle la Volonté; elle se développe aussi et se perfectionne par l'usage répété qu'on en fait. Elle manifeste sa supériorité acquise, dans la sphère du mouvement, par une plus grande persistance de l'effort, par une plus grande ténacité dans l'acte musculaire. Le sujet qui, chaque jour, au mépris des souffrances diverses de la fatigue, soutient des efforts musculaires énergiques et prolongés, acquiert une aptitude plus grande à *vouloir*, et de cette aptitude résultent certaines modifications très frappantes dans ses dispositions morales. L'accoutumance au travail donne à l'homme une plus grande énergie de la volonté considérée comme force motrice, et de cette modification d'ordre moral autant que d'ordre matériel résulte une forme particulière de courage, qu'on pourrait appeler le Courage Physique.

Le courage physique augmente manifestement chez l'homme par la pratique des exercices musculaires. C'est presque exclusivement chez les hommes livrés à des travaux pénibles ou adonnés à des exercices violents qu'on observe des traits d'audace ou des actes d'énergie. — Si l'on voit, dans une rue, un passant se jeter à la tête d'un cheval emporté ou chercher à arrêter un malfaiteur dangereux, on peut parier presque à coup sûr que cet homme est un ouvrier habitué à de durs travaux ou un sportsman rompu aux exercices physiques. — La pratique des travaux musculaires et l'habitude des exercices du corps disposent l'homme à braver le danger matériel sous toutes ses formes.

La preuve la plus remarquable du développement du courage physique par le fait de l'accoutumance au travail nous est fournie par le spectacle, assez fréquent en Angleterre, des combats de boxe. La préparation des boxeurs est, de toutes les formes de l'entraînement, celle qui exige l'accoutumance la plus complète du corps à l'activité musculaire poussée aux limites extrêmes. Mais en même temps qu'il acquiert la résistance à la fatigue et l'augmentation de force, résultats ordinaires de l'accoutumance au travail, le boxeur gagne aussi une énergie de volonté, une ténacité dans la lutte qui passent toute croyance.

« Dans une lutte restée célèbre entre les boxeurs Maffey et « Macarthey, qui dura quatre heures quarante-cinq minutes, l'un « d'eux tomba étourdi cent quatre-vingt-seize fois avant de con- « sentir à s'avouer vaincu (1). » — Dans un autre combat, l'un des champions reçut dès la première passe un coup de poing qui lui brisa le bras gauche. Il fit soutenir par une écharpe son membre fracturé, et soutint l'assaut pendant cinq quarts d'heure encore, jusqu'au moment où un dernier coup le laissant plusieurs minutes sans connaissance le força à s'avouer vaincu.

Cette incroyable force de volonté qui le fait rester ferme devant des coups si terribles, le boxeur ne la puise pas dans la colère. C'est un axiome de pugilat qu'« un boxeur qui ne sourit plus est un boxeur vaincu (2) ». Quand le rictus de la rage vient remplacer le sourire sur les lèvres d'un des champions, les parieurs expérimentés l'abandonnent et son adversaire devient le favori. C'est l'entraînement seul, c'est-à-dire l'accoutumance aux efforts musculaires violents et prolongés qui donne une si surprenante énergie à ces hommes que Royer-Collard déclarait « si différents des autres hommes ».

(1) ROYER-COLLARD, *loc. cit.*
(2) LEBOUCHER, *Manuel de boxe,*

CHAPITRE IV.

L'ENTRAÎNEMENT.

Acceptions diverses du mot *entraînement*. — L'entraînement, tel que nous l'enten-
dons ici, est l'adaptation de l'organisme au travail. — Entraînement naturel, et
entraînement méthodique. Les méthodes d'entraînement ; rareté de leur application
à l'homme dans notre pays ; leur pratique très répandue en Angleterre. — Entraînement des boxeurs. — Entraînement des rameurs. Un spécimen de la méthode.
Explication physiologique des faits. — La *déperdition ;* le régime alimentaire ; les
soins de la peau. — Importance capitale du travail musculaire dans l'entraînement.
Le tempérament de l'homme entraîné. Utilité et inconvénients de la condition d'entraînement.

I.

Nous appelons *entraînement* un ensemble de pratiques ayant
pour but de rendre le plus complètement et le plus promptement
possible un homme ou un animal aptes à supporter un travail
donné.

Le mot d'entraînement est souvent pris dans une acception
moins limitée. On l'emploie comme synonyme de « préparation »,
et on l'applique à des méthodes dans lesquelles le travail musculaire n'entre pour rien. Ainsi on *entraîne* les plongeurs, pour les
rendre aptes à résister au besoin de respirer ; on *entraîne* des
jockeys pour les rendre moins lourds, et faciliter le travail des
chevaux qui les portent ; on applique même ce mot à des faits
d'ordre intellectuel, et on dit que l'*entraînement* cérébral rend
l'homme plus apte à apprendre.

En réalité, toutes les nuances de l'entraînement peuvent se
ramener à un même fait : adaptation de l'organisme à certaines
conditions particulières de fonctionnement. Le fait d'être *entraîné*
implique une modification subie par les organes ; il est permis de
croire que le cerveau d'un homme de science ne ressemble pas à
celui d'un portefaix ; il est sûr qu'un boxeur en parfaite *condition*
ne présente pas la conformation d'un homme de cabinet.

Mais il faut dire que les modifications de structure acquises par les organes sous l'influence de l'entraînement ne sont pas très profondes; elles se gagnent très vite, et se perdent en très peu de temps.

Un homme entraîné est un homme qui s'est fait momentanément un tempérament particulier. Il a acquis une conformation nouvelle qui lui donne des aptitudes spéciales, mais il n'a pas changé sa nature : qu'il retombe dans la condition de vie d'où l'entraînement l'a fait sortir, et il perd du même coup toute la supériorité qu'il avait acquise. Pour se conserver en état d'entraînement ou, comme disent les entraîneurs, en *condition*, il faut persister dans les pratiques auxquelles sont dus la conformation plus parfaite des organes et leur fonctionnement plus facile.

Au point de vue de l'exercice musculaire, l'état d'entraînement résulte inévitablement de l'accoutumance au travail. Toutes les professions exigeant une très grande dépense de force musculaire maintiennent les sujets qui s'y adonnent en état de *condition* parfaite : elles les rendent aussi forts et aussi résistants que leur tempérament natif le comporte.

Une vie très active et très laborieuse suffit donc pour amener à la longue l'aptitude au travail et la résistance à la fatigue, sans qu'il soit nécessaire d'y ajouter les pratiques d'hygiène et les observances de régime que recommandent les entraîneurs de profession. Les loups n'ont pas besoin de s'abstenir de certains aliments ou de rationner l'eau qu'ils boivent pour acquérir des muscles durs comme du fer et des poumons qui ne connaissent pas l'essoufflement.

Il faut pourtant reconnaître que les bénéfices du travail s'acquièrent avec une étonnante rapidité, quand le sujet se soumet à une certaine réglementation de l'exercice, et à certains soins accessoires du corps qui constituent une méthode très en honneur dans certains pays, sous le nom d'*entraînement*.

Cette méthode n'est pas encore vulgarisée chez nous. En France, la masse du public ne connaît l'entraînement que par les chevaux de course et par les jockeys, et ne voit en eux que des êtres efflanqués qu'on a dû faire jeûner à outrance pour les réduire à une telle légèreté.

Cette légèreté n'est qu'apparente chez les chevaux de course, et généralement ces animaux, anguleux et desséchés, pèsent au moins autant, et quelquefois un peu plus, qu'avant l'entraînement. Seulement la nature de leurs tissus n'est plus la même : le régime auquel ils ont été soumis a fait disparaître tous les matériaux inutiles au mouvement et a développé au contraire les tissus nécessaires au travail. Leur graisse a presque entièrement disparu et a été remplacée par des muscles.

L'entraînement des jockeys ne produit guère que la moitié de ce résultat. Chez eux le tissu graisseux disparaît, mais le tissu musculaire n'augmente pas ; de cette façon la perte n'est pas compensée par une recette, et la masse du corps diminue. Pour le jockey, on ne se préoccupe pas de l'augmentation de la force musculaire, mais de la diminution du poids, puisque le but cherché est de mettre sur le dos du cheval un homme aussi léger que possible.

L'entraînement du jockey ne peut nous servir de type, dans cette étude ; c'est même faire abus de langage que d'appeler *entraîné* un homme qu'on fait maigrir par tous les moyens possibles sans chercher à développer en lui aucune énergie spéciale. L'entraînement, tel que nous le comprenons, suppose l'acquisition de certaines qualités actives, d'une certaine supériorité dans l'exécution des mouvements spéciaux d'un exercice. Pour le jockey, nous appliquerions plutôt le mot d'entraînement à la période de temps pendant laquelle il fait le rude apprentissage de l'équitation de course. L'homme auquel est confié le dressage d'un jeune poulain de pur sang subit, en effet, un véritable entraînement, dans le sens complet du mot ; car les défenses de son élève lui donnent l'occasion de faire travailler vigoureusement tous les muscles qui concourent à maintenir un cavalier en selle, et ces muscles sont très nombreux.

En France, les écuries de course ont des *entraîneurs* pour leurs chevaux. En Angleterre il y a des entraîneurs pour hommes, qui préparent leur sujet soit à la course à pied, soit à la course à la rame, soit au combat de boxe. La manie des paris est le mobile et le point de départ de ces méthodes destinées à donner au champion toutes les chances de gain possibles ; mais une résistance inouïe à la fatigue, une vigueur qui dépasse toute croyance, et au total une santé parfaite, en sont la conséquence.

Voici les faits que Royer-Collard, en 1842, vint exposer devant l'Académie de médecine à propos des résultats de l'entraînement méthodique qui produit cet échantillon de l'homme arrivé au summum du développement de la force et de la résistance, qu'on appelle le Boxeur :

« L'homme qui a subi l'entraînement n'a pas sensiblement

« perdu de son poids, à moins qu'il ne fût atteint d'obésité avant
« d'entrer en *condition*. Le plus souvent même, il pèse quelques
« livres de plus, mais ses membres ont singulièrement augmenté
« de volume. Les muscles en sont durs, saillants, très élastiques
« au toucher ; ils se contractent avec une force extraordinaire
« sous l'influence du choc électrique. L'abdomen est effacé , la
« poitrine saillante en avant ; la respiration ample, profonde, ca-
« pable de longs efforts. La peau est devenue ferme, lisse, net-
« toyée de toute éruption. On note que les portions de la peau
« qui recouvrent la région axillaire et les côtés de la poitrine ne
« tremblotent pas pendant les mouvements des bras ; qu'elles
« paraissent au contraire parfaitement adhérentes aux muscles
« sous-jacents. Cette fermeté de la peau et la densité du tissu
« cellulaire, résultant l'une et l'autre de la résorption des liquides
« et de la graisse, s'opposent à la production des épanchements
« séreux. » *(Comptes rendus Acad. de médecine.)*

Voici maintenant, d'après le même auteur, de quoi sont capables
dans la lutte les hommes dont on vient d'exposer la structure :

« Les boxeurs sont nus jusqu'à la ceinture et cherchent à
« se lancer de vigoureux coups de poing depuis la tête jusqu'à
« l'ombilic. Si l'un d'eux est renversé étourdi par la violence de
« l'assaut, on lui accorde une minute de repos. Avant que la mi-
« nute entière soit écoulée, il se relève et recommence la lutte ;
« sinon il est déclaré vaincu. Des boxeurs ordinaires, dans un
« combat d'une heure et demie, s'arrêtent ainsi trente à quarante
« fois.

« La durée du combat varie de quelques minutes à quatre ou
« cinq heures. On conçoit que des blessures graves, et même la
« mort, puissent en être le résultat. On en a vu de tristes exemples,
« mais c'est là une circonstance extrêmement rare. Le plus sou-
« vent, chose remarquable, il ne reste plus, après quelques jours,
« aucunes traces de ces coups si terribles.

« Une force prodigieuse, une adresse singulière, une insensibi-
« lité aux coups qui passe toute croyance, et en même temps une
« santé parfaite, tels sont les phénomènes que nous présentent
« ces hommes, assurément bien différents des autres hommes ».

Pour amener un homme à ce point de vigueur et de résistance à la fatigue, il suffit de six semaines. Pendant ce temps si
court, le sujet est soumis à un travail musculaire d'une intensité
graduellement croissante ; mais il doit s'astreindre aussi à un

régime alimentaire particulier et à des pratiques d'hygiène spéciales.

Toutes les pratiques de l'entraînement ont pour objectif un double but : 1° développer l'énergie musculaire du sujet ; 2° augmenter sa résistance à la fatigue. Ces deux résultats sont atteints à l'aide de moyens appliqués empiriquement et dont on a constaté par l'expérience les excellents effets, sans les expliquer, jusqu'à présent, d'une manière satisfaisante. Pour se faire une idée des procédés habituellement usités par les entraîneurs, il suffira de lire le compte rendu de l'entraînement d'un certain J. G, garçon boucher, qui se préparait à une course de régates, sous la direction de M. Symes.

Cet entraînement ressemble beaucoup à celui des boxeurs, car il a pour but de développer toute la puissance musculaire du sujet, et d'augmenter jusqu'aux dernières limites possibles sa résistance à la fatigue. Il en diffère pourtant, par un détail important : c'est la nécessité d'alléger autant que possible le poids du rameur, afin de diminuer la charge de l'embarcation qu'il conduit. Aussi remarquera-t-on que le sujet de l'observation citée a perdu 37 livres (anglaises), tandis que les boxeurs conservent le même poids après avoir subi leur préparation qu'avant de s'y soumettre. — Nous empruntons cette observation à l'ouvrage du docteur Worthington sur « l'Obésité ».

Voici le régime suivi, et ses résultats :

« *1er avril.* — Se lever à six heures du matin, prendre
« 40 grammes de sulfate de magnésie, se promener doucement
« pendant une demi-heure.

« Huit heures du matin : déjeuner composé d'une côtelette de
« mouton ou d'un beefsteak, de cresson, une demi-pinte de thé
« avec un peu de lait et de sucre, petite quantité de pain sec ou
« pain grillé.

« De neuf heures du matin à midi, se promener à la vitesse de
« 3 milles par heure.

« Une heure après midi : dîner composé de bœuf ou mouton
« (maigre) rôti, saignant ou bien cuit selon le goût, légumes verts,
« trois quarts de pinte de vieille ale, pain rassis en petite quantité.

« De deux heures à quatre heures après midi, se promener à la
« vitesse de 3 milles par heure.

« Cinq heures après midi, demi-pinte de thé, pain sec ou pain
« rôti, deux œufs crus dans le thé, ou deux œufs à la coque peu
« cuits.

« De six heures à huit heures du soir, se promener à la vitesse de
« 3 milles par heure.

« Neuf heures du soir : souper, demi-pinte de vieille ale avec un
« morceau de pain sec ; se promener doucement pendant une
« demi-heure.

« Dix heures du soir : se coucher.

« Même régime continué pendant trois jours.

« *4 avril.* — Se lever à six heures du matin ; se promener dou-
« cement pendant une demi-heure.

« Huit heures du matin : déjeuner comme avant.

« Dix heures du matin : s'habiller de plusieurs habits complets
« de flanelle pour la déperdition (*wasting*) ; marcher *pendant deux*
« *heures aussi rapidement que possible, et ensuite prendre une*
« *douche immédiatement en rentrant, la transpiration étant à*
« *son maximum.* Un petit verre de vin de Xérès ou un quart de
« pinte de vieille ale, si la soif est insupportable.

« Une heure trente minutes après midi : dîner comme avant.

« Deux heures trente minutes à quatre heures après midi : se
« promener assez rapidement (3 milles par heure).

« Quatre heures après midi : ramer 2 milles.

« Cinq heures trente minutes : thé comme avant.

« *5 avril.* — Résultat de la course de déperdition : *perte de*
« *poids, 8 livres (anglaises).*

« Exercice avant déjeuner, déjeuner comme aux jours précé-
« dents.

« Onze heures trente minutes du matin : ramer 2 milles, douche
« froide en sortant du bateau.

« Midi et demi : verre de Xérès ou un quart de pinte de vieille ale.

« Une heure trente minutes après midi : dîner comme avant.

« Deux heures trente minutes à quatre heures après midi : mar-
« cher rapidement.

« Quatre heures après midi : ramer 1 mille aussi *rapidement*
« *que possible.*

« Cinq heures trente minutes : thé.

« Neuf heures du soir : souper.

« Dix heures du soir : se coucher.

« *6 avril.* — Même régime : ramer deux fois par jour 2 milles,
« chaque course suivie de douche froide. Continuer jusqu'au
« 14 avril.

« *14 avril.* — *Perte de poids par exercice : 7 livres (an-*
« *glaises).*

« Deuxième déperdition : même régime sous tous les rapports
« que celui du 4 avril.

« *15 avril*. — Résultat de la deuxième déperdition : perte de
« poids, 4 livres.

« Continuer le régime ordinaire, c'est-à-dire sans la déperdition,
« jusqu'au 23 avril. — Perte de poids par exercice, 7 livres.

« *27 avril*. — Troisième déperdition : perte de poids, 3 livres.

« Jusqu'au 7 mai, régime ordinaire de l'entraînement : perte de
« poids par exercice, 5 livres.

« *8 mai*. — Quatrième déperdition : perte de poids, 3 livres.

« Jusqu'au *15 mai*, jour de la course, régime ordinaire de
« l'entraînement ; pas de perte de poids. »

L'entraînement avait duré six semaines et avait amené une
perte de poids de 37 livres. Il est curieux de voir combien ce
résultat si rapide a été peu persistant chez le même sujet.

« Le *15 juin*, — un mois après, — le même individu se pré-
« sente pour faire l'entraînement en vue d'une course de 2 milles
« à la rame. Sous l'influence de ses habitudes antérieures, *il
« avait regagné en poids 21 livres*. Comme il était fort pressé
« par le temps, son entraînement ne dura que huit jours.

« Ce court délai fut pourtant suffisant pour le débarrasser de
« ses 21 livres et le mettre en état de gagner facilement sa
« course. »

Cette observation nous montre avant tout le peu de stabilité
des modifications produites par les pratiques de l'entraînement.
On voit que le sujet avait repris en un mois, par le retour à ses
habitudes de vie, la conformation que l'exercice violent et les
manœuvres de *déperdition* avaient si profondément modifiée en
six semaines.

Si l'on analyse la méthode de M. Symes, on y remarque deux
ordres de pratiques : les unes destinées à augmenter le volume
des muscles par le travail ; les autres ayant pour but de diminuer la masse des tissus mous à l'aide d'évacuations de toute
espèce.

On sait que les muscles grossissent par le fait même de l'exercice, et il est inutile d'insister pour faire comprendre combien des
muscles devenus plus volumineux augmentent la force du sujet ;
mais il est nécessaire d'expliquer l'efficacité des évacuations pour
augmenter la résistance à la fatigue.

On sait que toute déperdition subie par l'organisme tend à augmenter le pouvoir absorbant des vaisseaux. Les sueurs profuses,

les diurèses abondantes, les évacuations intestinales répétées, les saignées copieuses, augmentent très sensiblement le besoin d'assimiler des liquides. Ce besoin nous excite à produire une sorte de compensation entre les pertes et les acquisitions du sang. Il se satisfait habituellement aux dépens des aliments liquides apportés du dehors, et se traduit par l'augmentation de la soif, mais il se manifeste aussi par une tendance à l'absorption de certains matériaux de l'organisme lui-même. Dans ce cas, le mouvement d'assimilation s'appelle *résorption*.

La thérapeutique utilise souvent la force de résorption compensatrice pour faire disparaître des substances morbides accumulées dans certaines parties du corps. Ainsi les liquides épanchés dans les cavités naturelles ou infiltrés dans l'épaisseur de la peau et des chairs peuvent être résorbés à la suite d'une série de purgations, ou de l'emploi prolongé des diurétiques, et même sous l'influence des sudations répétées. On voit alors les sujets se débarrasser des liquides pathologiques qui les gênaient et diminuer de volume.

Le travail compensateur de résorption ne s'arrête pas aux liquides et se fait souvent sentir à des tissus solides peu stables, tels que la graisse. On voit des sujets perdre leur embonpoint sous l'influence d'une transpiration excessive. C'est en vertu d'une résorption compensatrice que la graisse d'un sujet qui s'entraîne peut diminuer sous l'influence des purgations, et sous celle des suées que provoquent les manœuvres dites « de déperdition ».

Quel est maintenant l'avantage de la résorption des graisses au point de vue de la résistance à la fatigue ? Nous avons eu l'occasion d'en parler à plusieurs reprises et il nous suffira de rappeler sommairement : 1° que la graisse augmente le poids inutile, *le poids mort* du sujet ; 2° qu'elle empêche la réfrigération du corps pendant le travail ; 3° qu'elle augmente, par la combustion de ses éléments carbonés, la production de l'acide carbonique. — Augmentation de travail mécanique pour les mêmes mouvements ; augmentation des souffrances dues à l'échauffement excessif du corps ; augmentation de l'essoufflement pour le même effort musculaire : telles sont les causes de fatigue dues à l'excès de tissus adipeux.

L'amaigrissement du sujet est donc la première étape de l'entraînement. Ce résultat s'obtient par le fait même du travail, par suite de la combustion des tissus de réserve ; mais il est rendu plus rapide par une foule de moyens accessoires, les frictions, les enveloppements dans des linges mouillés, les bains de vapeur, les vêtements extrêmement chauds, etc.

On peut se convaincre par expérience que la disparition de la graisse amène toujours une diminution de certains malaises de la fatigue, et surtout de l'échauffement du corps, et de l'essoufflement. Une série de *suées* à l'étuve disposent bien le sujet aux exercices de vitesse, avant même qu'il n'ait fait aucun travail.

Les autres pratiques de l'entraînement peuvent se résumer en trois préceptes : 1° éviter dans l'alimentation tout ce qui peut favoriser la reproduction de la graisse perdue ; 2° favoriser le fonctionnement de la peau ; 3° fournir à la respiration un air bien oxygéné.

On écarte du régime de l'homme qui s'entraîne les boissons aqueuses, parce qu'elles peuvent, en remplaçant trop vite les pertes faites par la sueur, diminuer la tendance à la résorption des tissus mous. Pour une raison analogue, on lui défend les farineux, les sucres et tous les aliments capables de pousser à la graisse, toutes les substances réputées aliments d'épargne, comme l'alcool.

Les fonctions de la peau ont une grande importance, et leur régularité parfaite est nécessaire à deux points de vue. En premier lieu, la peau est organe de sécrétion : elle élimine les déchets liquides ou gazeux qui résultent des combustions du travail, et nous avons dit que les malaises de la fatigue sont dus pour la plupart à une intoxication du sang par ces déchets. Il y a donc tout avantage, au point de vue de la résistance à la fatigue, à favoriser leur prompte sortie de l'organisme. En second lieu, la peau est un organe respiratoire qui absorbe l'oxygène de l'air, et on sait combien un sang bien oxygéné est vivifiant et plastique.

Il est une autre prescription à laquelle les entraîneurs attachent une très grande importance : c'est la tranquillité d'esprit du sujet. L'homme « en condition » doit être tenu à l'écart de toute préoccupation, de toute émotion dépressive. Il faut éviter à ses nerfs toute espèce d'ébranlement, et le mettre à l'abri de toute sensation trop vive ; aussi lui défend-on les plaisirs de l'amour, aussi bien que les soucis et les peines morales. Nous ajouterons, d'après nos observations personnelles, qu'il faut lui interdire aussi les travaux de l'esprit. Le travail d'esprit s'ajoutant à l'exercice augmente la tendance à la désassimilation des tissus et favorise la *déperdition*, mais il s'oppose à la reconstitution des éléments musculaires; de telle sorte que le sujet livré à la fois aux fatigues intellectuelles et au travail musculaire maigrit promptement et ne peut recouvrer sous forme de muscles les tissus de réserve qu'il a perdus. Il a tendance à tomber dans l'état de surmenage par *épuisement organique*.

Enfin l'aération parfaite du local habité par le sujet est considérée comme une condition capitale du succès de l'entraînement. L'homme qui s'entraîne doit habiter hors des grandes villes et respirer un air vivifiant capable de rendre son sang plus riche en oxygène.

Mais, parmi tous les agents modificateurs de l'organisme utilisés par les entraîneurs, le plus important est le travail. Il peut remplacer tous les autres, et aucun d'eux ne peut le suppléer. Le travail, en effet, est capable à lui seul de produire le double résultat cherché : augmentation du volume des muscles, et diminution des tissus de réserve. Il brûle directement les graisses en les utilisant pour alimenter la contraction musculaire; il les use aussi indirectement en élevant la température du sang, et en échauffant le corps autant que pourrait le faire une étuve ou une surcharge de vêtements. Sous l'influence du travail, des combustions plus intenses se produisent dans les tissus, et une transpiration plus abondante produit la déperdition cherchée par l'entraîneur.

Outre ces effets qui sont communs au travail musculaire et aux moyens accessoires usités dans l'entraînement, il est des résultats que le travail seul peut donner. Et d'abord, la contraction musculaire souvent répétée est le seul moyen de développer les muscles, et par conséquent d'augmenter la force. De plus, il est une forme de la fatigue qui ne peut être atténuée, comme l'essoufflement, par la résorption des tissus graisseux : c'est la courbature. Nous savons en effet que cette forme de la fatigue n'est pas due à des produits résultant de la combustion des graisses, mais bien à des produits dus à la désassimilation de certains tissus azotés, de réserve qui s'accumulent dans les fibres du muscle inactif.

Or, le travail seul semble avoir prise sur ces réserves azotées. Les suées et les déperditions artificielles, qui diminuent beaucoup la tendance à l'essoufflement, ne donnent pas la moindre immunité pour la courbature.

Ainsi tous les résultats obtenus par les moyens accessoires, tels que le régime alimentaire, les purgations et les suées, le travail musculaire à lui seul pourrait les donner. Mais alors le résultat se ferait attendre plus longtemps. Il faut aussi dire qu'il serait plus durable.

Les modifications qu'on observe dans le tempérament de l'être vivant sous l'influence d'un entraînement méthodique se produisent très promptement, mais se perdent avec la plus grande facilité. Six semaines de régime sévère amènent la « condition » parfaite, mais un mois d'interruption fait perdre au sujet tout le bénéfice de l'entraînement et le ramène à la conformation première.

L'observation des faits les plus usuels nous montre au contraire la stabilité des modifications acquises par le fait d'un travail musculaire persistant.

On voit tous les jours des hommes et des animaux soumis à une vie continuelle de travail musculaire acquérir ainsi à la longue la conformation que donne si vite la méthode de l'entraînement. Si un changement complet vient alors à se produire dans leurs habitudes, ils peuvent perdre les attributs de l'homme entraîné, mais ce n'est pas en un mois qu'ils reprennent, comme le sujet cité par Worthington, des tissus de réserve exubérants.

Quand un homme a passé sa vie dans le rude labeur des champs, ou dans la pratique assidue des exercices du corps, il est rare qu'il ne conserve pas une conformation svelte et musculeuse pendant de longues années après avoir abandonné le travail. De même, un bœuf de harnais employé à des travaux pénibles pendant un temps trop long et qu'on veut ensuite préparer pour la boucherie, semble réfractaire à l'engraissement, et sa chair reste ferme et coriace. Malgré le repos absolu et l'alimentation surabondante, ses muscles ne peuvent perdre tout à fait la dureté acquise par un travail prolongé.

II.

Si nous jetons un coup d'œil sur un homme modifié par les préparations que nous venons de décrire sommairement, nous verrons qu'il s'est produit dans son organisme de profondes transformations qui en font pour ainsi dire un être nouveau. Il diffère par la structure de ses tissus, **par la conformation et** par le fonctionnement de ses organes de ce qu'il était avant l'entraînement.

Au point de vue physiologique, le caractère essentiel de l'homme entraîné, c'est l'augmentation des tissus destinés à mouvoir le corps, et la disparition presque complète de ceux qui ont pour rôle d'alimenter les combustions sans lesquelles les mouvements ne seraient pas possibles.

L'homme entraîné peut se comparer à une machine thermique dont on aurait consolidé les rouages, mais qui ne porterait plus avec elle les provisions de combustible destinées à alimenter le foyer. A la suite des préparations de l'entraînement, les tissus de réserve ayant disparu, c'est aux aliments seuls que l'homme doit demander les matériaux nécessaires à l'entretien du travail.

Aussi ne faut-il pas confondre la faculté de résister à la fatigue avec celle de supporter les privations. Le cheval de course, si apte à fournir un travail intense et prolongé, supporte fort mal le manque de nourriture et ne pourrait se soutenir avec la maigre ration qui suffit à un bidet breton. Il en est de même chez l'homme entraîné : si l'alimentation vient à manquer, l'épuisement sera prompt. En revanche, les combustions, n'ayant plus pour aliments des tissus d'une désassimilation trop facile, produisent moins de déchets. La fatigue, qui est le résultat d'une auto-intoxication du corps par les déchets des combustions, aura moins de tendance à se produire.

Chez l'homme en parfaite « condition », les produits d'excrétion que chassent hors du corps les organes éliminateurs ne seront plus les mêmes qu'avant l'entraînement, puisque les tissus dont la désassimilation leur donnait naissance auront été modifiés dans leur structure. Le poumon rejettera moins d'acide carbonique à travail égal, et n'éliminera plus certains produits gazeux encore mal définis, mais qu'on sait résulter de la combustion de matériaux tenus trop longtemps en réserve dans l'organisme. La peau n'exhalera plus ces acides gras volatils dont l'odeur est quelquefois si caractérisée chez les personnes d'une vie sédentaire. Les reins, enfin, à la suite d'un travail musculaire intense, ne rejetteront plus au dehors ce surcroît d'urates et d'autres déchets azotés qu'on retrouve dans les sédiments urinaires et qui sont si abondants chez les sujets non entraînés atteints par la courbature de fatigue.

Les hygiénistes ont depuis longtemps signalé ce fait que toutes les excrétions diffèrent d'une façon frappante chez les différents individus, suivant leurs conditions de vie habituelle. Les exhalaisons du corps humain ont même une odeur différente, suivant qu'elles émanent d'un homme qui se livre habituellement à l'exercice musculaire, ou d'un homme qui mène une vie très sédentaire. On a signalé comme caractéristique l'odeur des prisons, qui diffère absolument de l'odeur des casernes. L'une et l'autre résultent cependant de produits volatils éliminés par le poumon et la peau d'un grand nombre d'hommes agglomérés ; mais de ces hommes, les uns vivent dans l'immobilité, les autres dans l'activité continuelle.

Il est certainement légitime de dire que l'organisme du sujet entraîné a subi des modifications assez profondes pour en faire un être physiologiquement très différent d'un autre sujet qui ne s'est pas soumis au même régime. Sa conformation est différente, la structure de ses tissus a changé. Ses organes ont subi une transformation et leur fonctionnement n'est plus le même.

Le sujet modifié par l'entraînement et celui qui est resté soumis à l'effet d'une sédentarité excessive doivent être considérés, au point de vue de l'observation ou de l'expérimentation, comme deux unités physiologiques très différentes. Si on les place dans des conditions identiques et qu'on les soumette aux mêmes agents modificateurs, ils ne réagiront pas de la même manière. Le travail surtout modifiera d'une façon toute différente le fonctionnement de leurs organes. Pour un même nombre de kilogrammètres effectués en un temps donné, on n'observera pas chez eux la même augmentation du pouls, ou de la respiration ; l'air expiré ne contiendra pas la même quantité d'acide carbonique ; les urines n'élimineront pas la même quantité d'acide urique.

Jusqu'à présent il n'a pas été tenu assez compte de ces modifications profondes produites dans les résultats du travail par la transformation que subit l'organisme en s'accoutumant à l'exercice musculaire. La plupart des observations faites sur l'homme pour doser les produits d'excrétion résultant du travail sont entachées d'une cause d'erreur tenant à ce qu'on ne fait pas entrer en ligne de compte ce facteur important : l'état d'entraînement du sujet.

De là, très certainement, les divergences si grandes des auteurs qui ont expérimenté l'effet du travail sur les sécrétions, sur l'urine en particulier.

QUATRIÈME PARTIE

LES DIFFÉRENTS EXERCICES

CLASSIFICATION PHYSIOLOGIQUE DES EXERCICES. — LES EXERCICES VIOLENTS. — LES EXERCICES DE FORCE. — LES EXERCICES DE VITESSE. — LES EXERCICES DE FOND. — LE MÉCANISME DES DIVERS EXERCICES.

CHAPITRE I.

CLASSIFICATION PHYSIOLOGIQUE DES EXERCICES DU CORPS

De la quantité de travail effectué pendant un exercice. — Exercices doux ; modérés ; violents.
De la qualité du travail dans l'exercice. — Exercices de force ; de vitesse ; de fond.
Du mécanisme suivant lequel s'exécutent les divers exercices usités.

Nous venons d'étudier les effets généraux du travail musculaire sur l'organisme qui le subit. Si nous cherchons à résumer les conclusions qui découlent de cette étude, nous voyons que les résultats du travail varient suivant la dose à laquelle on le supporte et la méthode avec laquelle on s'y soumet.

L'exercice appliqué sans mesure et sans règle amène la fatigue sous toutes ses formes et à tous ses degrés, et expose la machine humaine aux avaries diverses que nous avons décrites comme accidents du travail.

Au contraire, le travail musculaire exécuté en quantité de plus en plus grande et suivant les règles de l'entraînement gradué amène progressivement l'adaptation des organes à un exercice de plus en plus violent. Il perfectionne le moteur humain en donnant à tous ses rouages une résistance plus grande et un fonctionnement plus facile.

Tels sont les résultats de l'exercice considéré comme facteur abstrait et réduit à la *quantité* de travail qu'il représente. Mais ce n'est que par une vue de l'esprit qu'on peut isoler le travail effectué par l'organisme des organes chargés de l'exécuter. Or, ces organes ne sont pas toujours les mêmes et ne fonctionnent pas de la même façon dans toutes les formes de l'exercice. Aussi les différents exercices usités ne produisent-ils pas tous des effets identiques sur l'organisme.

De là l'utilité d'une classification rationnelle des différents exercices connus, et la nécessité de faire un choix parmi eux suivant les résultats qu'on en attend.

Une première différence se remarque du premier coup entre les divers exercices usités : ils ne nécessitent pas tous la même quantité de travail. Les exercices sont dits *violents* quand ils imposent au système musculaire des efforts considérables et répétés : on les appelle *modérés* quand ils ne demandent qu'une faible somme de travail. Enfin, quand le travail musculaire est réduit à un minimum excessif, l'exercice est appelé *doux*. — La course est un exercice violent, la marche à allure moyenne un exercice modéré, et la promenade à pas lents un exercice doux.

La quantité de travail effectué est évidemment le principal élément de classification des exercices du corps, car c'est celui qui a le plus d'influence sur leurs résultats. Mais, la somme de travail supportée par l'organisme restant la même, il n'est pas indifférent, au point de vue hygiénique, que ce travail soit fait lentement ou avec vitesse, qu'il soit continué sans aucune interruption ou coupé de temps d'arrêt prolongés. Il est important aussi de savoir si l'exercice demande des mouvements compliqués et difficiles, s'il exige l'entrée en jeu de la volonté attentive, ou s'il peut s'exécuter automatiquement et sans demander l'intervention des facultés conscientes.

Enfin, outre les différentes formes du travail, il importe aussi de déterminer le mécanisme de l'exercice, de dire quelles parties du corps sont spécialement chargées de l'exécuter, ou s'y trouvent indirectement associées. C'est là un des points les moins connus de la médication par l'exercice, car l'analyse des divers exercices du corps n'a pas encore été faite d'une manière satisfaisante. C'est pourtant un des points les plus intéressants et les plus pratiques de cette branche de l'hygiène, car du mécanisme intime d'un exercice dépendent ses effets locaux. On prescrit souvent un exercice du corps dans un but orthopédique, et on ne peut cependant en prévoir exactement les effets si l'on ne sait pas au juste quel groupe de muscles exécute le travail, quelles articulations et quels leviers osseux supportent les pressions et les secousses, et par quelles attitudes enfin l'ensemble du corps s'associe au mouvement des régions qui travaillent.

Une classification physiologique des exercices du corps, tenant compte surtout des effets que produisent les divers exercices sur l'organisme, doit avoir pour bases trois éléments : la *quantité* de travail qu'ils nécessitent, la nature ou la *qualité* de ce travail, et enfin le *mécanisme* à l'aide duquel ce travail s'exécute. Mais ces trois éléments de classification sont combinés d'une façon tellement variée dans les différents exercices usités, qu'ils ne peuvent logiquement servir à les grouper. Tels exercices, se rapprochant par la quantité de travail qu'ils représentent, diffèrent entre eux par le mécanisme de leur exécution ; tels autres, au contraire, se ressemblent par les mouvements et diffèrent par l'intensité du travail.

Aussi ces trois éléments : *quantité*, *qualité* et *mécanisme* du travail, ne seront-ils pas pris ici comme bases d'une classification méthodique des exercices usités. Ils nous serviront plutôt de jalons pour nous guider dans l'analyse physiologique de ces exercices, et d'étiquette commode pour les grouper en catégories répondant à certains résultats tantôt salutaires et tantôt nuisibles, suivant qu'ils sont conformes ou contraires aux indications fournies par le tempérament et l'état morbide du sujet.

CHAPITRE II.

LES EXERCICES VIOLENTS.

Ne pas confondre exercice violent avec exercice fatigant. — Difficulté d'apprécier la quantité de travail que représente un exercice. — Les mouvements difficiles. — Les tours de force.

Les « pédants de la gymnastique ». — Jeux d'enfants et gymnastique savante. — Le saut à la corde et le travail aux « agrès ».

L'analyse des exercices. — Comment les résultats physiologiques du travail peuvent indiquer son degré d'intensité.

La quantité de travail qu'un exercice représente est la base de la classification des exercices du corps en *doux*, *modérés* et *violents*.

Cette division semble, au premier abord, très logique et extrêmement facile à établir, et pourtant une analyse attentive est quelquefois nécessaire pour déterminer la dépense réelle de force qu'un exercice représente. On se base souvent, et à tort pour cette évaluation, sur la difficulté qu'offre l'exécution du travail ou sur la fatigue ressentie par les muscles qui l'exécutent. Or, il peut arriver que la dépense de force nécessitée par un exercice soit masquée par la facilité d'exécution de l'acte musculaire. Il peut arriver aussi qu'un faible travail produise une vive sensation de fatigue. — Il est toujours facile à un homme même très lourd de monter dix marches d'escalier. Il lui serait souvent très difficile de s'élever à la force des poignets de dix échelons sur une échelle. Et cependant, si l'intervalle des barreaux représente la même hauteur verticale que les marches de l'escalier, le travail mécanique est strictement le même dans les deux cas, puisqu'il représente une dépense de force capable d'élever à la même hauteur un même poids. La fatigue ressentie est pourtant beaucoup plus intense après l'exercice à l'échelle qu'après l'ascension de l'escalier. C'est que le travail a été supporté, dans le premier cas, par des muscles peu volumineux des membres supérieurs, et dans le second cas, par les masses musculaires très puissantes des membres inférieurs.

Ni la difficulté que présente un exercice, ni la fatigue locale qu'il occasionne ne peuvent servir de base pour déterminer la quantité de travail qu'il exige.

On confond souvent, à tort, exercice violent avec « tour de force » ou avec exercice « difficile ». Dans tous les tours de force, il peut arriver que le travail, sans être très considérable, soit exécuté à l'aide d'un très petit nombre de muscles. L'exercice n'est alors qu'une sorte de démonstration de la force musculaire du sujet, qui effectue, par exemple, avec dix de ses muscles, un travail que d'autres ne peuvent exécuter qu'avec vingt. Un homme qui saisit d'une main le bâton d'un trapèze et s'enlève d'un seul bras à la force du poignet fait preuve d'une grande force de biceps, mais le travail mécanique qu'il exécute est, en somme, strictement égal à celui d'un homme qui s'enlève avec les deux bras.

Quelquefois de prétendus tours de force ne sont que des tours d'adresse. Il y a dans la gymnastique, aujourd'hui officielle, qui s'exécute à l'aide d'*agrès*, des mouvements nécessitant un long apprentissage, et qu'on arrive à exécuter avec une dépense de force insignifiante quand on en a saisi le mécanisme. La difficulté pour exécuter ces exercices ne consiste pas à dépenser une force musculaire très grande, mais à trouver, par tâtonnements ou par méthode, les muscles qu'on doit faire agir. Une grande partie des mouvements exécutés au trapèze et les rétablissements, dits *à l'allemande*, de la barre fixe demandent plus de science que de force.

On ne doit pas confondre « quantité de travail » et « difficulté du travail ». Pourtant chaque jour cette erreur est commise et a pour résultat de faire donner la préférence, au point de vue hygiénique, à des exercices qui ne sont que savants, tandis qu'on délaisse des exercices véritablement violents, mais dans lesquels la force musculaire se dépense sans qu'il soit besoin d'en calculer laborieusement l'emploi.

Or, les effets généraux d'un exercice sont proportionnels à la dépense de force que nécessite un exercice, et non aux difficultés que présentent les détails de son exécution.

De nos jours on n'est pas loin de considérer le trapèze comme le régénérateur de l'espèce humaine. Il semble que l'art de mouvoir ses membres ne puisse s'acquérir qu'à la suite de longues recherches et de profondes méditations. Nous tombons sous la férule des pédants de la gymnastique, et il arrivera sans doute un

F. LAGRANGE.   14

moment où nous serons aussi étonnés de prendre de l'exercice en
marchant que l'était M. Jourdain de faire de la prose en parlant.
Dans les établissements universitaires, et même dans les pen-
sionnats de jeunes filles, on peut voir se dresser les engins les
plus compliqués et s'enseigner les mouvements les plus difficiles,
— on pourrait dire les plus grotesques. — On ne comprend pas,
faute d'une analyse attentive, que beaucoup d'amusements auxquels s'adonnent de tout jeunes enfants sont en réalité des exercices violents, tandis que beaucoup d'exercices de la gymnastique
officielle ne sont que des tours difficiles.

On peut prouver par des chiffres que la dépense de force,
but qu'on veut atteindre par la gymnastique, est plus grande
dans certains jeux d'enfants que dans certains exercices des agrès
qui semblent demander une vigueur exceptionnelle.

Supposons une jeune fille s'amusant à sauter à la corde. Chaque saut peut atteindre facilement une hauteur de $0^m,10$ et se
renouveler 100 fois par minute. Si **nous** représentons par la
lettre P le poids du corps de la jeune fille, nous verrons que son
travail évalué en kilogrammètres est de P $\times$ $0^m,10$ $\times$ 100 ou
P $\times$ 10 mètres, ou, en d'autres termes, que le travail exécuté par
une jeune fille qui saute à la corde pendant une minute représente une dépense de force capable d'élever son corps à une hauteur de 10 mètres. Or, il n'y a pas beaucoup de gymnasiarques
capables de grimper à une hauteur de 10 mètres en une minute à
la force des poignets; il n'y en a probablement aucun qui pourrait
continuer cette ascension pendant 3 minutes à la même vitesse,
tandis qu'il y a bon nombre de petites filles qui peuvent sauter
à la corde pendant 5 minutes et plus sans s'arrêter.

Dans l'acte de sauter à la corde, le travail n'est pas exécuté avec
les mêmes muscles que dans l'acte de grimper à la corde lisse;
aussi les effets locaux de ces deux exercices seront-ils différents.
Mais, si dans les deux exercices le nombre de kilogrammètres
effectués est le même, les effets généraux du travail seront identiques, *car les modifications des grandes fonctions organiques,
et en particulier les modifications de la respiration, sont en raison directe de la somme totale du travail effectué en un temps
donné.* Or, dans l'application de l'exercice à l'hygiène, ce sont
surtout les effets généraux du travail qu'on recherche; on veut
activer le cours du sang, augmenter la puissance du mouvement
respiratoire, associer en un mot toutes les grandes fonctions de
l'économie au travail.

Il n'est pas toujours facile d'évaluer la quantité de travail représentée par un exercice. L'effort n'est pas toujours apparent et ne se manifeste pas toujours par un déplacement du corps. Dans certains cas, la force que dépense un homme est paralysée dans son effet par une force égale que lui oppose un adversaire. C'est ce qu'on voit, par exemple, dans l'exercice de la lutte. D'autres fois, le travail apparent n'est pas augmenté, mais la dépense de force est rendue plus grande par la disposition défavorable des leviers osseux qui exécutent le mouvement. Ainsi l'exercice qui consiste à faire la *planche* n'exige, en somme, que le soutien du poids du corps par la force des bras; mais l'attitude horizontale que prennent le tronc et les jambes décuple la dépense de force musculaire et augmente par conséquent la violence de l'exercice.

Il faudrait prolonger trop longtemps l'analyse pour arriver à trouver le chiffre exact représentant en kilogrammètres la quantité de travail que demande chaque exercice et les modifications que font subir à ce chiffre les divers procédés par lesquels on peut l'exécuter. Il suffira de rappeler qu'il existe des artifices pour diminuer la dépense de force qu'un exercice représente et qu'il y a aussi des procédés pour l'augmenter. On peut employer des procédés dits *de voltige* qui consistent à utiliser la vitesse acquise par le corps, ou des procédés *de force* qui suppriment tout élan et forcent des muscles antagonistes à entraver l'action des muscles agissants en ralentissant le mouvement. — C'est ainsi que la lenteur dans l'exécution d'un acte musculaire peut augmenter beaucoup la dépense de force; pour se baisser vivement, il suffit de relâcher tous les muscles de la cuisse, tandis que, pour se baisser avec une très grande lenteur, il faut faire agir vigoureusement les muscles extenseurs, afin d'empêcher le corps de céder à la pesanteur et le maintenir dans ses attitudes successives de descente en agissant sur des leviers placés dans une direction très défavorable.

Il est important de déterminer la quantité réelle de travail qu'un exercice nécessite, et de distinguer un exercice violent d'un exercice difficile ou d'un « tour de force », car les effets sont bien différents dans les deux cas.

Dans un « tour de force », la somme du travail supporté par l'organisme peut être assez faible, mais généralement le travail local est très considérable, eu égard à la force des muscles qui l'exé-

cutent. Le résultat de l'exercice est alors surtout local, et peut
même ne pas se faire sentir sur l'ensemble de l'organisme. En
s'exerçant continuellement à soulever des poids à bras tendus,
par exemple, on pourra arriver à développer outre mesure les
muscles qui étendent le bras sur l'épaule ; mais la grande fonction de l'organisme, la respiration, la circulation, etc., ne participeront pas ou participeront peu au travail. L'exercice représentera
une dépense de force capable de fatiguer rapidement les quelques
muscles qui entrent en action, mais insuffisante pour ébranler
vivement la masse du sang et pour activer le jeu du poumon.

Dans un exercice difficile, dont l'exécution demande la coordination parfaite du mouvement, la pondération exacte de l'effort
de chaque muscle, il se fera surtout une dépense d'influx nerveux
et les muscles pourront ne faire qu'un faible travail mécanique.
Les centres nerveux auront alors plus de part dans l'exercice que
les fibres musculaires ; les facultés psychiques du sujet entreront
plus vivement en jeu que sa force musculaire.

La gymnastique, telle qu'elle s'enseigne aujourd'hui en France
dans les établissements d'éducation, demande la plupart du temps
à celui qui s'y livre un long apprentissage et un véritable travail
d'esprit. Le trapèze, la barre fixe, les anneaux sont des engins avec
lesquels on exécute des *tours* d'adresse plutôt que du travail,
dans le sens mécanique du mot. Beaucoup d'élèves travaillent en
vain pendant des mois entiers à apprendre un « rétablissement »
ou un « équilibre », et, le jour où ils finissent par découvrir le
procédé, le *truc musculaire*, ils exécutent tout d'un coup avec
la plus grande facilité l'acte musculaire qui semblait, la veille
encore, au-dessus de leurs forces.

Si nous cherchons à résumer les faits exposés dans ce chapitre,
nous arriverons à conclure qu'il n'est pas toujours facile d'évaluer à première vue la quantité de travail effectuée pendant un
exercice et de déterminer le degré de « violence » de cet exercice.
Ni la difficulté que présente l'exécution des mouvements, ni
l'effort local qu'ils nécessitent, ne peuvent servir à caractériser
l'intensité du travail, et une analyse rigoureuse est le plus souvent nécessaire pour évaluer la force dépensée.

Mais, à défaut de l'analyse mécanique, les résultats physiologiques d'un exercice peuvent nous servir de base pour apprécier
son degré de violence. Les grandes fonctions vitales s'associent à
l'exercice musculaire avec d'autant plus d'énergie que le travail

effectué est plus intense. Nous avons montré, au chapitre de l'*Essoufflement*, la liaison étroite qui existe entre l'accroissement du besoin de respirer et l'augmentation du travail musculaire. L'énergie et la fréquence des mouvements du cœur augmentent suivant les mêmes lois. L'accélération de la respiration ne devient excessive que dans les exercices déterminant une très grande dépense de force. La fatigue musculaire peut, au contraire, se manifester avec intensité sans que la somme du travail effectué soit très considérable : dans le cas, par exemple, où le travail est exécuté à l'aide d'un très petit nombre de muscles.

La forme que prend la fatigue, à la suite d'un exercice, peut donc donner physiologiquement la mesure du travail effectué pour un temps donné. La fatigue musculaire d'une région du corps peut servir à évaluer l'intensité du travail local qu'elle a subi ; la mesure du travail total sera donnée par la violence des troubles que subissent le poumon et le cœur, c'est-à-dire par l'intensité de l'essoufflement et l'accélération du pouls.

La mesure que nous indiquons ne peut évidemment s'appliquer qu'à un même sujet ou à des sujets égaux en résistance, en force, et en accoutumance au travail ; mais cette restriction étant faite, on peut adopter comme critérium de classification l'indication suivante :

Lorsqu'après une séance d'exercice, un homme de force moyenne n'a éprouvé ni fatigue ni essoufflement, l'exercice pourra être appelé *doux*. Lorsque l'exercice aura produit de la fatigue locale sans amener l'essoufflement, il sera *modéré*. L'exercice sera appelé *violent* lorsqu'il sera accompagné et suivi d'essoufflement.

Cette division nous paraît la plus juste au point de vue physiologique ; elle est basée non sur la difficulté de l'exercice, mais sur la réaction physiologique qu'il produit sur l'organisme. Or cette réaction est toujours, pour un même sujet, proportionnelle à la quantité de travail que subissent les organes en un temps déterminé.

CHAPITRE III.

LES EXERCICES DE FORCE.

La gymnastique athlétique. — Intervention fréquente de l'*effort* dans les exercices de force. — Pourquoi on ne peut avoir « le sourire sur les lèvres » en pratiquant un exercice de force. — La théorie de Ch. Bell sur les mouvements de la physionomie. — Intensité de l'essoufflement dans les exercices de force. — La *lutte*.
Avantages des exercices de force. Leur supériorité sur les exercices de vitesse pour augmenter le volume du corps.
Inconvénients des exercices de force. Danger de l'effort : fréquence des hernies ; fréquence des ruptures vasculaires. — Le surmenage et l'épuisement dans les travaux de force.

Nous appelons exercices de force ceux dans lesquels chaque mouvement représente une grande somme de travail et met en jeu la puissance contractile d'une grande masse de muscles.

Le déplacement et le transport des lourds fardeaux sont le type des travaux de force, et c'est en réalité dans les professions manuelles pénibles qu'on peut le mieux étudier leurs effets.

A priori les mouvements de la gymnastique, avec engins ayant pour objectif habituel le déplacement en divers sens du corps seul, ne peuvent pas donner lieu à des efforts musculaires aussi intenses que ceux d'un homme qui déplace à la fois son corps et un fardeau plus lourd que le corps lui-même. Et en effet, les exercices gymnastiques sont rarement des exercices de force. Il y a pourtant des mouvements, exécutés à l'aide des engins du *portique*, qui semblent au premier abord nécessiter une énorme dépense de force, par suite des conditions défavorables dans lesquelles agissent les leviers osseux ; mais on s'aperçoit bien vite que l'effort musculaire, dans ces mouvements, est en raison directe de l'inexpérience du gymnasiarque. Avec de l'apprentissage, on arrive toujours à trouver le procédé qui en facilite l'exécution. La machine humaine représente un système articulé composé d'un très grand nombre de pièces mobiles jouant les unes sur les autres. Il résulte de cet agencement un nombre infini de combinaisons dans les attitudes. Bien souvent, une imperceptible nuance dans la direction du membre change totalement les conditions du travail. Une variante insaisissable dans l'exécution d'un « rétablissement » diminue des neuf dixièmes la quantité de force dépensée. Aussi tel exercice qui semblait athlétique dans les débuts ne demande-t-il plus, après quelques mois de pratique, qu'un travail très modéré.

Les exercices de force peuvent s'étudier plutôt dans les baraques de lutteurs que dans les gymnases. Ils constituent ce qu'on appelle la gymnastique athlétique, et la lutte est peut-être aujourd'hui le seul exercice du corps qui puisse être rangé dans cette catégorie ; encore l'adresse et la ruse entrent-elles pour beaucoup dans ce jeu.

Les exercices dans lesquels l'homme doit donner toute la force dont il est capable exigent l'intervention de deux facteurs : les muscles et la volonté. C'est dans ces exercices surtout qu'on peut comprendre l'importance de l'influx nerveux comme agent du travail. Deux sujets également bien doués au point de vue de la conformation physique et complètement égaux sous le rapport des muscles présenteront souvent un écart très considérable dans les exercices de force. On peut prédire à coup sûr que l'avantage devra rester à celui des deux dont la volonté sera plus énergique, car cette énergie se manifeste, dans l'ordre physique, par une excitation plus intense donnée au muscle et par la contraction plus vigoureuse que subissent les fibres motrices.

Les exercices de force nécessitent l'action simultanée d'un grand nombre de muscles. Ils exigent, de plus, que chaque muscle agissant donne toute la force dont il est capable : pour cela il faut que le muscle agissant prenne appui très solide sur un point fixe du squelette. Or, les os du squelette étant mobiles les uns sur les autres, il faut, comme préparation aux mouvements athlétiques, que toutes les pièces osseuses soient fortement unies entre elles par une pression vigoureuse qui en fasse un tout rigide. Cette nécessité de souder en quelque sorte une foule de pièces mobiles pour en faire un ensemble résistant est un point très caractéristique de la physiologie des exercices de force. La gymnastique athlétique implique l'intervention fréquente de l'acte appelé l'*Effort*.

Nous avons longuement décrit l'effort au chapitre II de la première partie de ce livre, et exposé les modifications de la respiration qui en résultent. L'effort est pour ainsi dire le signe caractéristique des exercices de force. Il est impossible à un homme de donner toute sa force sans qu'il se produise en lui cette co...traction violente de tous les muscles du tronc qui a pour but d'immobiliser les côtes et pour résultat de suspendre la respiration. S'il s'agit de soulever de terre un fardeau aussi lourd que possible, on est frappé de voir que des pieds à la tête tout le corps se raidit, et que tous les os se rapprochent comme pour se souder entre eux sous la **pression** énergique des muscles qui les entourent. Chaque membre, qui comprend plusieurs os très mobiles, parait ne plus former qu'une seule pièce rigide; le tronc, le cou, la tête participent à la rigidité générale, et il n'est pas jusqu'aux muscles de la face qui n'entrent violemment en contraction pendant un effort, malgré qu'on ne se rende pas très bien compte au premier abord du rôle que peuvent jouer, par exemple, les sourcils et les joues dans l'acte qui consiste à charger un colis sur les épaules.

Cette physionomie contractée de l'homme qui dépense dans un mouvement toutes les forces dont il est capable n'a pas échappé à l'observation du vulgaire. Nous nous rappelons avoir entendu le « boniment » d'un hercule de foire se faisant fort d'enlever un lourd fardeau à bout de bras en gardant « le sourire sur les lèvres ». Il exécutait en effet son tour, mais son prétendu sourire n'était qu'un rictus de la bouche auquel les muscles des sourcils et des paupières ne prenaient aucune part, contractés qu'ils étaient pour s'associer à l'effort. Le physiologiste anglais Ch. Bell a, depuis longtemps déjà, donné la raison de cette association des muscles qui entourent l'œil, à l'effort. Pendant l'effort, l'afflux de sang qui se produit dans les vaisseaux de l'intérieur de l'orbite tend à les gonfler, et à projeter en avant le globe oculaire derrière lequel ils sont placés. Les muscles qui entourent la cavité orbitaire se contractent instinctivement pour soutenir et brider en quelque sorte l'œil sur lequel ils s'appliquent, et l'empêcher de faire saillie. (Ch. Bell, *les Nerfs respiratoires*.)

Le premier effet d'un exercice de force semble devoir être d'amener promptement la fatigue des muscles auxquels un travail énorme est demandé d'un seul coup. Pourtant l'essoufflement se produit avant la fatigue au cours de ces exercices. Aussi lents que soient les mouvements, la respiration s'embarrasse très promptement, et l'athlète qui lutte ou le portefaix qui charge de lourds colis doivent s'arrêter souvent pour souffler, bien avant que leurs muscles ne soient fatigués.

Nous avons longuement expliqué, au chapitre de l'*Essoufflement*, le mécanisme de cette gêne respiratoire à la suite des grandes dépenses de force musculaire. Les muscles en action produisent de l'acide carbonique en quantité proportionnelle à l'intensité du travail effectué. Dans les exercices de force il se produit, à chaque mouvement dans l'économie, plus d'acide carbonique que les poumons n'en peuvent éliminer, et la surcharge du sang par l'acide carbonique amène la dyspnée.

De plus, l'effort intervient très puissamment dans les exercices de force pour produire la gêne respiratoire. Cet acte amène la suspension de la respiration pendant toute la durée de la contraction musculaire qui accompagne le travail : il entrave ainsi l'élimination de l'acide carbonique, juste au moment où ce gaz est produit en quantité excessive. Il occasionne en outre une violente compression des grosses veines thoraciques, des grosses artères et du cœur lui-même, et produit, en résumé, des troubles profonds dans la circulation pulmonaire, dont la régularité est la condition essentielle de l'hématose.

Parmi les exercices du corps, il y en a un qui peut être pris pour type de l'exercice de force : c'est la *lutte*. Pour deux lutteurs consommés faisant devant le public un jeu convenu, la lutte est plutôt un assaut d'agilité et de souplesse qu'un exercice athlétique. Mais si les adversaires, bien décidés à user de tous leurs moyens, cherchent sans ménagement à se terrasser, on assiste à un déploiement énorme de force musculaire. Des efforts musculaires très considérables peuvent être faits sans travail apparent, c'est-à-dire sans que le corps des adversaires fasse le moindre mouvement. La poussée de l'un des champions est paralysée par la résistance de l'autre jusqu'au moment où le plus fort, en persistant dans sa contraction plus puissante, amène la lassitude du plus faible qui, à bout de force, cède et se laisse tomber.

A ce moment, on peut remarquer que chez les deux champions l'essoufflement est porté à son comble. Un lutteur qui se relève vaincu présente des troubles de la respiration aussi intenses que ceux d'un coureur qui s'arrête hors d'haleine. La lutte n'est pas seulement un assaut de force brutale ; elle a ses feintes, ses attaques, ses parades. Mais ce qui fait le caractère de cet exercice,

c'est la nécessité de mettre dans les mouvements d'attaque ou
de résistance toute la force dont on est capable, de sorte que,
même pour les plus savants lutteurs, cet exercice nécessite toujours une très grande dépense de force, et demeure le plus brutal
de tous les exercices du corps. C'est l'exercice dans lequel la
masse musculaire forme l'appoint le plus essentiel de succès.
C'est aussi celui qui tend le plus à développer les muscles et à
donner au corps du volume et du poids, car tous les exercices
tendent à donner au corps la conformation qui le rend plus apte
à les exécuter.

II.

Les exercices de force exigent une grande dépense musculaire,
mais ils produisent toutes les conditions voulues pour une réparation énergique des tissus. Ils demandent très peu de travail de
coordination et n'exigent pas une répétition fréquente des mouvements. Ils occasionnent moins d'ébranlement dans les nerfs que
les exercices de vitesse, et n'exigent pas, comme les exercices
d'adresse, un grand travail du cerveau.

Un travail de force est presque toujours exécuté à l'aide de
contractions lentes et soutenues. La fibre musculaire d'un homme
qui lutte reste tendue quelquefois une minute entière dans la
même direction; les muscles d'un homme qui fait des armes
passent à chaque seconde par des alternatives de repos et d'action en déplaçant les membres dans les sens les plus divers. Les
contractions puissantes et soutenues favorisent la nutrition de
la fibre musculaire. La nutrition du muscle est plus intense dans
les contractions lentes, parce que l'afflux du sang y est plus régulier et plus prolongé.

Les exercices de force et les travaux de peine, malgré la grande
somme de travail qu'ils nécessitent, ébranlent peu le cerveau, et
font sentir plutôt leur influence sur les fonctions de nutrition
que sur celles d'innervation. Les contractions musculaires énergiques et soutenues qu'ils nécessitent attirent violemment le
sang aux muscles et l'y retiennent longtemps. La fibre musculaire
bénéficie de ce contact prolongé et augmente de volume. D'un
autre côté, le sang s'enrichit d'une grande quantité d'oxygène,
car l'exagération du besoin de respirer est le premier effet des
grandes dépenses de force musculaire. Ce besoin trouve sa satis-

faction libre et facile dans les temps de repos qui suivent inévitablement chaque effort. Enfin l'intensité des combustions nécessitées par une grande somme de travail produit l'usure et la disparition rapide des tissus de réserve et la nécessité d'une prompte réparation : d'où le développement de l'appétit. D'autre part, les contractions réitérées des muscles abdominaux, dans la répétition fréquente des efforts, exerce sur les intestins une sorte de massage qui favorise le cours des matières et régularise les selles.

Les exercices de force favorisent donc toutes les fonctions nutritives. Ils activent avec énergie, et même avec violence, le fonctionnement de tous les organes du corps, en laissant dans un repos relatif les centres nerveux et les facultés psychiques. Or, le calme du système nerveux est une condition précieuse pour la réparation des pertes subies par le travail.

L'observation des faits montre que les exercices athlétiques, quand ils ne dépassent pas la limite des forces du sujet, le mettent dans les conditions de nutrition les plus favorables. Sous la direction d'un système nerveux resté calme, les fonctions de réparation s'accomplissent avec une régularité parfaite, et l'on voit que les acquisitions faites par l'organisme qui assimile mieux les aliments, dépassent les pertes nécessitées par le travail. Les exercices de force tendent à augmenter le poids du sujet.

Les exercices de force semblent donc mériter la préférence au point de vue hygiénique, et c'est en effet dans les professions où le travail se fait à dose massive, qu'on trouve les sujets les plus vigoureux. Mais ces exercices demandent, pour être salutaires, plusieurs conditions qui ne se trouvent pas toujours réunies.

Il faut d'abord que ces exercices soient supportés par des organes solidement construits et exempts de toute lésion de nutrition. Les muscles, les tendons, les aponévroses, les os même sont soumis à des tractions, à des pressions si violentes, que des ruptures de toute sorte se produiraient si un état progressif d'accoutumance ne les avait consolidés peu à peu. Des accidents de toute sorte, *coups de fouet*, déchirures, luxations, sont fréquemment observés au cours des exercices de force. D'autres lésions plus graves, telles que des hernies, des déchirures du poumon, des ruptures des gros vaisseaux et même du cœur, se produiraient également si les organes internes ne présentaient pas une intégrité parfaite. Les organes atteints de la moindre dégénérescence deviennent bientôt incapables de résister à la violente poussée de l'*effort*.

Enfin il est nécessaire, sous peine de tomber dans le surmenage, que le travail soit progressivement augmenté et n'arrive aux doses les plus élevées qu'après un entraînement complet. Si le sujet qui aborde un exercice de force est trop abondamment pourvu de tissus de réserve, ceux-ci subissent en masse le mouvement de désassimilation qui produit une quantité excessive de déchets. De là auto-intoxication par les substances toxiques, alcaloïdes ou autres.

Ainsi s'expliquent les fièvres de surmenage, qu'on prend souvent pour des fièvres typhoïdes, chez les jeunes recrues militaires. Les faits démontrent que ces fièvres sévissent avec une prédilection marquée dans les armes qui demandent un travail de force, l'Artillerie par exemple.

Pour affronter impunément les exercices de force, la nourriture doit être suffisamment abondante pour réparer les pertes subies. Si l'alimentation n'est pas assez réparatrice, le travail s'exécute aux dépens des matériaux du corps : le sujet maigrit et s'use promptement.

L'épuisement serait aussi la suite d'un travail excessif et dépassant les forces du sujet, quand même l'alimentation la plus riche serait administrée. Si un homme veut exiger de ses muscles un déploiement de force qui soit hors de proportion avec leur pouvoir contractile, il est obligé de faire un appel énergique à sa volonté et de lui demander une forte dépense d'influx nerveux pour exciter plus vivement la fibre musculaire impuissante. Il peut obtenir ainsi un travail au-dessus de sa force, mais c'est en prenant « sur ses nerfs » ce que le muscle ne peut lui donner. Dans ce cas, l'exercice de force n'a plus son résultat habituel : d'économiser l'influx nerveux. Un travail des centres nerveux est nécessaire pour augmenter l'excitabilité du muscle. On ne peut dire au juste en quoi consiste ce travail, mais on peut en constater les effets. L'effort excessif de volonté dans le travail aboutit promptement à l'épuisement nerveux. Le sujet maigrit, perd l'appétit et le sommeil ; il tombe sous le coup du surmenage par épuisement. — C'est ainsi qu'on voit rapidement dépérir et s'user des chevaux, d'ailleurs nourris à discrétion, avec des aliments de premier choix, quand on leur demande de tirer des poids trop lourds, et que leur nature ardente et généreuse les porte à pousser le travail jusqu'à la dernière limite de leurs forces.

CHAPITRE IV.

I.

On appelle exercices *de vitesse* ceux qui exigent la répétition très fréquente des mouvements musculaires.

Il y a de très grandes différences entre les divers exercices de vitesse au point de vue de l'intensité du travail. Beaucoup d'entre eux peuvent être cités comme types d'exercices violents : la course par exemple. Beaucoup d'autres, au contraire, nécessitent une si petite dépense de force, qu'ils méritent à peine le nom d'exercice. Un pianiste qui fait des gammes, malgré l'extrême vitesse du mouvement de ses doigts, n'effectue qu'un travail musculaire insignifiant.

Ce qui fait le caractère essentiel de l'exercice de vitesse, c'est la multiplication rapide des mouvements musculaires. Une série d'efforts peu considérables, mais souvent répétés, permettent ainsi d'exécuter en peu de temps un travail considérable sans mettre en jeu des masses musculaires très importantes. En effet, dix mouvements exigeant chacun une dépense de force de 10 kilogrammes doivent représenter le même travail qu'un seul

mouvement dont la dépense de force serait égale à 100 kilogrammes, et l'on comprend aisément que dix mouvements rapides puissent être exécutés dans le même temps qu'un seul
mouvement très lent. Au point de vue de la somme du travail
effectué, l'exercice de vitesse peut ainsi être absolument l'équivalent d'un exercice de force.

Les exercices de vitesse, aussi bien que les exercices de force,
peuvent donc produire une grande somme de travail en peu de
temps. De cette condition commune découlent certains effets
identiques, l'essoufflement par exemple. Mais chacun de ces
genres d'exercices a son caractère propre, d'où dérivent des résultats très différents. Les uns demandent au muscle de donner à
leur contraction toute l'énergie dont ils sont capables ; les autres
n'exigent pas que la fibre musculaire se contracte avec toute la
force possible, mais qu'elle passe, dans un délai très court et
un grand nombre de fois de suite, du repos à l'action.

Le caractère essentiel des exercices de vitesse, celui duquel
découlent leurs effets physiologiques si remarquables, c'est justement ce passage alternatif et fréquemment répété des muscles
de l'état de relâchement à l'état de la contraction.

Il y a ainsi à étudier les exercices de vitesse à deux points de
vue très différents : 1° la rapidité avec laquelle le travail s'accumule ; 2° la vitesse avec laquelle les mouvements se succèdent.

L'accumulation rapide du travail dépend de deux facteurs qui
sont la quantité de travail représenté par chaque effort musculaire,
et le nombre de ces efforts pour un temps donné. Que le travail
s'accumule par l'intensité des efforts ou par leur nombre, les résultats sont les mêmes. Ainsi, l'essoufflement sera le même après
100 mouvements représentant 10 kilogrammètres qu'après 10 mouvements représentant chacun 100 kilogrammètres, si, pour les
deux cas, la même somme de travail a été effectuée dans le même
temps. — Un homme qui monte lentement un escalier avec un très
lourd fardeau sur les épaules fait un travail de force. Celui qui se
lance à toute allure sur une route en plaine pour une course de
vélocité fait un exercice de vitesse. Tous les deux exécutent en
très peu de temps une grande quantité de travail, l'un par des
mouvements lents dont chacun représente une grande dépense
de force, l'autre par des mouvements rapides qui représentent
isolément une quantité de travail infiniment moindre, mais qui,
multipliant les efforts. finissent par amener une dépense de force
considérable.

Ainsi les exercices de vitesse peuvent, aussi bien que les exercices de force, produire l'accumulation du travail. L'homme qui court, prend, aussi bien que l'homme qui lutte, de l'exercice à « haute dose ».

De cette façon la vitesse peut suppléer à la force et permet de faire bénéficier certains sujets, à muscles faibles, des effets généraux de l'exercice violent, sans exiger des efforts très intenses qu'ils ne pourraient pas exécuter. L'intensité des combustions du travail est proportionnelle au total de la force dépensée, soit que cette dépense ait lieu en bloc et d'un seul effort, soit qu'elle se fasse par fractions successives, à l'aide de petits efforts très rapprochés. Or la production des déchets de combustion, tels que l'acide carbonique, est proportionnelle aussi à l'intensité de combustion, et c'est de la dose d'acide carbonique accumulée dans l'organisme que résultent l'intensité du besoin de respirer, l'ampleur et la fréquence des mouvements respiratoires. Le besoin d'absorber de l'oxygène est intimement lié à l'urgence d'éliminer l'acide carbonique, et la *soif d'air* devient le résultat inévitable d'un travail musculaire très intense, quel que soit son mode d'exécution, force ou vitesse.

Les exercices de vitesse produisent, aussi bien que les exercices de force, cette *soif d'air* qui est à la respiration ce que l'appétit est à la digestion. Le saut à la corde, les jeux de poursuite et les nombreux amusements d'enfants qui ont pour caractère essentiel de forcer les joueurs à rivaliser de vitesse, valent, et au delà, les exercices de force, si l'on se place au point de vue de l'hygiène respiratoire. Un enfant qui vient de jouer à la poursuite a absorbé, sans faire aucun effort musculaire pénible et seulement en « se jouant », une plus grande quantité d'oxygène que celui auquel on ferait soulever de lourds haltères. Or l'acquisition de la plus grande quantité possible d'oxygène semble être, en résumé, le plus grand bénéfice cherché quand on demande à l'exercice ses effets généraux dans un but hygiénique.

Chez les Anciens, les exercices de vitesse ont toujours tenu le premier rang. La course était regardée comme un critérium de la supériorité du gymnaste, et la caractéristique d'Achille dans Homère c'est la vitesse de ses jambes.

Si on met en parallèle les exercices de force et les exercices de vitesse, on leur trouve donc ce caractère commun d'activer la respiration. Mais les exercices de force n'amènent ce résultat qu'au prix d'une fatigue musculaire intense, tandis que les exercices de vitesse permettent de pousser le travail jusqu'à l'essoufflement sans que les muscles soient endoloris par le travail. En effet, quatre mouvements successifs représentant une force de 10 kilogrammes chacun ne soumettent pas les faisceaux musculaires à épreuve aussi pénible qu'un seul mouvement représentant 40 kilogrammes. Il peut arriver, dans l'exercice de force, que l'intensité de la contraction impose aux organes du mouvement, parties constituantes du muscle, un tiraillement allant jusqu'aux limites de leur résistance, la dépassant même quelquefois, car les ruptures musculaires aponévrotiques, et même osseuses, sont des accidents fréquents dans les exercices de force. Dans les exercices de vitesse, le muscle ne donne pas, à beaucoup près, toute la force contractile dont il est capable, sauf dans les rares occasions où les deux éléments force et vitesse sont combinés pour constituer l'exercice *forcé*.

Or la répétition, même très fréquente, d'une contraction modérée ne peut produire dans l'organe des froissements comparables à ceux qui y déterminent des contractions lentes, mais poussées jusqu'aux dernières limites de la puissance musculaire. Pour s'en convaincre, il suffit d'exécuter successivement des mouvements très rapides du bras avec un poids très léger, et des mouvements très lents avec un poids très lourd : on verra combien la seconde épreuve est plus pénible que la première.

L'essoufflement rapide et la prompte intoxication de l'organisme par l'acide carbonique sont les résultats caractéristiques des exercices de force quand il s'y joint une certaine vitesse. La répétition rapide d'un effort musculaire, qui représente déjà à lui seul une grande dépense de force, devra, on le comprend sans peine, produire en très peu de temps une très grande accumulation de travail, en multipliant le chiffre de kilogrammètres que chaque effort représente par le nombre des efforts qui se succèdent en un temps donné.

Les exercices qui exigent à la fois une grande dépense de force et un grand déploiement de vitesse méritent le nom d'*exercices forcés*. Ils demandent à la machine animale plus de travail qu'elle n'en peut faire, et ne doivent pas être prolongés au delà d'un temps très court, sous peine de déterminer de très graves accidents. Il est rare d'avoir à observer chez l'homme les effets de cette accumulation excessive de travail. Chez les animaux on en voit souvent des exemples, surtout chez le cheval, cette noble bête qui, suivant l'expression de Buffon, « meurt pour mieux obéir ». Un cheval ardent attelé à une lourde charrette et qu'on lance au galop dans une côte, fait à la fois un travail de force et de vitesse, et présente souvent l'exemple des accidents de l'exercice forcé ; menacé d'asphyxie par l'acide carbonique qui s'accumule dans le sang, exposé à des ruptures de vaisseaux ou à des déchirures internes par la compression violente que détermine l'effort, l'animal meurt quelquefois subitement d'une rupture du cœur ou tombe tout d'un coup paralysé par une apoplexie de la moelle épinière.

Ainsi, en résumé, les exercices de vitesse ont l'avantage de pouvoir produire la même quantité de travail que les exercices de force et d'exciter avec la même intensité le besoin de respirer. De plus, ils augmentent l'activité des fonctions respiratoires avec moins de fatigue pour le poumon et pour le cœur, à cause de l'absence de l'*effort* qui n'intervient qu'exceptionnellement dans l'exercice de vitesse, et qui est obligatoire dans l'exercice de force. — De là une première cause de préférence à donner aux exercices de vitesse quand il s'agit d'augmenter la consommation d'oxygène du sujet.

Du côté du système musculaire, l'exercice de vitesse, pour un nombre égal de kilogrammètres en un temps donné, produira moins de fatigue que le travail de force et exposera moins l'appareil moteur aux divers accidents qui résultent des tiraillements et des froissements des parties mobiles.

Mais ces avantages sont balancés par un autre qu'il faut reconnaître aux exercices de force, le développement plus grand donné aux muscles. L'afflux du sang à la fibre musculaire est d'autant plus considérable que l'effort est plus intense, et le contact de ce liquide avec l'élément contractile est d'autant plus prolongé que la contraction est plus durable. Ce fait est prouvé par l'observation suivante. Chez un homme qu'on saigne, le sang s'écoule un instant de lui-même par plénitude des veines, puis le jet s'arrête. Si l'on fait alors exécuter des mouvements aux muscles de l'avant-bras, le jet recommence, non parce que les veines reçoivent une pression qui les vide, mais parce que la contraction attire plus de sang aux muscles (1). Or, si les muscles se contractent d'une manière énergique et soutenue, le jet sanguin se précipite plein et ininterrompu. Si l'on s'étudie à faire une série de

(1) MAREY, *la Circulation du sang*.

F. LAGRANGE.

petites contractions se succédant avec une grande rapidité, le jet devient saccadé, plus mince, et fournit pour le même temps un écoulement moins abondant. Ce fait prouve que moins de sang traverse les muscles pendant une série de petites contractions très rapprochées que pendant une seule contraction très soutenue.

Il n'est pas besoin d'autre démonstration pour prouver que la nutrition du muscle doit être moins active pendant les exercices de vitesse que pendant les exercices de force, puisqu'on sait que la nutrition d'une région du corps est en raison directe de la quantité de sang qui s'y porte.

Les déductions que nous venons d'exposer en nous basant sur la physiologie du travail musculaire sont pleinement confirmées par l'observation directe des faits. Les exercices de vitesse ne développent pas très sensiblement les muscles, tandis que les exercices de force les font augmenter beaucoup de volume. Tout le monde connait l'exagération du développement musculaire des hercules de foire ; on sait aussi que les coureurs de profession ont souvent les mollets grêles. En revanche, les exercices de vitesse développent plus que tous les autres l'ampleur de la poitrine, et de tous les exercices du gymnase aucun n'améliore plus rapidement la respiration que la course dite *de résistance*.

II.

Il est un point particulièrement intéressant à étudier dans la physiologie des exercices de vitesse : c'est la dépense excessive d'influx nerveux qu'ils occasionnent. La vitesse dans les mouvements exige, de la part des centres nerveux, un surcroît de travail, qui peut, selon nous, trouver une explication satisfaisante dans les faits physiologiques que nous allons exposer.

Le muscle n'obéit jamais *instantanément* à la volonté qui lui commande un mouvement. C'est là un fait mis en lumière par Helmholtz en 1850. Ce physiologiste a montré qu'en excitant à l'aide d'une décharge électrique un point donné des nerfs moteurs, on observe toujours un intervalle appréciable entre l'instant de l'excitation du nerf et celui de la contraction des muscles auxquels cette excitation est conduite. Ce « retard » est dû, en partie, au temps qu'emploie l'excitation à cheminer à travers les nerfs ; mais, en tenant compte de la durée de ce trajet, qu'on a pu mesurer exactement, on trouve qu'il reste encore une fraction de temps appréciable, pendant laquelle le muscle déjà atteint par l'excitation électrique n'est pas encore entré en contraction.

Helmholtz a donné le nom de *temps perdu* à cette période de silence pendant laquelle l'organe moteur, ayant déjà entendu l'appel de la volonté, n'y a pas encore répondu par un mouvement.

Or, diverses conditions peuvent faire varier la durée du temps perdu, et rendre plus lente ou plus prompte l'obéissance du muscle à l'excitation qu'il reçoit. Parmi ces conditions, les unes sont inhérentes au muscle et peuvent se résumer en une seule, qui est l'*excitabilité* plus ou moins grande qu'il présente ; les autres dépendent de l'agent excitateur du muscle, et sont subordonnées à l'intensité plus ou moins grande avec laquelle cet agent fait sentir son action.

La condition la plus efficace pour abréger le « temps perdu » est l'intensité de l'excitation reçue par la fibre musculaire. — Supposons l'organe moteur actionné par un courant électrique ; le temps perdu étant, par exemple, de deux centièmes de seconde avec une force électrique représentée par le chiffre 1, sa durée se trouvera réduite à un centième de seconde si on double l'intensité du courant. Supposons, à présent, que l'excitant du muscle soit la volonté : la même loi sera applicable à la durée du temps perdu, et celui-ci sera d'autant plus court que le commandement volontaire s'accompagnera d'une excitation plus forte de la fibre musculaire. Or, une excitation plus forte de la fibre musculaire ne peut être obtenue, ainsi que nous l'avons dit dans la première partie de ce livre, qu'au prix d'un ébranlement plus violent des cellules cérébrales et des fibres nerveuses qui sont les organes conducteurs de l'influx nerveux volontaire.

L'effort de volonté, — synonyme d'ébranlement nerveux, — devra donc être d'autant plus intense qu'on voudra rapprocher davantage le moment où l'ordre du mouvement est donné de celui où le mouvement est exécuté.

Les exercices de vitesse qui exigent la répétition très fréquente des mouvements, c'est-à-dire le passage alternatif et très rapide du relâchement à la contraction, du repos au mouvement, nécessiteront donc un effort de volonté supplémentaire destiné à hâter la réponse du muscle à l'appel qui lui est fait. De là un supplément de dépense nerveuse qui ne se traduit pas par une contraction plus *énergique*, mais par une contraction plus *soudaine*; qui n'aboutit pas à une augmentation du travail effectué, mais à une diminution du *temps perdu*.

Cette explication, que nous croyons pouvoir déduire de la loi d'Helmholtz, se trouve confirmée par l'observation des faits, car les exercices de vitesse s'accompagnent de certains phénomènes de fatigue qui sont hors de proportion avec la quantité de travail mécanique qu'ils représentent et qui doivent être attribués à un surcroît de travail nerveux.

Nous avons vu que, parmi les conditions capables de faire varier la durée du « temps perdu », il fallait compter en première ligne l'*excitabilité* plus ou moins grande du muscle. L'excitabilité est la propriété qu'a le muscle de répondre par une contraction à une excitation qu'il reçoit soit d'un agent extérieur, soit de la volonté.

Il y a des causes qui diminuent l'excitabilité du muscle ; la plus commune est la fatigue. Un muscle fatigué ne répond plus à des excitations faibles qui, cependant, suffisaient à l'actionner avant qu'il n'eût travaillé. De plus, si l'excitation devient plus forte et acquiert une intensité suffisante pour provoquer une contraction, on remarque que cette contraction se produit lentement, paresseusement, et que la période de temps perdu est plus longue qu'on ne l'observait dans le muscle frais. Pour obtenir d'un muscle fatigué une réponse très prompte, il faut avoir recours à des excitations d'une très grande intensité. — Ce fait nous explique comment la fatigue musculaire fait perdre à l'homme son aptitude à la vitesse, avant de lui faire perdre la faculté de produire des contractions musculaires énergiques.

Plus le muscle est excitable, plus il est apte à obéir vivement à la volonté, plus il est capable d'exécuter des exercices de vitesse. Or, — c'est là un point digne de remarque, — tous les muscles n'ont pas, naturellement, la même excitabilité ; tous ne présentent pas la même aptitude à répondre instantanément à l'agent qui les excite.

Chez certaines espèces animales, on observe un très long intervalle entre l'excitation électrique du muscle et sa contraction. Ce sont justement les espèces connues pour la lenteur de leurs mouvements volontaires. Il est curieux de voir qu'un muscle de tortue, par exemple, n'entre en contraction que deux centièmes de seconde après avoir été excité, tandis que chez l'oiseau la contraction se produit sept millièmes de seconde après l'excitation. La différence est encore plus frappante chez le colimaçon, dont le muscle ne se contracte que trois dixièmes de seconde après avoir subi le choc électrique.

Quand on a fréquenté les gymnases et qu'on a observé beaucoup d'hommes faisant de l'exercice, on est frappé de voir quelle différence d'excitabilité présente le muscle, suivant les divers sujets. Chez certains sujets, la rapidité dans les mouvements est pour ainsi dire naturelle, et les exercices de vitesse n'exigent pas un très grand effort; leur fibre musculaire est très excitable. Chez d'autres, au contraire, le muscle, quoique énergique, obéit avec une certaine lenteur à l'ordre de la volonté. Une grande dépense d'influx nerveux est nécessaire pour obtenir un mouvement instantané. Ces différences tiennent souvent à la race, et au premier coup d'œil elles se traduisent à l'extérieur. La vivacité d'allure des Méridionaux contraste avec l'attitude calme des hommes du Nord. Les premiers ont les fibres motrices plus excitables que les autres. Il est curieux de voir ces différences se manifester dans les exercices physiques, et de constater la différence d'aptitudes qui en résulte pour telle ou telle forme du travail. Jamais les Anglais ou les Allemands n'ont pu rivaliser en escrime avec les Français et les Italiens. La boxe anglaise demande surtout la force massive et la résistance ; la boxe française exige, au contraire, de l'agilité et de l'à-propos dans les coups, c'est-à-dire beaucoup de soudaineté de l'attaque et de vitesse dans la riposte.

Un journal de sport nautique mettait récemment en regard les diverses méthodes du rameur appartenant à diverses régions. Nous étions frappé de voir que, dans un concours de régates, les Français donnaient par minute 40 coups d'aviron, et les Hollandais 25 seulement.

La vitesse est donc une qualité du travail qui dépend de deux éléments : l'excitabilité du muscle et la force d'excitation qu'il reçoit.

Les ingénieurs qui passent de la mécanique rationnelle à la mécanique appliquée savent tous quel écart existe entre la théorie et la pratique. Il faut compter, par exemple, dans une construction, avec la différence d'élasticité des divers matériaux employés, avec leur impressionnabilité plus ou moins grande aux influences hygrométriques ou thermométriques. En un mot, les corps ont chacun, outre leur masse, une individualité physique propre qui modifie les conditions dans lesquelles ils reçoivent l'influence des forces.

De même, chez les êtres vivants, il faut tenir compte des variations de l'excitabilité musculaire, si l'on veut évaluer exactement la somme de force dépensée dans un mouvement. Moins le muscle est excitable, et plus grande doit être la dépense de force nerveuse qui a pour but de hâter son entrée en action. Cette dépense de force n'est pas appréciable par le dynamomètre : elle s'évalue par une autre mesure, par le temps nécessaire à mettre en jeu la contractilité musculaire. Cette dépense n'est pas, en réalité, subie par le muscle, mais plutôt par l'agent qui l'excite, agent très mal connu et que nous appellerons, faute d'un mot plus exact, du nom *d'influx nerveux*.

De l'intervention très active du système nerveux dans l'exercice de vitesse dérivent certains résultats hygiéniques d'une grande importance.

A la suite d'un exercice nécessitant la répétition fréquente des mouvements, la fatigue ressentie est plus pénible que celle qui résulte d'un travail plus intense mais exécuté à l'aide de mouvements lents. La fatigue qui suit un exercice de vitesse ne ressemble pas à celle qu'on éprouve après un exercice de force. Sous l'influence d'une contraction musculaire intense mais lente et prolongée, la fatigue est surtout ressentie par le muscle. Les membres sont las, ils sont aussi congestionnés; le sang y afflue et les gonfle. C'est que la fibre musculaire a été l'agent essentiel et le facteur à peu près unique du travail. Après des mouvements représentant une petite dépense de force, mais exécutés avec une très grande vitesse, on éprouve une fatigue qui rappelle la sensation d'un ébranlement nerveux d'ordre moral.

Au lieu de cette lassitude qui invite franchement au repos, et qui constitue un véritable bien-être après une grande somme de travail tranquillement exécuté, on ressent, après l'exercice de vitesse, une sorte d'épuisement accompagné d'excitabilité nerveuse : on éprouve une impression d'énervement, caractérisée soit par de l'accablement, soit au contraire par de l'excitation, ou bien par un état d'impressionnabilité. L'expression de « fatigue nerveuse » donne bien l'idée de ce genre de malaise que se rappelleront aisément ceux auxquels il est arrivé de prolonger outre mesure un exercice de vitesse. On peut dire d'une manière générale que la fatigue laissée par les exercices de vitesse n'est pas *réparatrice*. Elle invite moins franchement au sommeil et excite moins l'appétit que celle qui résulte d'une lente dépense de force.

La grande dépense d'influx nerveux que nécessitent les exer-

cices de vitesse est certainement la cause qui rend plus difficile
la réparation de l'organisme à la suite de ces exercices. On sait,
en effet, le rôle important que joue le système nerveux dans la nutrition et l'atrophie rapide que subissent les régions du corps dans
lesquelles la distribution de l'influx nerveux est entravée soit par
une section des nerfs, soit par une paralysie d'origine centrale.

C'est donc, sans aucun doute, à la dépense considérable d'influx nerveux et à la prostration inévitable qui la suit qu'il faut
attribuer l'amaigrissement dû aux exercices de vitesse. On observe
cette tendance à la dénutrition dans toutes les circonstances
d'ordre physique ou moral qui provoquent une grande dépense
d'influx nerveux. On maigrit sous l'influence d'une préoccupation
continuelle ou d'un travail intellectuel très soutenu.

Selon nous, si le travail de vitesse a le privilège d'amener l'a-
maigrissement du sujet, ce n'est pas tant par l'excès de déperdition qui l'accompagne que par le défaut de réparation qui le
suit. De la dépense excessive d'influx nerveux qui se produit pour
hâter la contraction du muscle, il résulte un épuisement momentané des forces qui président à la nutrition, et les tissus brûlés
par le travail n'ont pas de tendance à se réparer.

Il se produit pendant un exercice de vitesse un ébranlement
nerveux rappelant celui qui succède à une vive émotion ou à une
forte tension d'esprit. La fatigue due à la vitesse ôte souvent l'appétit et le sommeil. Ces résultats sont surtout très marqués chez
les sujets impressionnables, et c'est chez eux qu'on peut voir
combien la fatigue due à la vitesse est contraire à la réparation
de l'organisme. Beaucoup d'enfants, après avoir trop couru, ne
peuvent ni manger ni dormir. Beaucoup de chevaux trop nerveux
refusent leur avoine après une journée de chasse vivement menée.
On n'observe pas ces caprices d'estomac chez les animaux de
gros trait tenus des journées entières sur le collier.

Chez l'homme, il est très remarquable d'observer la différence
que produit dans la nutrition l'exercice de vitesse comparé à
l'exercice de force. Les chargeurs, les portefaix, les hercules de
foire ont habituellement une structure massive qui s'accentue de
plus en plus par l'exercice de leur profession. Les coureurs, les
danseuses, les prévôts d'escrime sont généralement sveltes et
amaigris.

Si nous voulons résumer en quelques mots les résultats des
exercices de vitesse, nous voyons qu'il faut distinguer les effets

qui sont dus à l'accumulation du travail et ceux qui tiennent à la fréquence des mouvements.

L'exercice de vitesse a un point commun avec l'exercice de force : c'est la quantité très grande de travail mécanique qu'il peut produire. La succession rapide d'un grand nombre d'efforts aboutit, en dernière analyse, au même résultat que la grande intensité d'un petit nombre d'efforts très espacés. — On pourrait dire, en empruntant une image à la thérapeutique, que ces deux modes d'exercice ont pour résultat de faire supporter à l'organisme des « *doses massives* » de travail.

Mais l'exercice de vitesse produit des résultats particuliers très différents de ceux des exercices de force. Ces résultats sont dus non plus à la grande quantité de travail mécanique effectué, mais à la succession rapide des mouvements. La vitesse des mouvements a sur l'organisme une influence particulière, indépendamment de leur plus ou moins grande énergie. C'est sur le système nerveux que se fait sentir cette influence, et c'est, en dernière analyse, à un surcroît de travail des centres nerveux que sont dus les effets très spéciaux des exercices de vitesse.

CHAPITRE V.

LES EXERCICES DE FOND.

I.

Nous appellerons exercices *de fond* ceux dans lesquels le travail doit être continué longtemps.

Dans les exercices de fond, la dépense de force est déterminée moins par l'intensité et la succession rapide des efforts que par leur durée. Il faut, dans ces exercices, que l'effort musculaire ne soit pas trop considérable et que les mouvements ne soient pas trop rapides, afin que la fatigue sous ses diverses formes ne vienne pas les interrompre trop tôt. Aussi l'exercice de fond n'est-il qu'un exercice modéré quand il dure peu, tandis qu'il peut devenir exercice forcé s'il se prolonge outre mesure.

Dans ces exercices, la somme du travail exécuté au bout d'un laps de temps prolongé, à la fin d'une journée, par exemple, peut être très considérable, mais la dépense de force se fait par fractions trop faibles pour coûter aux muscles un effort pénible, ou pour porter un trouble accentué dans le jeu des fonctions organiques. Aussi peut-on, à l'aide des exercices de fond, faire passer presque inaperçues pour le sujet de fortes doses de travail musculaire.

La machine animale est construite de façon à pouvoir exécuter sans fatigue des mouvements d'une intensité et d'une vitesse déterminées. Quand on ne dépasse pas cette mesure, il ne se produit dans l'organisme aucun ébranlement appréciable et le travail s'exécute au milieu de la tranquillité presque complète des fonctions vitales. C'est grâce à l'équilibre parfait qui existe entre l'effort musculaire et la résistance du sujet, dans les exercices de fond, que le travail peut se prolonger longtemps et accumuler insensiblement ses effets utiles, sans faire subir aucun ébranlement aux rouages divers qui sont chargés de son exécution.

On voit du premier coup l'importance et l'utilité des exercices de fond quand il s'agit d'un organisme faible, d'un sujet peu résistant auquel on cherche à donner les bénéfices du travail musculaire en lui évitant les dangers de la fatigue. — C'est ainsi qu'on arrive à faire supporter dans certains cas à un malade un remède énergique en le lui administrant à doses « fractionnées ».

Le fractionnement du travail en quantités assez faibles pour que l'organisme supporte chacune d'elles sans sortir sensiblement de son fonctionnement normal, telle est la condition essentielle de l'exercice de fond.

Une autre condition est nécessaire pour constituer un exercice de fond : il faut que les efforts musculaires soient suffisamment espacés pour que l'effet de celui qui précède ne vienne pas s'ajouter à l'effet de celui qui suit. Il faut qu'entre deux doses successives de travail il y ait un temps de repos suffisant.

Il est des organes dans le corps humain qui font un travail considérable qui se continue toute la vie. On est surpris, par exemple, de voir le muscle creux qu'on appelle le cœur se contracter depuis la naissance jusqu'à la mort, sans jamais suspendre ou ralentir son travail. — C'est que le muscle cardiaque exécute un travail de fond. La dépense de force de chaque battement est très bien équilibrée avec la résistance de l'organe qui le subit, et l'intervalle qui sépare deux mouvements constitue un temps juste suffisant pour reposer la fibre. Mais si quelque circonstance vient à augmenter le travail de l'organe, comme on le voit dans les rétrécissements des orifices, par exemple, ou si les contractions se rapprochent outre mesure, comme il arrive dans les palpitations, les conditions du travail sont changées. Le cœur, au lieu d'un simple travail de fond, est obligé de faire un travail de vitesse ou de force incompatible avec la continuité et la durée ; la fatigue finit par se faire sentir sur le muscle, ses fibres perdent leur ressort et leur énergie, il y a surmenage du cœur, et on voit s'établir les accidents de l'*asystolie*, dont la mort est le dénouement inévitable.

C'est ainsi que, dans les muscles de la vie de relation, l'augmentation d'énergie ou la succession plus rapide des mouvements tend à faire passer l'exercice de fond dans la catégorie des exercices de vitesse ou de force.

Dans l'exercice de force il y a *accumulation* du travail, puisque chaque effort musculaire est très intense. Dans l'exercice de vitesse il y a *multiplication* du travail, car les mouvements sont peu énergiques, mais la succession rapide d'efforts peu intenses finit par amener l'accumulation du travail. Dans l'exercice de fond, au contraire, les efforts étant suffisamment espacés, il y a *fractionnement* du travail, parce qu'à aucun moment la dose d'exercice subie par l'organisme ne dépasse la mesure de sa résistance.

Quels sont, parmi les exercices usités, ceux qu'on peut appeler exercices de fond ? — Cette question soulève une première difficulté, car le même exercice peut représenter tour à tour un travail de vitesse, un travail de force ou un travail de fond, suivant les conditions dans lesquelles il s'exécute.

L'exercice du canotage, par exemple, exige un travail de vitesse dans une course de régates et un travail de fond dans une longue promenade. La marche, qui est le type des exercices de fond, peut présenter les caractères de l'exercice de force quand elle s'exécute sur une pente extrêmement escarpée. C'est ainsi que, dans certaines ascensions où il faut gravir des pentes à pic, chaque pas représente un grand déploiement de force musculaire, et le touriste est obligé d'interrompre son travail aussi fréquemment que s'il marchait dans la plaine avec un lourd fardeau sur les épaules.

Les conditions dans lesquelles se trouve le sujet qui exécute un exercice n'ont pas moins d'importance que l'exercice lui-même pour caractériser l'exercice de fond.

L'exercice de fond est caractérisé par la nécessité d'un équilibre parfait entre l'intensité de l'effort musculaire et la résistance de l'organisme. Or, rien n'est variable comme la résistance individuelle de chaque sujet. Aussi ce qui est pour l'un exercice de force ou de vitesse devient-il, pour un autre plus fort ou mieux préparé, un simple exercice de fond. Le petit galop est un exercice de vitesse pour un cheval de limon habitué à tirer au pas : c'est un exercice de fond pour le cheval arabe, qui peut soutenir cette allure pendant des journées entières sans s'arrêter. Manier l'aviron semble un exercice de force à celui qui, pour la première fois, apprend à ramer : au bout d'un quart d'heure il s'arrête essoufflé. Pour un batelier de profession, c'est un exercice qui peut être continué une journée entière sans amener aucune fatigue.

Il y a donc deux conditions nécessaires pour constituer un exercice de fond : 1° une certaine modération dans la violence de l'exercice, et 2° une certaine résistance de la part de l'organisme qui le subit.

Voilà pourquoi le mot de *fond*, qui représente l'idée de « durée », s'applique aussi bien aux qualités de l'homme ou de l'animal qu'à la nature du travail qu'ils exécutent. Le travail de fond est celui dont le mode d'exécution se prête à ce qu'il soit soutenu long-temps ; et l'homme ou l'animal qui ont « du fond » sont ceux dont l'organisme est apte à supporter longtemps le travail.

Certains sujets ne peuvent supporter l'exercice le plus modéré sans donner, au bout d'un temps très court, des signes de fatigue extrême. Il en est d'autres qui soutiennent avec une résistance surprenante les exercices les plus violents et pour lesquels les travaux de force et de vitesse deviennent des exercices de fond.

La plupart du temps, ces différences dans la résistance, dans les qualités de fond des sujets viennent de l'inégalité qu'ils présentent dans la puissance de la respiration.

On peut dire que l'aptitude respiratoire du sujet est le véritable régulateur du travail de fond.

Pour qu'un exercice puisse être longtemps continué, la première condition est qu'il n'amène pas l'essoufflement. On peut continuer à marcher malgré la fatigue des jambes et l'endolorissement des pieds : on ne peut pas continuer à courir quand on est essoufflé. Nous avons vu, au chapitre de l'*Essoufflement*, que cette forme de la fatigue est due à une intoxication du sang par un excès d'acide carbonique. Pour échapper à cette intoxication qui rend la continuation du travail impossible, il faut que le sujet élimine son excès d'acide carbonique à mesure qu'il se forme, et, la formation de l'acide carbonique étant proportionnelle à la quantité du travail effectué dans un temps donné, on peut conclure en définitive que, dans l'exercice de fond, le travail des muscles doit être subordonné à celui que peut faire le poumon. — Ainsi, toutes les conditions qui augmentent la puissance respira-

toire du sujet augmentent aussi son aptitude à soutenir longtemps un travail intense, et un sujet a « du fond » quand il a du
« souffle ».

II.

Les effets de l'exercice de fond peuvent se déduire exactement
des conditions dans lesquelles ces exercices s'exécutent. On doit
s'attendre à ce qu'un exercice qui est incompatible avec l'essoufflement n'amène aucun des accidents de la respiration forcée. Au
cours de ces exercices, on n'aura pas à craindre les ruptures des
tendons, les déchirures ou les tiraillements excessifs des fibres
musculaires, puisque les mouvements ne doivent jamais atteindre un degré de violence supérieur à la résistance des organes.
En revanche, l'exercice de fond ne troublant pas sensiblement le
jeu des organes, on n'obtiendra pas avec lui une très énergique association des grandes fonctions de l'économie au travail musculaire. Il n'y aura pas, chez le marcheur, par exemple, cette rapide
élévation de la température, cette abondance de transpiration,
cette accélération excessive du pouls, et ces violentes inspirations
qu'on observe chez le coureur.

Pourtant il ne faut pas croire que les exercices même les plus
modérés, quand ils sont soutenus pendant un temps très long,
puissent être compatibles avec le maintien des fonctions dans
leur état absolument calme et normal. La contraction musculaire
la plus modérée et la plus localisée finit, quand elle se prolonge,
par obliger les grandes fonctions de l'économie à s'associer au
travail. Nous avons déjà cité la curieuse expérience de Chauveau prouvant que le travail de la mastication, travail aussi
modéré et aussi localisé que possible, peut influencer le cours
général du sang. Sur un cheval qui meut les mâchoires pour
broyer l'avoine, on constate que le cours du sang subit une
accélération sensible dans les muscles masticateurs. Un appel
plus énergique est fait au fluide nourricier par la fibre qui travaille. Pendant un certain nombre de minutes, l'accélération est
limitée aux vaisseaux qui portent le sang aux muscles agissants;
mais bientôt, si la mastication continue, le mouvement plus intense se propage de proche en proche et gagne le cœur lui-même,
et le nombre des pulsations augmente dans toute l'étendue de
l'arbre circulatoire.

Telle est l'influence de la durée d'un acte musculaire. Un travail local faible et lent finit, en se prolongeant un certain temps, par faire sentir ses effets sur l'état général en associant au travail du muscle la plus importante des grandes fonctions de l'économie, la circulation du sang.

Mais la circulation sanguine ne peut être accélérée sans que les autres fonctions s'associent à son surcroît d'activité. Le sang, par le fait même de son mouvement plus rapide, acquiert une élévation de température due à un frottement plus intense sur les parois circulaires. Les centres nerveux recevant un sang plus abondant et plus chaud ne peuvent échapper à un certain degré de surexcitation, et le poumon, de son côté, subit deux influences capables d'activer son jeu; d'une part, le sang qui traverse ses capillaires est plus abondant et nécessite, pour être hématosé, une plus grande quantité d'oxygène : d'où exagération du besoin de respirer et accélération des mouvements respiratoires; d'autre part, l'échauffement du liquide sanguin contribue à activer la respiration, car la chaleur est un excitant des mouvements respiratoires.

Voilà comment la durée du travail, caractère essentiel des exercices de fond, force l'organisme à s'associer, par une activité plus grande de toutes ses fonctions, à des actes musculaires qui semblaient devoir localiser leurs effets à une région restreinte du corps.

Cette association des grandes fonctions au travail, ou, en d'autres termes, ces *effets généraux* de l'exercice, ne sont jamais aussi violents dans les exercices de fond que dans les exercices de vitesse ou de force. On n'observe pas, par exemple, chez le fantassin qui fait une longue étape, ces mouvements violents de l'appareil respiratoire et ces palpitations du cœur qui sont inévitables chez le coureur. De même, en raison de la modération du travail, le sujet n'a jamais besoin, à aucun moment de l'exercice, de mettre dans un mouvement toute la force dont il est capable et de faire *effort*. L'absence d'effort dans l'exercice préserve celui qui s'y livre de ces violentes compressions des gros vaisseaux et du cœur qui bouleversent le jeu de ces organes et en rendent impossible le fonctionnement soutenu.

Les exercices de fond ont pour effets physiologiques de ménager les organes, tout en activant dans une salutaire mesure le jeu des fonctions. Leur caractère le plus essentiel est de donner à l'organisme la possibilité de réparer pendant le travail même la plupart des troubles que le travail occasionne dans la machine. C'est ainsi que l'essoufflement n'a pas lieu pendant l'exercice de fond ; l'acide carbonique produit par les muscles n'atteignant jamais une dose supérieure à ce que le poumon peut éliminer, il est chassé du sang à mesure qu'il s'y forme et passe inaperçu pour l'organisme.

A cette immunité pour l'essoufflement, l'exercice de fond joint le bénéfice d'une introduction très considérable d'oxygène dans l'économie. Si l'on s'en rapporte au tableau du physiologiste anglais Edw. Smith, voici quels sont les effets comparatifs des diverses allures de l'homme sur la quantité d'air qui est introduite dans le poumon :

Pour l'unité de temps, la quantité d'air respirée est de :

1,18 pour un homme qui reste assis ;

1,33 pour l'homme debout ;

2,76 pour celui qui marche au train de 4 kilomètres à l'heure ;

7,05 pour celui qui court au train de 12 kilomètres à l'heure.

D'après ce tableau, la consommation d'air d'un homme au repos étant de 1,18, celle d'un homme qui marche la dépasse de 1,58, et celle d'un homme qui court la dépasse de 5,91.

Ainsi un homme qui marche bénéficie à chaque minute d'un surplus d'oxygène représenté par le chiffre 1,58 et l'homme qui court, d'un surplus représenté par le chiffre 5,91. Si l'on compare ces deux nombres, on voit qu'ils sont à peu près l'un à l'autre comme 4 est à 1 ; mais de ce petit calcul se dégage un résultat un peu inattendu : c'est qu'un homme qui marche pendant 4 heures a fait passer autant d'oxygène à travers ses poumons que celui qui a couru pendant 1 heure.

En d'autres termes, à supposer, — ce qui est fort contestable, — que l'air introduit dans le poumon soit aussi bien assimilé pendant la course que pendant la marche, il suffirait de marcher pendant une heure pour bénéficier du même surplus, de la même acquisition d'oxygène que si l'on courait pendant un quart d'heure. Il est plus facile de marcher une heure que de courir un quart d'heure, et, le bénéfice étant égal au point de vue de l'oxygène acquis, il semblerait que la marche doive toujours être préférée à la course et que, d'une manière générale, les exercices de fond vaillent mieux que les exercices de vitesse. Ils sont préférables, en effet, toutes les fois qu'il s'agit de sujets dont les organes pulmonaires ou le cœur donnent de la préoccupation

au médecin et dont le sang aurait pourtant besoin de s'enrichir
d'un surcroît d'oxygène. On leur fera faire cette acquisition sans
aucun danger par l'exercice de fond.

En revanche, les exercices de fond, laissant toujours le jeu du
poumon dans une certaine tranquillité, n'exigent pas ces grands
efforts d'inspiration qui forcent toutes les cellules à se déplisser.
A l'état de repos, il y a toujours un grand nombre de vésicules
pulmonaires qui restent inactives; leurs parois demeurant affaissées et aplaties, il y a des départements entiers du poumon qui
ne participent pas à l'acte respiratoire. Quand l'organisme fait
appel à toutes ses forces respiratoires, aucune région ne reste
silencieuse, et les culs de sacs bronchiques les plus reculés
ouvrent leurs replis à l'air qui s'y précipite. Le poumon acquiert
alors tout le volume possible, grâce au soulèvement énergique
des parois du thorax. C'est là l'effet le plus précieux des exercices
qui essoufflent : ils tendent à augmenter la capacité de la poitrine. Or les exercices de fond n'amènent pas l'essoufflement.

Les exercices de fond activent les échanges gazeux et enri-
chissent le sang d'une plus grande quantité d'oxygène, mais leur
rôle s'arrête là : ils n'excitent pas assez violemment les mouvements respiratoires pour modifier la conformation de la poitrine.
Ils ont leur indication et leurs avantages ; ils ont aussi leurs desi-
derata. C'est au médecin à peser le pour et le contre et à dégager
par l'examen du sujet l'indication formelle de tel exercice plutôt
que de tel autre.

Les sujets à poumons suspects, pour lesquels de violents mouvements respiratoires présenteraient des dangers; ceux aussi
dont le cœur n'est pas dans un état d'intégrité parfaite, ou chez
lesquels on soupçonne des dégénérescences artérielles qui rendent les vaisseaux moins résistants; tous ceux, en un mot, dont
les organes de la respiration et de la circulation présentent une
certaine fragilité, devront préférer les exercices de fond aux
exercices de vitesse et de force.

III.

C'est à l'exercice de fond que doivent exclusivement se livrer
les hommes âgés, les sujets atteints de dégénérescence goutteuse
ou alcoolique des vaisseaux sanguins, les obèses atteints d'infiltration graisseuse du cœur.

Les malades dont la respiration s'essouffle avec une très grande facilité, les emphysémateux, par exemple, ne peuvent se livrer à aucun exercice de vitesse ou de force; il en est de même des phtisiques. Et pourtant ces deux catégories de malades auraient besoin de faire des respirations supplémentaires pour compenser l'insuffisance du champ respiratoire dont la maladie a réduit quelquefois de moitié l'étendue. Les exercices de fond constituent, dans ce cas, un moyen précieux de traitement. Ils permettent, en augmentant d'une très petite quantité à la fois l'acide carbonique formé par le travail, d'en rendre possible l'élimination complète à chaque mouvement d'expiration, et d'introduire en échange pendant l'inspiration un petit supplément d'oxygène. Si l'exercice est bien réglé, il peut se prolonger pendant des heures, et le malade bénéficiera alors, sans avoir passé par les dangers de l'essoufflement, d'une série de petites quantités d'oxygène dont le total sera équivalent à celui que pourra gagner un homme valide dans un exercice de vitesse ou de force. En nous en rapportant au calcul fait plus haut, nous voyons en effet qu'un exercice modéré, comme la marche, soutenu pendant quatre heures, fait absorber au sujet le même supplément d'oxygène que l'exercice le plus violent, la course par exemple, soutenu pendant une heure.

En général, on n'utilise pas assez les exercices de fond chez les personnes dont la respiration est insuffisante. Il faudrait prescrire hardiment aux tuberculeux et aux asthmatiques les longues marches en plaine, ou l'exercice soutenu de l'aviron en descendant le courant et en ramant dans un rythme très lent.

La respiration est la fonction la plus importante de celles que l'exercice met en jeu, mais elle n'est pas la seule dont il faille s'occuper dans les exercices de fond. Cette fonction a pour but, en même temps que l'absorption de l'oxygène, d'effectuer l'élimination de l'acide carbonique et de beaucoup d'autres éléments résultant des combustions dues au travail; mais tous les produits de combustion ne s'éliminent pas par le poumon.

Le fractionnement du travail, qui se prête si bien à l'expulsion régulière de l'acide carbonique, n'a pas la même influence sur l'élimination des autres produits de désassimilation, sur les déchets qu'élimine l'urine, par exemple. Si l'on se rapporte au chapitre qui traite des sédiments urinaires consécutifs au travail musculaire, on comprendra aisément que le fractionnement du travail ne peut pas empêcher l'accumulation des produits de combustion que l'urine élimine, parce que leur élimination se fait avec trop de lenteur. L'acide carbonique fourni par le travail s'échappe instantanément par le poumon; les composés insolubles qui résultent du déchet musculaire ne se retrouvent dans l'urine que trois heures en moyenne après les efforts musculaires qui leur ont donné naissance. Si la lenteur du travail peut retarder le moment où ces déchets s'accumulent, leur accumulation n'en est pas moins inévitable, puisque, dans un exercice qui a duré trois heures, le travail se trouve terminé avant qu'aucune parcelle de ces déchets n'ait encore été entraînée au dehors.

Voilà pourquoi l'exercice de fond, s'il retarde l'apparition de la fatigue, ne met pas l'organisme à l'abri de ses suites.

C'est là, du reste, une remarquable confirmation de notre théorie de la courbature. Selon nous, la courbature de fatigue est due à une surcharge du sang par les urates, à une sorte d'*uricémie* passagère, comme l'essoufflement, autre forme de la fatigue, est dû à une *carbonication* excessive du liquide sanguin. Un homme qui chasse à pied, tout un jour, sans être entraîné, subira inévitablement, le lendemain, les atteintes plus ou moins marquées de la courbature de fatigue, et pourtant son allure en chasse, type de l'exercice de fond, n'aura déterminé l'essoufflement à aucun moment du jour.

Ces observations nous donnent la clef d'un fait assez surprenant au premier abord, et même inexplicable si l'on n'admet pas notre théorie, à savoir que les jeunes sujets supportent mieux les exercices de vitesse que les exercices de fond.

Un enfant de sept ans supporte très bien tous les jeux qui demandent des temps de course rapide et prolongée. Cela tient à la merveilleuse facilité avec laquelle ses poumons s'adaptent aux exigences de la respiration forcée. L'acide carbonique fourni par le travail s'élimine avec une très grande promptitude, et l'organisme ne s'en trouve pas incommodé.

Mais l'acide carbonique n'est pas le seul produit de désassimilation que l'organisme doive éliminer par le travail : il s'en forme d'autres dont la sortie est plus lente, notamment ceux qui résultent de la désassimilation des tissus azotés. Or *la désassimilation est beaucoup plus prompte chez l'enfant que chez l'homme fait,* car les tissus jeunes ont moins de stabilité que les tissus adultes. De là production plus abondante des déchets azotés dont l'acide urique et les urates sont la base. Les exercices de fond, qui permettent à l'acide carbonique d'être éliminé à chaque respiration, ne produisent pas l'accumulation de ce gaz, mais ils peuvent produire l'accumulation des déchets uratiques, car ceux-ci ne commencent à être expulsés, ainsi que nous l'avons démontré, que trois ou quatre heures après l'effort musculaire qui leur a donné naissance (1). Un exercice pourra donc être continué pendant quatre heures et donner lieu, pendant tout ce laps de temps, à la formation des déchets uratiques sans qu'une seule parcelle en soit éliminée. Tous les déchets se trouveront donc réunis à la fois dans le sang au moment où l'exercice cessera. L'organisme qui aura échappé aux effets de l'acide carbonique, gaz qui s'élimine au fur et à mesure de sa formation, ne pourra échapper à ceux des déchets azotés accumulés à haute dose dans le sang. Il y aura, après la cessation de l'exercice de fond, une véritable uricémie, une surcharge du sang par les composés uriques.

Ce résultat nous explique comment les jeunes sujets qui, grâce à la puissance d'adaptation de leurs organes respiratoires, ont supporté impunément un exercice de vitesse sans s'essouffler, vont tomber facilement sous le coup d'une fièvre de courbature et subir même les effets du surmenage fébrile, à la suite d'une trop longue marche.

Les goutteux, comme les enfants, sont exposés à des accidents de fatigue consécutive après les exercices de fond. C'est qu'ils ont déjà, par leur tempérament, une disposition à l'accumulation de l'acide urique dans le sang, et, l'exercice musculaire produisant des déchets uratiques qui ne peuvent s'éliminer à mesure de leur production, il se trouve qu'à la fin d'un travail de durée le sang charrie en abondance des composés uriques. On sait que l'accès de goutte est la conséquence de cette saturation urique du liquide sanguin, et ainsi s'expliquent les accès de goutte qui surviennent presque inévitablement chez les goutteux le lendemain d'une très longue partie de chasse d'ouverture, alors que le sujet ne s'est pas préparé par l'entraînement gradué, dont nous avons vu les salutaires effets pour empêcher la formation des déchets uriques.

En résumé, les exercices de fond permettent de faire beaucoup de travail avec une grande économie de fatigue. Ils donnent à l'organisme le bénéfice d'une acquisition supplémentaire d'oxy-

(1) Voir plus haut le chapitre : la Courbature, p. 108.

gêne sans l'exposer aux dangers de la respiration forcée. Ils activent la circulation du sang sans fatiguer le cœur et distendre violemment les vaisseaux. En un mot, ils ménagent toute la machine pendant le travail.

Mais, s'ils préservent l'organisme des accidents de la fatigue immédiate, ils ne le mettent pas à l'abri de la fatigue consécutive. S'ils peuvent empêcher l'essoufflement, ils ne peuvent empêcher la courbature.

L'exercice modéré et prolongé, celui dans lequel le travail total est considérable, mais très bien divisé, convient aux sujets dont il faut ménager la respiration. Il ne peut être appliqué sans entraînement préalable aux sujets goutteux, et ne doit jamais être appliqué aux enfants.

L'exercice de vitesse s'adapte bien aux jeunes sujets, qui éliminent facilement l'acide carbonique. L'exercice de fond convient mieux aux sujets d'âge mur, dont les tissus azotés résistent mieux aux mouvements de désassimilation et forment moins de déchets uriques. — Les conscrits sont excellents pour les manœuvres de vitesse, et les vétérans pour les manœuvres de fond.

CHAPITRE VI.

MÉCANISME DES DIVERS EXERCICES

I.

Pour comprendre le mécanisme exact à l'aide duquel un exercice donné s'exécute, il faut chercher quels groupes musculaires il met en action et quels leviers osseux il fait mouvoir.

Cette analyse n'est pas toujours facile, car, à côté de l'effort principal et du mouvement le plus apparent, chaque exercice nécessite des efforts secondaires qui associent au travail des pièces du squelette ou des régions du corps qu'on ne s'attendrait pas à y voir contribuer. Diverses régions du corps peuvent tantôt avoir le rôle principal dans l'exercice, tantôt y prendre une part indirecte; et l'on voit les bras, les jambes, la tête, le cou et le tronc devenir tour à tour agents essentiels ou facteurs accessoires d'un acte musculaire. Mais en général il est rare qu'une région isolée du corps soit exclusivement chargée du travail, et presque toujours divers groupes de muscles éloignés s'y associent et y contribuent plus ou moins énergiquement.

Dans la plupart des exercices, ce sont les membres qui jouent

le rôle important; la colonne vertébrale, le bassin, les côtes et
la tête n'ont le plus souvent qu'une action secondaire : s'il faut
soulever des fardeaux ou manœuvrer des poids, ce sont les mains
qui les saisissent; s'il s'agit de déplacer le corps, ce sont les
jambes qui ont le rôle direct par l'appui qu'elles prennent sur
le sol, ou les bras par les points de suspension et de soutien que
leur fournissent les divers engins de gymnastique. Mais, dans
tous les cas où l'effort doit être énergique, on voit le tronc s'associer aux mouvements des membres. Les muscles du bassin
viennent en aide aux membres inférieurs, et ceux de l'épaule
aux membres supérieurs. Enfin les muscles de la colonne vertébrale et des côtes s'associent aussi aux mouvements très violents
des membres, car beaucoup d'entre eux ont des points d'insertion
sur les omoplates et l'humérus, sur le bassin et le fémur.

Bien souvent tous les muscles du corps semblent venir s'associer au travail d'un groupe musculaire principal pour colla-
borer avec lui à un effet définitif. Cette association est d'autant
plus complète que l'effort est plus violent; et on peut voir le
travail, d'abord localisé à une partie restreinte quand il est insignifiant, gagner successivement, à mesure qu'il devient plus considérable, les parties de plus en plus éloignées, et se propager
soit du haut en bas, soit du bas en haut, suivant l'exercice pratiqué, d'une extrémité à l'autre du corps.

Pour sauter à pieds joints à une très petite distance, les membres inférieurs entrent seuls en jeu. Si le saut doit avoir plus
d'étendue, les muscles du bassin et de la colonne vertébrale s'associent au mouvement. Si le sauteur veut se lancer aussi loin
que possible, ses bras eux-mêmes viennent prendre part à l'action
et se déploient par une brusque projection en avant qui augmente
l'impulsion donnée au poids du corps.

Quand on soulève un haltère très léger, le bras seul entre en
action. Si le poids est plus lourd, les muscles du tronc viennent
s'associer à ceux des bras et de l'épaule. Si enfin le poids est sur
la limite de la force du sujet, on voit les muscles extenseurs des
jambes et des cuisses entrer eux aussi vigoureusement en jeu et
produire une énergique poussée de bas en haut. — C'est ainsi
qu'un acte musculaire qui semble, au premier abord, un simple
exercice des bras, peut nécessiter l'action très énergique des
jambes.

La conséquence pratique qu'on peut déduire de ces faits a son
importance. Faute de connaître les effets indirects du mouvement

musculaire, on pourrait exposer le sujet à associer à l'exercice une région malade qu'il importerait de ménager.

L'association indirecte d'une région du corps au travail a quelquefois simplement pour but de fournir aux membres agissants un point d'appui fixe. L'acte musculaire indirect est, dans ce cas. une nécessité imposée par la mobilité extrême des pièces osseuses qui composent le squelette. Il faut toujours qu'une des extrémités du muscle ait une attache fixe pour que l'autre extrémité puisse exercer une traction efficace sur l'os auquel elle s'attache. Plus la force à dépenser est considérable, plus urgente devient la nécessité de fournir un point d'appui immobile aux muscles agissants, afin qu'ils entrent en contraction avec toute l'énergie possible. Quand le mouvement représente une dépense de force considérable, il nécessite toujours la rigidité de la colonne vertébrale et du tronc qui représentent les centres auxquels viennent converger tous les membres; de là la production de *l'effort* dont nous avons longuement parlé au chapitre des *Mouvements*. Mais l'effort lui-même est cause d'une suspension momentanée de la respiration et d'une compression des grosses veines et du cœur, et c'est ainsi que peut se produire un trouble profond dans les grandes fonctions de l'économie à l'occasion de la contraction d'un groupe de muscles très restreint.

Les exemples que nous venons de citer font voir l'importance des mouvements accessoires et du travail musculaire indirect dans les exercices du corps. Plus on analyse ces exercices, plus on est frappé de voir la solidarité de tous les groupes musculaires et de toutes les pièces du squelette, plus on est frappé de ce fait que les effets locaux de l'exercice se font sentir bien souvent loin de la région qui semble travailler le plus.

Il nous est impossible d'analyser ici tous les exercices connus et de montrer la part qui est dévolue dans leur exécution à telle ou telle région du corps. Du reste, notre but n'est pas de faire un catalogue complet de tous les exercices dont il a plu à la fantaisie des gymnasiarques d'enrichir leur répertoire, mais seulement d'établir, d'indiquer les notions fondamentales à l'aide desquelles on peut porter un jugement sur la valeur hygiénique des principaux exercices usités. Pour cela, il sera plus simple de jeter un coup d'œil sur les diverses régions du corps et d'indiquer à grands traits quelle part directe ou indirecte chacune d'elles prend le plus habituellement au travail dans les divers exercices usités.

II.

Dans la plupart des exercices, le rôle principal et direct est dévolu aux membres, et le rôle indirect revient au tronc qui s'associe au travail des bras ou des jambes soit par un effort musculaire agissant dans le même sens, soit par une attitude qui favorise l'exécution du mouvement.

Le *bras* semble être l'objectif de tous les exercices de la gymnastique moderne. La plupart des mouvements qui s'exécutent dans les gymnases nécessitent comme préliminaire l'acte de saisir soit un cordage, soit une barre. Les membres supérieurs doivent alors ou bien « suspendre » le corps aux agrès que saisissent les mains, ou le « soutenir » en l'élevant au-dessus des poignets. La *suspension* et le *soutien* du corps sont les deux positions fondamentales des exercices de la gymnastique avec appareils.

Dans ces exercices les bras ont à mouvoir dans divers sens le poids du corps. Ils usurpent en quelque sorte le rôle des jambes. Mais ce que les jambes accomplissent facilement à cause de leurs puissantes masses musculaires, les bras l'exécutent avec difficulté, et doivent employer toute leur énergie soit pour faire progresser le corps en hauteur, à la force du poignet, soit pour le faire passer successivement de la suspension à l'appui par le mouvement qu'on appelle le *rétablissement*. Un homme qui exécute un rétablissement fait un travail représenté par le poids de son corps multiplié par deux fois la longueur des bras. La plupart des exercices de gymnastique imposent ainsi aux membres supérieurs un travail considérable ; aussi les bras prennent-ils rapidement un grand développement chez les amateurs de « gymnastique avec appareils ».

Le travail des bras est nécessaire dans les exercices qui exigent le déplacement, dans divers sens, de poids plus ou moins lourds, le corps restant à terre. C'est ainsi que le travail avec les haltères exige un déploiement de force musculaire du bras proportionnel au poids des masses soulevées. Mais jamais, à moins d'entrer dans le domaine de la gymnastique athlétique, les poids soulevés ne sont aussi lourds que le corps humain. Aussi jamais les muscles et les os qui constituent l'épaule ne subissent-ils un travail aussi grand, dans la plupart des exercices « de pied ferme », que dans les exercices nécessitant l'appui ou la suspension du corps à l'aide des poignets.

Quand un gymnasiarque se tient en équilibre sur les mains, les pieds en l'air, il demande à ses épaules de supporter tout le poids du corps, comme le font les hanches dans la station verticale ; mais le bassin avec sa solide ceinture osseuse, formée d'os épais et fortement soudés entre eux, est très apte à servir d'appui, et transmet aisément le poids du corps aux deux fémurs solidement articulés dans une cavité profonde creusée dans un os massif ; tandis que l'articulation de l'épaule n'est nullement apte à faire un pareil travail. Pendant le soutien du corps par l'appui du bras, les muscles qui entourent l'humérus, l'omoplate et la clavicule doivent entrer énergiquement en jeu afin d'immobiliser ces pièces osseuses si mobiles, et créer ainsi une attitude artificielle au prix d'un travail considérable des masses musculaires de la poitrine, du dos et de la nuque.

Nous verrons, en parlant des *Exercices qui déforment*, les conséquences de cette exagération dans l'action des muscles qui font mouvoir l'épaule.

La plupart des exercices de gymnastique avec engins exigent constamment soit l'appui du corps sur les poignets, soit le passage de la suspension à l'appui comme dans les divers rétablissements. Aussi est-ce surtout chez les gens qui s'adonnent au trapèze, aux anneaux, aux barres fixes, aux barres parallèles, qu'on observe ce développement excessif des muscles qui entourent l'épaule et cette saillie des masses charnues de la nuque souvent disgracieuse par son exagération.

Beaucoup d'autres exercices peuvent demander aux muscles des bras une grande dépense de force sans associer à leur travail un effort aussi disproportionné de l'épaule. Le canotage, par exemple, exige de vigoureuses tractions sur la rame, mais ne soumet pas l'articulation scapulo-humérale à ces violentes pressions de haut en bas, ou de bas en haut, qu'on observe dans la gymnastique avec engins. Dans l'exercice de l'aviron, les bras exécutent des mouvements alternatifs de flexion et d'extension combinés avec des mouvements d'abduction et d'adduction. Quand la rame doit être maniée avec vigueur, le tronc s'associe au travail par des mouvements de flexion en avant qui favorisent l'extension du bras, puis le corps tout entier intervient par un mouvement d'extension, auquel s'associe aussi la poussée des

jambes et des cuisses pour continuer le mouvement en arrière
commencé par la flexion des bras. Ainsi, dans le maniement de
l'aviron, aucun mouvement ne se produit qui ne soit conforme à
la destination de chaque muscle et de chaque bras de levier employé.

Nous verrons l'importance de ce fait en étudiant les exercices
qui déforment.

Dans la boxe, le bâton, la canne, l'escrime, les muscles
agissent aussi, soit simultanément, soit isolément, mais avec un
fardeau d'un poids insignifiant, ou même sans aucune espèce de
fardeau. Aussi les membres supérieurs ne présentent-ils pas, chez
les gens adonnés à ces exercices, la conformation qu'on remarque
chez les gymnasiarques, les canotiers, et dans les professions qui
exigent le maniement de lourdes masses. Chez les Boxeurs de
profession les bras sont fortement musclés, mais on obtient ce
développement utile à la force du coup de poing par des exercices accessoires, tels que les haltères, les *dum-bell* destinés à
l'entraînement du sujet.

Les *jambes* sont les membres le plus naturellement exercés
par les circonstances usuelles de la vie. C'est à elles qu'est
dévolue chez l'homme la fonction de locomotion. Elles peuvent
exécuter, outre les pas de la marche et de la course, allures naturelles, une foule de mouvements compliqués, tels que ceux exigés
par la danse.

La Boxe Française exige de la part des jambes un travail tout
différent de la marche et qui se rapproche plutôt de la danse. Le
propre des mouvements de cet exercice est de forcer le corps à
prendre appui sur un seul membre pendant que l'autre détache
le coup de pied; aussi l'équilibre est-il difficile à garder dans
ces attitudes hardies qui obligent le tronc à s'associer à chaque
mouvement des jambes. Pour servir de contre-poids à la jambe
qui porte le talon à la figure de l'adversaire, le corps se penche
sur le membre opposé, par une flexion latérale de la colonne lombaire, puis les gros muscles du bassin étendent vivement la cuisse
qui elle-même provoque l'extension énergique de la jambe. Mais
l'extension de la cuisse suppose l'immobilisation du bassin, qui,
lui-même, ne peut rester fixe sans que les côtes ne se trouvent
immobilisées par une inspiration profonde suivie de la rétention
de l'air dans le poumon. C'est ainsi qu'il faut faire « effort » pour
lancer le coup de pied, et, pour cette raison, un coup de pied bien

appliqué s'accompagne presque toujours d'une sorte de gémissement indiquant l'expulsion brusque de l'air qui avait été emmagasiné dans la poitrine.

Les jambes peuvent faire beaucoup de travail sans fatigue puisqu'elles présentent de puissantes masses musculaires. Aucun exercice ne peut produire pour un temps très court une somme de travail comparable à celle qu'exécute un homme qui monte rapidement un escalier, ou qui gravit en courant une pente escarpée. Si l'on voulait faire un travail équivalent à l'aide des bras, en grimpant à l'échelle, par exemple, une prompte fatigue interromprait l'exercice, parce que le travail des muscles utilisés serait trop considérable pour leur volume. Mais l'essoufflement est en rapport avec la totalité du travail fait en un temps donné ; aussi les exercices de jambes, s'ils ne produisent pas une prompte fatigue musculaire, amènent-ils l'essoufflement rapide.

C'est là une particularité très digne de remarque et d'une grande importance pratique. Les exercices qui font vivement travailler les jambes associent presque toujours le thorax au travail. La course, la marche en montée, les sauts en tout genre, exagèrent le mouvement des côtes par l'activité plus grande qu'ils donnent à la respiration. De là découle une conclusion pratique que nous développerons plus loin : il faut en général préférer les exercices des jambes à ceux des bras, quand on cherche à développer la poitrine et à relever les côtes.

Le *bassin* est activement associé à tous les exercices dans lesquels le corps garde la position verticale. Sa situation intermédiaire entre la colonne vertébrale qu'il supporte et les cuisses sur lesquelles il est porté, l'oblige à prendre part à tous les mouvements énergiques du tronc, aussi bien qu'à ceux de la colonne vertébrale et du thorax.

Dans les exercices du corps, les mouvements du bassin sont presque toujours indirects et accessoires. Il se déplace dans la marche, dans la course, dans le saut, en supportant toujours le poids du tronc, et se trouve soumis ainsi à des ébranlements que sa solide structure lui permet de subir sans dommage.

Dans les exercices de gymnastique qui exigent la suspension du corps par les mains ou son appui sur les poignets, le bassin se trouve souvent déplacé, mais alors il n'a plus à supporter le poids du tronc et soutient seulement celui des membres inférieurs. Ces exercices exigent à chaque instant un mouvement qui ne s'observe presque jamais dans les actes usuels de la vie, la flexion du bassin sur le tronc. Le résultat de ce mouvement est de plier le corps en deux en rapprochant les jambes de la poitrine. Pour exécuter le « tour du trapèze » et les différentes « culbutes » aux anneaux et à la barre fixe, la flexion du bassin sur le tronc est nécessaire. C'est aux larges muscles de l'abdomen qu'appartient le rôle de fléchir le bassin sur le tronc ou, réciproquement, le tronc sur le bassin. Aussi ces muscles deviennent-ils très fermes et très épais chez les gymnasiarques de profession. De là la rareté des gros ventres chez les personnes qui travaillent assidûment le trapèze ; la fermeté des parois musculaires abdominales étant un excellent préservatif contre l'infiltration graisseuse des viscères. Des muscles abdominaux fermes et vigoureux sont la la meilleure « ceinture contre l'obésité ».

III.

La *colonne vertébrale* représente l'axe du corps ; elle est formée d'un grand nombre de pièces mobiles qui peuvent subir des déplacements dans leur ensemble, aussi bien que des mouvements isolés. Aussi n'y a-t-il aucune région qui se trouve plus souvent associée au travail soit en totalité, soit par une de ses différentes régions.

Les différents exercices du corps et les différents travaux professionnels utilisent très diversement la colonne vertébrale. Elle est quelquefois associée au mouvement comme contre-poids capable de rétablir l'équilibre compromis par un déplacement du centre de gravité. C'est une sorte de balancier dont les changements de position ont alors simplement un rôle compensateur. C'est ainsi qu'on se courbe soit en avant, soit en arrière, suivant qu'on porte un fardeau sur les reins ou sur le ventre.

Beaucoup de mouvements des membres nécessitent un concours de la colonne vertébrale qui est motivé non plus par une question d'équilibre, mais par la nécessité d'une attitude particulière, favorable à l'exécution du travail. Certains travaux professionnels exigent que l'ouvrier se courbe ou se penche, et la colonne vertébrale vient s'associer au travail des bras en se fléchissant soit en avant, soit de côté. Chez l'homme qui pioche la terre, le travail des bras doit s'accompagner d'une certaine courbure du tronc permettant aux mains qui tiennent l'outil de se rapprocher à portée du sol.

Dans les exercices du corps, le rôle de l'attitude est très important. La réussite d'un mouvement gymnastique dépend presque toujours de la bonne position du corps. La plupart du temps les bras commencent un mouvement, mais les muscles du tronc le terminent. Aux anneaux, au trapèze, aux barres parallèles, il n'est aucune évolution qui puisse se faire si la colonne vertébrale ne s'associe pas à la traction des bras, soit par un mouvement de flexion, soit par un mouvement d'extension.

Dans l'équitation, le rôle actif appartient en apparence aux cuisses qui, par leur pression énergique, doivent pour ainsi dire faire adhérer le cavalier à la selle. Pourtant la solidité, l'assiette viennent plutôt de l'attitude parfaitement équilibrée que prend le tronc. Tous les hommes de cheval savent qu'un cavalier *bien placé*, c'est-à-dire ayant l'attitude la plus favorable à l'équilibre, a besoin de très peu de force pour se maintenir en selle. De plus, dans les secousses des allures vives, la colonne vertébrale, grâce à la mobilité extrême des pièces qui la composent, subit une série de mouvements locaux, soit à la région lombaire, soit à la région dorsale, et permet ainsi aux réactions du cheval de s'amortir et de se perdre sans que le tronc soit déplacé.

La colonne vertébrale s'associe quelquefois d'une façon très intime au mouvement des membres, et les accompagne dans leurs changements de direction. En escrime, par exemple, dans les mouvements d'attaque, à mesure que le bras se déploie, la colonne vertébrale s'allonge par un mouvement d'extension forcée, et quand le tireur se fend, tendant son arme vers l'adversaire, l'épine dorsale est vivement projetée dans la même direction, et pour cela elle doit s'infléchir du côté du bras qui menace, de telle sorte que l'épée, le bras droit et la colonne vertébrale tendent à se placer dans le même axe et à former une seule ligne droite.

Cette association de la colonne vertébrale aux mouvements du bras s'observe encore dans les exercices où les muscles du tronc doivent aider et renforcer l'action des membres supérieurs. Si l'on cherche à produire une violente poussée avec la main, le rachis, pour s'associer à ce mouvement de la manière le plus efficace possible, devra s'infléchir de côté, pour se placer dans l'axe du bras, car cette direction sera plus favorable qu'une direction angulaire pour soutenir de toute la pression du tronc le mouvement exécuté par les extenseurs du bras. — Un coup de poing, disent les boxeurs, doit être donné avec les reins et appuyé avec tout le corps.

Quand la colonne vertébrale vient ainsi prêter aux membres supérieurs soit un simple appui, soit un concours actif, il peut arriver deux choses : ou bien la direction de la colonne vertébrale s'associe à celle d'un seul bras, comme il arrive en escrime, et alors la tige osseuse du rachis s'infléchit du côté du bras agissant, et tend ainsi à se dévier soit à droite, soit à gauche; ou bien la colonne vertébrale s'associe au travail des deux bras à la fois, et alors la direction qu'elle subit ne tend pas à la déplacer latéralement, mais à exagérer sa courbure.

En effet, le point d'attache des épaules correspond au commencement de la concavité formée par l'arc des vertèbres dorsales. Supposons les deux bras étendus soutenant un très gros haltère au-dessus de la tête : la direction du bras sera parallèle à la direction générale de l'axe vertébral. Mais la colonne vertébrale n'est pas rectiligne ; elle présente plusieurs courbures dont l'une commence à la septième vertèbre cervicale, c'est-à-dire à la ligne d'attache des épaules, pour aller jusqu'à la douzième dorsale. Les douze vertèbres dorsales forment ainsi un arc dont la corde serait représentée par une ligne perpendiculaire au sol, c'est-à-dire par une ligne ayant exactement la direction de la poussée de haut en bas que supportent les bras. La colonne vertébrale, en s'associant à la résistance verticale des membres supérieurs, subit une pression capable de jouer sur sa courbure dorsale le même effet que joue sur un arc la tension de sa corde, c'est-à-dire d'augmenter sa convexité.

Enfin, la colonne vertébrale peut avoir le rôle principal dans un effort musculaire. Beaucoup de mouvements s'exécutent à l'aide d'un *coup de rein* qui tantôt fléchit le tronc, comme dans l'acte de mettre en branle une lourde cloche, et tantôt redresse le corps comme pour élever à une certaine hauteur un lourd haltère pris sur le sol. Beaucoup d'exercices nécessitent des mouvements alternatifs de flexion et d'extension de la colonne vertébrale. L'exercice du canotage, par exemple, met en jeu à chaque coup d'aviron la colonne vertébrale, qui se fléchit quand il faut porter l'aviron en arrière et se redresse vigoureusement quand il faut le ramener en avant.

Pour sauter de pied ferme, la colonne vertébrale doit encore entrer activement en jeu. Le sauteur, pour s'élancer, se courbe en

arc, puis se redresse, pareil à un ressort qui se détend. Quand
on saute avec élan, la vitesse acquise par un temps de course est
utilisée pour lancer le corps ; mais une fois en l'air, l'homme qui
saute en hauteur a besoin de mettre en jeu la puissance musculaire de la région dorsale. Sur une très curieuse photographie
instantanée due à M. Marey (1), on peut voir dix attitudes successives du sauteur qui franchit un obstacle, et, parmi ces attitudes
correspondant à divers moments du saut, il s'en trouve quatre
ou cinq où l'on voit la colonne vertébrale, d'abord vigoureusement fléchie par un mouvement qui relève les genoux et les rapproche du membre, se placer, deux dixièmes de seconde plus tard,
dans la position d'extension forcée, par suite d'un mouvement
de bascule du tronc qui tend à porter le plus en avant possible
les membres inférieurs. Le corps du sauteur est alors dans une
direction extrêmement oblique par rapport à la surface du sol.
L'axe du tronc fait, avec le plan sur lequel il va reposer, un angle
de 45°, incompatible évidemment avec la station sur les pieds.
Il faut alors qu'un vigoureux coup de rein replace la colonne vertébrale dans la position verticale, sous peine de chute en arrière.

C'est ainsi qu'à chaque instant, dans les exercices gymnastiques, la colonne vertébrale s'associe activement à l'action des
membres pour achever un mouvement qu'ils ont commencé.

La plupart des exercices exécutés à l'aide des agrès semblent
faire travailler exclusivement les bras, et nécessitent pourtant le
concours très actif des muscles qui meuvent les vertèbres.
Maintes fois, dans les *rétablissements* en avant ou en arrière,
l'acte musculaire est facilité par un imperceptible mouvement de
flexion de la colonne vertébrale qui fait bomber le dos, ou par un
effort d'extension qui le creuse.

Dans les cas que nous avons cités, la colonne vertébrale a un
rôle actif, par les muscles qui s'attachent aux vertèbres et qui
participent énergiquement au travail. Il y a d'autres circonstances
dans lesquelles la tige osseuse du rachis a un rôle passif et subit
seulement l'influence de la pesanteur. Quand on est suspendu
par les bras au trapèze et que le corps retombe verticalement
par son propre poids, tous les muscles du dos sont dans le relâchement complet, mais les vertèbres auxquelles ils s'attachent
subissent la traction du poids du corps, suspendu dans l'espace.

(1) MAREY, *la Machine animale.*

Le point de suspension qui est l'attache des épaules correspond à l'extrémité supérieure de l'arc dorsal, ou à la septième cervicale. A partir de ce point d'attache, tout l'ensemble du corps obéit à la pesanteur qui l'attire en bas, et il est facile de comprendre que toutes les courbures formées par l'épine dorsale ont alors une tendance à s'effacer, car toutes les pièces mobiles qui forment le rachis tendent à prendre la direction du fil à plomb.

Le même résultat se produit si le corps, au lieu d'être suspendu par les bras, est soutenu par eux. Au lieu d'élever les mains au-dessus de la tête pour saisir un bâton et s'y suspendre, le gymnasiarque peut, en abaissant les membres supérieurs, prendre appui sur des barres horizontales avec les poignets et soulever le corps en tendant les bras. Dans ce cas, le point de soutien sera placé au même niveau que l'était, tout à l'heure, le point de suspension, et le corps sera de même abandonné passivement à la pesanteur qui tendra à effacer les courbures de la colonne vertébrale.

Une foule de mouvements de gymnastique exigent que le corps demeure un instant, dans cet état d'inertie, soutenu par les bras abaissés, ou suspendu par les bras élevés au-dessus de la tête. Mais ce ne sont d'ordinaire que des positions préliminaires que le corps ne doit pas garder, et très promptement la colonne vertébrale doit s'associer à des évolutions diverses qui ne lui permettent pas de garder son rôle passif.

Au trapèze, aux anneaux, à la barre fixe, le temps de suspension du corps par les poignets n'est qu'une sorte de courte préface de l'exercice. L'ascension à l'échelle et à la corde lisse, par la force des poignets, permet, au contraire, au sujet de laisser pendant toute la durée de l'exercice le tronc inerte et souple, les bras seuls devant travailler.

Aux barres parallèles, le corps est maintenu élevé au-dessus des bras, et reste inerte et souple pendant les mouvements de progression horizontale dus au déplacement régulier des mains. Une grande partie des mouvements exécutés aux parallèles permet à la colonne vertébrale de bénéficier de l'action de la pesanteur qui tend à en redresser les courbures.

On a utilisé, au point de vue orthopédique, le mécanisme des exercices dont nous venons de parler, pour redresser les déviations de la taille. La plupart des cures de la gymnastique « Suédoise » sont dues à une méthode qui consiste à suspendre le malade par les poignets ou à le soutenir sous les bras, le corps restant passivement abandonné à la pesanteur qui tend à ramener à la direction rectiligne la colonne vertébrale déviée.

Le cadre de ce volume ne nous permettait pas d'étudier en détail chacun des exercices usités, et d'en faire l'analyse pour exposer leur mécanisme, c'est-à-dire la manière dont ils utilisent les divers leviers osseux qui composent la machine animale. Nous n'avons pu qu'esquisser à grands traits le mode d'action de chacune des parties du corps dans le travail musculaire, et indiquer le rôle des membres, du bassin, de la colonne vertébrale et des côtes dans les mouvements les plus usités.

Ce rapide aperçu avait surtout pour but de rendre compréhensibles les modifications que chaque exercice peut produire sur les diverses régions du corps, soit en développant particulièrement certains groupes musculaires qui agissent plus que les autres, soit en modifiant la direction de certains os, de certains systèmes osseux qui supportent directement ou indirectement des pressions et des chocs ou subissent des attitudes vicieuses.

CINQUIÈME PARTIE

LES RÉSULTATS DE L'EXERCICE

EFFETS GÉNÉRAUX DE L'EXERCICE. — EXERCICES QUI DÉVELOPPENT LA POITRINE. — EFFETS LOCAUX DE L'EXERCICE. — EXERCICES QUI DÉFORMENT. — EXERCICES QUI NE DÉFORMENT PAS.

CHAPITRE I.

EFFETS GÉNÉRAUX DE L'EXERCICE.

Diversité des effets de l'exercice. Ses deux résultats principaux : les *déperditions* et les *acquisitions*. — Activité plus grande des combustions ; usure des tissus de réserve qui en résulte. — A quoi est dû l'*accroissement de la nutrition?* Rôle de l'oxygène.

Le « besoin d'exercice » ; à quoi il est dû. — L'accumulation des tissus de réserve. — La langueur de la nutrition. — Pourquoi l'homme inactif « craint la fatigue ». — L'exercice insuffisant. Vices de nutrition qui en dérivent. Ralentissement du mouvement de désassimilation. — L'Obésité. — Le défaut d'oxygène et l'excès de tissus de réserve. Les oxydations incomplètes ; la Goutte.

Nécessité de l'exercice. — Effets communs à toutes les formes du travail musculaire. — Effets spéciaux suivant la qualité du travail. — Une observation sur le cheval. — Le travail au trot et le travail au pas.

I.

Quand on entre dans un gymnase et qu'on examine un groupe d'hommes se livrant à l'exercice sur l'ordonnance du médecin, on a peine à croire que la même médication puisse convenir à des tempéraments si différents, à des troubles si opposés de la santé. On se demande comment la même méthode de traitement peut être utilement appliquée à des hommes replets, à la face rougeaude, aux chairs exubérantes, aussi bien qu'à des sujets étiolés, au corps amaigri, au teint pâle.

Et pourtant, chose surprenante, si on revient au bout de quelques semaines étudier de nouveau ces types si différents, on constate qu'ils semblent présenter moins de contraste dans leur structure et dans leur physionomie. L'homme replet a perdu du poids, l'homme trop grêle en a gagné ; le premier n'a plus ce teint violacé annonçant la pléthore des vaisseaux et la gêne permanente du cours du sang, dans les capillaires ; l'autre, au contraire, a gagné des couleurs plus vives : le liquide sanguin afflue à ses joues autrefois décolorées, et l'aspect de toute sa personne annonce une vie plus intense.

La pratique de l'exercice tend à imprimer un cachet identique aux tempéraments les plus divers, et à ramener au même type les conformations les plus opposées.

C'est que l'exercice produit sur l'organisme deux effets absolument inverses : il augmente le mouvement d'assimilation grâce auquel le corps acquiert des tissus nouveaux, et il accélère le mouvement de désassimilation qui a pour résultat de détruire certains matériaux de l'organisme.

Le mouvement de désassimilation est activé grâce à l'intensité plus grande des combustions vitales. Un muscle qui travaille est un muscle qui s'échauffe, et il ne peut s'échauffer sans qu'une certaine quantité de tissu vivant se brûle. La production excessive de chaleur qui accompagne le travail, la combustion rapide de certains matériaux du corps, et leur élimination de l'organisme sous forme de déchets de combustion, telles sont les causes de la diminution du poids par l'exercice.

Il n'est pas aussi facile d'expliquer l'augmentation de la masse du corps, sous l'influence d'un travail méthodique.

« Sous l'influence de la gymnastique, dit M. Dujardin-Baumetz, « l'activité des fonctions cellulaires augmente et se régularise, « les combustions intra-cellulaires s'activent ; les leucomaïnes, « ces poisons toxiques que la cellule organique fabrique con- « stamment, s'éliminent plus activement, et de cet ensemble géné- « ral il résulte que les graisses se comburent, que les fonctions « cellulaires se régularisent, que l'équilibre se fait entre les cel- « lules de la moelle et celles du cerveau, qu'en un mot la nutri- « tion générale s'accroît (1). »

Malgré la haute valeur de l'éminent professeur, on ne peut s'empêcher de trouver insuffisante l'explication qu'il donne des effets de l'exercice. Il constate simplement un fait : *la nutrition s'accroît.* On comprend bien que l'accroissement de la nutrition

(1) *Bulletin de thérapeutique* du 15 mai 1887.

implique l'idée d'une absorption plus active des matériaux puisés dans l'alimentation et la fixation plus régulière de ces matériaux sur les organes et les tissus vivants. Mais pourquoi la nutrition s'accroît-elle sous l'influence de l'exercice ? Parce que, dit M. Dujardin-Baumetz, l'activité des fonctions cellulaires augmente et se régularise. Reste à déterminer comment le mouvement musculaire augmente et régularise l'activité des cellules.

Il nous semble impossible d'expliquer l'activité plus grande des cellules, à la suite de l'exercice, autrement que par une augmentation de l'excitation qu'elles reçoivent des nerfs et du sang. On sait, en effet, que les propriétés de la cellule sont sous la dépendance de ces deux agents. Si on coupe les filets nerveux qui se rendent aux glandes, leurs sécrétions se trouvent profondément modifiées ou même complètement suspendues. Mais, d'autre part, les nerfs eux-mêmes sont sous la dépendance du sang, puisque la ligature ou l'obstruction des vaisseaux nourriciers qui se rendent à la moelle épinière ou au cerveau abolit instantanément les propriétés de ces organes.

C'est donc dans le liquide sanguin, ce « régulateur du système nerveux », qu'il faut chercher en dernière analyse les causes capables de modifier « les fonctions cellulaires » qui président à la nutrition. Or, l'exercice modifie profondément la composition du sang.

Au premier abord, les modifications subies par le sang semblent de nature à entraver les fonctions de la cellule nerveuse, plutôt qu'à la rendre plus active. En effet, Cl. Bernard a montré, en analysant le sang veineux d'un muscle en travail, que ce sang devient subitement noir et ne contient plus d'oxygène, tandis qu'au contraire le sang veineux de ce même muscle à l'état de repos renferme une quantité d'oxygène presque équivalente à celle contenue dans le sang artériel. Or, l'on sait que le sang veineux chargé d'acide carbonique et dépouillé d'oxygène exerce, sur la cellule nerveuse et sur tous les éléments organiques, une action dépressive qui tend à rendre leurs fonctions moins actives.

Mais les résultats consécutifs de l'exercice sont loin de ressembler à ses effets immédiats, et, si le sang est dépouillé de son oxygène pendant le travail, il en est au contraire plus chargé très peu de temps après que le travail a cessé. C'est que, pendant l'exercice, si les combustions sont augmentées, la respiration est considérablement activée. L'oxygène qui entre par le poumon vient remplacer celui qui est utilisé pour les combustions, et le résultat final de l'exercice n'est pas une perte, mais une acquisition de ce gaz.

L'exercice introduit dans l'organisme plus d'oxygène qu'il n'en est usé par les combustions, du moins l'observation directe des faits semble démontrer que, dans les instants qui suivent un exercice violent, le sang, après avoir été un instant surchargé d'acide carbonique, se trouve ensuite, au contraire, saturé d'oxygène. En effet, si l'on étudie un homme qui vient d'exécuter un travail musculaire capable de faire sentir son influence à la respiration, on constate qu'après avoir présenté la dyspnée et l'essoufflement dus à l'excès d'acide carbonique, il offre ensuite une remarquable diminution du besoin de respirer et un ralentissement notable des mouvements respiratoires.

Quand on observe un homme qui se repose à la suite d'un travail musculaire intense et soutenu, on voit la respiration, qui avait d'abord pris une accélération très marquée, revenir peu à peu à son rythme habituel, et si l'observation continue, on voit les mouvements respiratoires se ralentir encore, si bien qu'ils finissent par tomber au-dessous du chiffre normal.

Au cours d'une ascension dans les Pyrénées Orientales, nous avons fait sur nous-même et sur un guide les constatations suivantes : Au bas d'une montée, avant que la respiration ne fût influencée par l'exercice, les mouvements respiratoires étaient, chez notre guide, de 14 par minute, et chez nous de 16. Après vingt minutes de montée presque à pic, le guide respirait 28 fois par minute, et nous 30 fois. Mais après six minutes de repos, la respiration était descendue chez l'un au chiffre 10, chez l'autre au chiffre 9 pour une minute. Le résultat final de l'exercice avait donc été une diminution du besoin de respirer, une *apnée* momentanée. Or, on sait que l'augmentation de la quantité d'oxygène emmagasinée dans le sang produit la diminution du besoin de respirer (1).

Ainsi un homme qui prend de l'exercice fait provision d'oxygène. Ce gaz s'emmagasine en quelque sorte au sein des éléments anatomiques qui entrent dans la structure de l'organisme ; il s'attache surtout aux globules sanguins, dont il rend la couleur plus rutilante, tout en augmentant leur pouvoir vivifiant. Ce sang plus *vivant*, si l'on peut ainsi dire, apporte aux organes une exci-

(1) CH. RICHET, *Revue scientifique* du 4 mai 1887, page 723,

tation salutaire qui les dispose à fonctionner plus activement.

On a prouvé expérimentalement que tous les éléments de l'organisme subissaient une sorte de réveil de leur énergie par le contact d'un sang très fortement oxygéné. Sous l'influence d'une injection de sang oxygéné, on a vu les sécrétions des glandes être activées, la contractilité des fibres musculaires fatiguées reparaître, et même la vie renaître dans les cellules cérébrales d'un animal décapité (1).

On comprend que, sous l'influence d'un sang très oxygéné, les glandes du tube digestif puissent sécréter plus activement les sucs nécessaires à l'élaboration des aliments ; que les fibres contractiles de l'intestin accomplissent avec plus d'énergie leurs mouvements péristaltiques si nécessaires à la digestion ; que les vaisseaux absorbants, enfin, attirent à eux, par un mouvement d'endosmose plus puissant, les molécules nutritives élaborées dans le tube digestif. C'est ainsi que l'acquisition d'une plus grande quantité d'oxygène entraîne une intensité plus grande des mouvements d'assimilation, et par conséquent l'accroissement de volume du corps.

II.

L'exercice produit donc des effets salutaires aussi bien chez les sujets qui *assimilent* trop peu que chez ceux qui ne *désassimilent* pas assez ; le travail musculaire est un régulateur de la nutrition aussi indispensable aux tempéraments trop riches qu'aux constitutions appauvries. Aussi n'est-il aucun individu, aucun être vivant qui ne soit instinctivement porté à se soumettre à ce puissant modificateur général.

Quand on a tenu très longtemps à l'écurie un cheval vigoureux, on le voit, à sa première sortie, faire des bonds et des ruades, et montrer par ses allures fringantes un grand désir de mouvement. On dit alors que l'animal est *gai*. Cette vivacité plus grande n'a pourtant pas pour unique but de manifester la joie qu'il éprouve d'être rendu à la liberté ; elle est la manifestation du *besoin d'exercice* que ressent l'animal. C'est de même sous l'empire du besoin d'exercice que les fauves des ménageries tournent constamment dans leur cage ; que les enfants, au sortir de

(1) Expériences de Brown-Squard.

classe, s'élancent par bonds et par sauts dans la cour de récréation, et que les chiens jouent à la poursuite dans les rues.

Tout être vivant qui est resté longtemps immobile éprouve le
besoin d'agir, et ce fait suffirait pour prouver l'importance hygiénique de l'exercice musculaire.

Le *besoin d'exercice* est une des nombreuses sensations qui
portent les êtres vivants à accomplir les actes nécessaires à la
conservation de la vie ou de la santé. L'immobilité prolongée produit un besoin d'exercice musculaire, comme le travail soutenu
produit le besoin de repos (1). Le besoin de repos s'appelle *la
fatigue;* le besoin d'exercice n'a pas reçu de nom particulier et
mériterait pourtant une désignation spéciale au même titre que la
faim, la *soif*, etc.

Sous l'influence du défaut d'exercice, certains matériaux, qui
devraient être usés chaque jour par le travail, s'accumulent dans
la machine humaine, dont ils encombrent les rouages et gênent le
fonctionnement. Ces matériaux sont *les tissus de réserve*, dont
nous avons indiqué l'origine et la destination. Il est nécessaire,
pour l'équilibre parfait de la nutrition, que les tissus de réserve
soient utilisés et usés à mesure qu'ils se forment. Quand ils ne
sont pas régulièrement détruits et qu'ils tendent à gêner, en s'ac-
cumulant, le jeu des organes, nous nous sentons poussés à faire
agir nos muscles, dans le but inconscient de brûler ces tissus par
le travail, et le besoin d'exercice se produit.

Mais la surabondance de tissus de réserve n'est pas la seule
cause du besoin de mouvement ; si la privation d'exercice peut
amener l'exubérance de certains tissus inutiles dans l'organisme,
elle peut amener aussi la diminution des tissus nécessaires à
l'équilibre de la santé, et entraîner ainsi l'appauvrissement de la
constitution ; et si l'on voit des sujets trop inactifs acquérir un
embonpoint exubérant et devenir pléthoriques, on en voit d'autres
s'étioler et maigrir faute de mouvement.

C'est ainsi que le besoin d'exercice se fait sentir aussi bien aux
sujets maigres qui assimilent trop peu, qu'aux sujets gras et pléthoriques qui ne dépensent pas assez.

Le besoin d'exercice répond donc à deux nécessités physiologiques dont l'instinct nous donne avis. Il peut provenir d'une sur-

---

(1) Le besoin d'exercice se produit avec d'autant plus d'intensité que la température est plus basse ; par un froid vif et piquant, on est plus porté à agir que par les
fortes chaleurs. Dans ce cas, le besoin d'exercice dérive d'un instinct qui nous porte
à dégager de la chaleur par le mouvement.

charge de tissus de réserve et de l'urgence qu'il y a pour l'organisme à brûler ces tissus ; il peut aussi avoir pour point de départ une langueur générale des fonctions et le besoin d'un excitant capable de leur donner une activité nouvelle.

Le besoin de brûler les réserves trop abondantes, la nécessité d'attirer plus d'oxygène dans l'organisme, telles sont les deux causes qui unissent leur action pour déterminer la manifestation de l'instinct qui pousse tout être vivant à augmenter le travail de ses muscles. Mais si cet avertissement utile est méconnu, si l'on n'obéit pas au besoin d'exercice, deux ordres de phénomènes se produisent.

En premier lieu, la quantité d'oxygène introduite dans l'économie étant insuffisante, le sang devient moins riche, moins vivifiant ; son contact ne donne plus aux organes cette précieuse excitation, ce coup de fouet salutaire qui active leur jeu et met en action toute leur énergie. L'appétit fait défaut, par manque d'excitation des organes digestifs, *par paresse* de l'estomac et des intestins. Les muscles perdent leur excitabilité et répondent plus lentement à la volonté qui les excite. En un mot, toutes les fonctions languissent et l'organisme s'affaiblit.

D'autre part, les tissus de réserve, n'étant pas régulièrement brûlés, s'accumulent peu à peu et leur présence en excès dans l'économie finit par occasionner des troubles profonds de la santé. Rien de plus fréquent, avec les habitudes de la vie sédentaire, que les maladies par accumulation des tissus de réserve. Le défaut de désassimilation de la graisse produit l'*Obésité* ; l'insuffisance de combustion des tissus azotés produit la *Goutte*.

Ces deux maladies ne sont pas l'apanage exclusif de l'espèce humaine. Tout le monde a pu remarquer combien les animaux domestiques, sous l'influence du défaut d'exercice, tendent à devenir trop gras ; on sait moins, peut-être, que l'inaction peut les rendre goutteux. Les alouettes gardées en cage présentent souvent aux deux pattes des dépôts d'urates calcaires absolument semblables aux « tophus » qu'on observe dans les pieds des hommes atteints de la Goutte.

On sait que la vie est une combustion incessante, et que la chaleur vitale est le résultat de combinaisons chimiques continuelles. L'air attiré par le poumon laisse au sang son oxygène, qui est le principal sinon l'unique agent des combustions. Les combustions n'ont pas lieu dans le poumon même, comme le croyait Lavoisier, mais dans l'intimité des tissus et dans la profondeur de tous les organes. Il faut donc que le corps comburant, l'oxygène, soit constamment à portée des corps qui doivent être comburés. Aussi ce gaz est-il apporté par le sang jusqu'aux extrémités les plus reculées du réseau circulatoire.

Quand la provision d'oxygène apportée par la respiration est insuffisante, les combustions sont ralenties et incomplètes, comme celle d'une cheminée dont le tirage est trop faible. Si le feu languit dans une cheminée qui *tire mal*, c'est qu'il y passe moins d'oxygène, par suite du ralentissement du courant d'air atmosphérique qui la traverse. Ainsi, dans le corps humain, le poumon peut représenter la cheminée qui fournit l'oxygène aux tissus destinés à brûler. Si l'exercice est insuffisant, la respiration introduit dans le sang un trop faible apport d'oxygène, et les combustions vitales languissent.

De l'insuffisance de l'oxygène résulte l'*oxydation incomplète* des tissus destinés à être désassimilés. Faute d'un supplément de gaz comburant, les tissus azotés par exemple, au lieu de se brûler complètement pour former de l'*urée*, produit très riche en oxygène, se transforment en *acide urique* composé, beaucoup moins oxygéné. Or, l'urée est un produit soluble, d'une élimination facile, et, du reste, presque inoffensif pour l'organisme. L'acide urique, au contraire, est peu soluble, et par conséquent passe difficilement à travers la trame des organes éliminateurs ; s'il se forme dans le sang en quantité excessive, il s'élimine mal ; l'urine, qui est chargée de l'entraîner au dehors, en laisse dans le sang une trop grande quantité et la Goutte tend à se produire. La Goutte, en effet, n'est autre chose qu'une surcharge du sang par l'acide urique. Des accidents très variés peuvent être le résultat de la saturation de l'organisme par ce composé azoté qu'on pourrait appeler le « poison goutteux ». Quand il se dépose sur les articulations, il donne lieu à l'accès de goutte ; quand il va engorger les canaux éliminateurs des reins, il produit la *Gravelle*.

Il n'entre pas dans le cadre de ce livre de présenter le tableau complet des maladies par insuffisance des combustions. Mais il était nécessaire de prendre un exemple parmi les faits les plus vulgaires de la pathologie pour faire comprendre le mécanisme du défaut d'exercice dans la production des maladies.

III.

Pour se rendre un compte exact des effets du travail musculaire sur le mouvement général de nutrition, il suffit de connaître
les effets inverses du défaut d'exercice. Or, nous avons vu que les
résultats de l'exercice insuffisant peuvent se réduire à deux :
1° accumulation excessive des matériaux de réserve ; 2° provision
insuffisante d'oxygène. — Tous les états morbides, légers ou
graves, dus au défaut de travail musculaire dérivent de ces deux
vices essentiels dans l'équilibre de l'organisme.

Le manque d'oxygène produit la langueur de toutes les fonctions
vitales par défaut de stimulation des organes ; de là assimilation
insuffisante des matériaux alimentaires, et affaiblissement de l'organisme. La surabondance des tissus de réserve amène tous les
troubles de la santé dus à la désassimilation insuffisante, au ralentissement de la nutrition. (1)

Telle est l'importance de l'exercice comme régulateur de la
nutrition. Il est indispensable à l'entretien de la santé d'écouter
l'avertissement que nous donne l'organisme quand il est soumis
à une inaction prolongée, et de satisfaire à ce besoin d'exercice
qui porte tout être vivant à faire agir ses muscles.

Mais il est urgent de céder à temps aux sollicitations de l'instinct, car le besoin d'exercice tend promptement à disparaître
lorsqu'on tarde à le satisfaire. Quand on ne lui donne pas satisfaction, il diminue de jour en jour si l'inaction se prolonge outre
mesure, il finit par disparaître tout à fait, et un moment arrive
où l'être qui a vécu trop longtemps inactif prend une tendance
marquée à rechercher de plus en plus l'inaction. C'est qu'à ce
moment le repos trop prolongé a créé des conditions organiques
nouvelles, en réunissant toutes les circonstances voulues pour
que la fatigue sous toutes ses formes soit l'aboutissant du
travail.

D'une part, tous les organes sont languissants et ne peuvent
être tirés de leur torpeur qu'au prix d'un pénible effort de la
volonté ; le muscle est engourdi, peu excitable ; le cœur, rarement
soumis aux secousses de l'exercice, offre une impressionnabilité
très grande, comme tous les organes affaiblis, et le moindre effort

---

(1) Voir le livre du professeur Bouchard : *le Ralentissement de la nutrition.*

musculaire amène des palpitations; le poumon, accoutumé à
réduire ses mouvements respiratoires aux faibles exigences d'une
vie inactive, ne fait plus agir, depuis longtemps, qu'une faible
partie de ses cellules, les autres restant affaissées et fermées
pendant l'acte respiratoire. Le champ de l'hématose se trouve
ainsi très réduit. Aussi le moindre accroissement dans l'activité
des échanges respiratoires rend-il ces fonctions insuffisantes.

D'autre part, l'inaction prolongée prédispose le corps à s'intoxi-
quer facilement à la suite du travail par suite de l'abondance des
tissus de réserve, source de déchets et de produits de désassimilation. Qu'un obèse entreprenne un exercice violent : aussitôt ses
tissus graisseux subissent des combustions violentes, d'autant plus
exagérées que leur désassimilation était plus urgente et depuis
plus longtemps attendue par l'organisme. Ces tissus, très riches
en carbone, donnent lieu à un abondant dégagement d'acide
carbonique, et l'essoufflement se produit avec une intensité exagérée. Si le sujet, au lieu de tissus graisseux, présente des tissus
de réserve azotés en grande abondance, ce ne sera plus l'essoufflement qui dominera, et la fatigue immédiate pourra être modérée ;
mais la fatigue consécutive sera très intense. Nous avons indiqué
tous les troubles qui dérivent de l'intoxication par les déchets
azotés, et montré que la courbature est en raison directe de ces
déchets. C'est donc la fatigue consécutive que devra craindre
l'homme trop riche en tissus de réserve azotés, et il devra craindre,
de plus, que la fatigue ne provoque un accès de goutte en déterminant une véritable débâcle de déchets uriques.

C'est ainsi qu'après une inaction trop prolongée, l'exercice, au
lieu d'être accompagné d'un sentiment de satisfaction, devient
une pénible corvée. L'homme qui s'est déshabitué du travail
prévoit qu'une impression physique désagréable l'attend au sortir
de son inertie : il « craint la fatigue ». Dès lors, il se trouve pris
dans un cercle vicieux d'où il ne peut sortir. Il n'agit plus, parce
que ses organes, gênés par l'accumulation des réserves, lui
rendent le travail douloureux, et ses réserves s'accumulent de
plus en plus parce qu'il n'agit pas. S'il n'a pas le courage de subir
l'inévitable douleur qui accompagne tout début dans les exercices
physiques; s'il se cantonne dans l'inaction à laquelle le pousse
de plus en plus le pressentiment qu'il a des malaises de la fatigue,
son état s'aggrave, et il tombe inévitablement dans l'un ou l'autre
de ces états caractérisés, soit par un excès de richesse des tissus

de réserve, soit, au contraire, par l'appauvrissement de l'organisme et la langueur des fonctions vitales.

Ainsi le besoin d'exercice répond à des conditions organiques différentes, à des états organiques diamétralement opposés.

Les effets généraux du travail tendent à modifier tous les tempéraments dans un sens favorable à ce parfait équilibre des fonctions, qui constitue la santé. Par le seul fait de l'adaptation des organes aux exigences variées de l'exercice musculaire, les irrégularités de la nutrition tendent à disparaître. Par le fait même de son fonctionnement régulier, la Machine Humaine devient plus apte à fonctionner bien, et acquiert la conformation la mieux adaptée à l'exécution du travail ; or il se trouve que cette conformation est en même temps la plus favorable à l'exécution régulière des actes vitaux.

C'est ainsi que le mouvement musculaire est utile à tous les vices de nutrition, et que l'exercice du corps est une nécessité pour tous les tempéraments.

Mais il ne faudrait pas conclure de là que le bénéfice de l'exercice est égal pour tous, quelles que soient la forme et la dose du travail auquel l'organisme est soumis. Si le mouvement musculaire produit sur tous les tempéraments une série d'effets généraux identiques, les différents exercices que nous avons passés en revue dans la quatrième partie de ce livre produisent chacun des effets spéciaux.

Nous ne pouvons entrer ici dans les détails d'application, et nous réservons pour un prochain volume l'étude complète de la *Médication par l'Exercice*. Il nous suffira de rappeler, en terminant ce chapitre, combien les effets spéciaux de l'exercice peuvent varier suivant sa forme et son dosage.

Nous avons vu que le travail exerce sur la nutrition deux influences inverses: il augmente les *acquisitions*, et il augmente aussi les *pertes* de l'organisme. L'hygiène du travail consiste essentiellement à équilibrer ces deux résultats opposés ; mais certaines circonstances de l'exercice peuvent faire prédominer tantôt l'un, tantôt l'autre de ces résultats, et il est possible d'obtenir presque à volonté, à l'aide du travail musculaire, soit l'accroissement, soit la diminution du poids du corps.

Un exemple, emprunté à l'ouvrage du docteur Worthington sur « l'Obésité », suffira à démontrer que le travail peut aboutir, suivant les détails de son application, à des résultats diamétralement opposés. — Sur la Marne, entre Alfort et Château-Thierry, deux équipes de chevaux tiraient un bateau sur un chemin de halage. La première équipe le tirait en montant et *au pas ;* la seconde, en descendant, mais *au trot.* Ce trajet était, pour chaque équipe, l'unique travail de la journée. Au point de vue de la quantité de travail exécuté dans les vingt-quatre heures, les chevaux qui faisaient le trajet au pas effectuaient une somme de kilogrammètres supérieure, puisqu'ils exécutaient un trajet de même longueur, mais contre le courant ; les chevaux qui redescendaient le courant tiraient une charge plus légère et leur trajet était strictement égal à celui des autres ; mais, malgré la différence de poids, la vitesse de leur allure changeait complètement pour eux les résultats du travail : les chevaux qui faisaient leur travail au trot maigrissaient ; ceux qui le faisaient au pas augmentaient de poids.

CHAPITRE II.

EXERCICES QUI DÉVELOPPENT LA POITRINE.

Importance de l'oxygène dans la nutrition. — Avantages d'un grand développement de la poitrine. Comment ce résultat peut s'obtenir par l'exercice. Opinions admises à ce sujet ; pourquoi nous les combattons. — Par quel mécanisme se développe le poumon. — La respiration « forcée ». — La poussée du dedans au dehors. — Ne pas confondre « *grossissement* des épaules » et « ampliation de la poitrine ».

Conditions qui développent la poitrine. — Ampleur des mouvements respiratoires. — Le déplissement des cellules pulmonaires. — L'augmentation du besoin de respirer. — La poitrine des montagnards. — Les exercices qui produisent la « soif d'air ». — Exercices propres à développer la poitrine. — Conclusion inattendue : supériorité des exercices de jambes sur les exercices de bras. — La Course et le « saut à la corde ».

I.

C'est la capacité du poumon qui règle la quantité d'air atmosphérique introduite dans l'organisme à chaque respiration. Or nous avons vu dans le chapitre précédent que l'acquisition d'une grande quantité d'oxygène était le résultat le plus utile des exercices du corps.

Il y a donc une grande importance à préciser les conditions dans lesquelles le travail musculaire est capable d'augmenter le volume de la cavité où sont logés les poumons.

Au premier abord, on serait tenté de considérer les exercices qui se pratiquent avec les membres supérieurs, qui sont mus par les muscles de l'épaule et du tronc, comme les plus aptes à attirer en dehors les côtes ; et, en effet, on regarde généralement les exercices de bras comme excellents pour augmenter la puissance respiratoire du sujet.

Il nous suffira, pour démontrer combien cette opinion est erronée, de citer et de commenter une étude très consciencieuse de M. Georges Demény (1).

_____

(1) GEORGES DEMÉNY, *De l'éducation physique.*

« ..... Nous avons constaté, — dit l'auteur de cette étude,
« qu'il est, à divers degrés, des attitudes favorables à la dilatation
« thoracique.

« Les attitudes dans lesquelles les omoplates, attirées et fixées
« en arrière par la tonicité et la contraction des muscles rhom-
« boïdes, trapèzes, grands dorsaux, servent de points fixes aux
« muscles élévateurs des côtes, ces attitudes, dont le type est la
« position du soldat au port d'armes, le corps droit, *le ventre dé-*
« *primé par l'aspiration des viscères*, produisent sur le thorax
« une dilatation manifeste.

« A plus forte raison l'abduction modérée des bras en arrière,
« la rotation des bras en dehors, l'abduction horizontale, et, au
« plus haut degré, l'élévation verticale des bras, ainsi que la sus-
« pension passive, les bras allongés, soulèvent les côtes au maxi-
« mum, donnent aux articulations des cartilages costaux une mobi-
« lité qui permet de grands mouvements inspiratoires et s'oppo-
« sent à la fixation du thorax en expiration. »

Ces conclusions sont précédées de considérations très intéressantes sur les muscles mis en jeu dans les attitudes sus-indiquées,
et l'auteur démontre clairement que ce sont bien les muscles
inspirateurs qui supportent le travail. Leurs deux extrémités se
trouvent éloignées dans ces attitudes, et la tonicité musculaire
tend à rapprocher les points d'insertion mobiles qui sont repré-
sentés par les côtes, des points d'insertion fixes qui sont constitués
par l'omoplate, la clavicule et l'humérus.

La conclusion de M. Demény est qu'il entre plus d'air dans la
poitrine dans les attitudes qu'il décrit qu'à l'état de repos. Il est
certain que, dans ces attitudes, les côtes se soulèvent très fortement, mais l'auteur se condamne lui-même en faisant remarquer
que la tendance au vide qui se manifeste alors dans le thorax attire
dans la cavité de la poitrine les viscères abdominaux par lesquels
le diaphragme est refoulé en haut.

Si donc l'on cherche à se rendre compte du bénéfice respiratoire
de cette manœuvre, on voit qu'en résumé elle se borne à mettre
dans l'inspiration forcée tous les muscles respirateurs, à *l'excep-*
tion du diaphragme qui reste dans *l'expiration*, puisqu'il se laisse
refouler en haut par les viscères abdominaux. Or, si l'on veut, en
laissant les mains dans ses poches, se donner la peine de faire
une très profonde inspiration, on réussira à élever les côtes
jusqu'aux dernières limites de leur mouvement, et, de plus, on
verra que le diaphragme lui-même participera au mouvement

et *repoussera en bas les viscères abdominaux,* au lieu de se laisser refouler par eux vers les poumons. Le diamètre vertical de la poitrine sera ainsi augmenté, tandis qu'il était diminué tout à l'heure par l'*aspiration des viscères*, et au total il se trouvera que les combinaisons gymnastiques les plus ingénieuses n'ont pas autant d'efficacité pour augmenter l'espace intra-thoracique que les inspirations profondes faites au repos.

La conséquence qui s'impose, c'est que la meilleure gymnastique pour amplifier la poitrine est celle qui oblige le sujet à faire les plus profondes inspirations.

Avant de développer cette idée, il faut exposer ici le mécanisme en vertu duquel l'ampliation momentanée et passagère du thorax peut arriver à produire en peu de temps une augmentation définitive de sa capacité. Mais d'abord remarquons qu'il n'y aurait nul avantage pour la respiration à augmenter l'épaisseur des parois thoraciques, si la cavité du thorax gardait une capacité restreinte. C'est donc l'espace intra-thoracique qui doit être amplifié, si on veut augmenter la puissance respiratoire du sujet.

Or, il n'y a qu'un moyen d'augmenter cet espace : c'est d'augmenter le volume de son contenu, c'est-à-dire du poumon.

Il serait illusoire de compter sur l'élévation des côtes, sur une direction favorable donnée aux articulations costales, sur la force des muscles inspirateurs, etc., si le poumon n'était pas augmenté de volume en même temps que la cavité thoracique se trouve dilatée. Que le poumon vienne à s'affaisser, et les côtes les plus relevées s'abaissent, la poitrine la plus bombée s'aplatit et se creuse. Le vide de la cavité pleurale est absolument incompatible avec l'attitude relevée des côtes, et, quoi qu'on fasse, une poitrine vide tombe dans l'attitude de l'expiration.

C'est ce que nous voyons tous les jours à la suite des épanchements pleurétiques résorbés, quand le poumon, bridé par des fausses membranes, est incapable de reprendre son volume normal et se trouve réduit, ratatiné sur lui-même, n'occupant qu'une moitié ou un tiers de l'espace qu'il remplissait auparavant. Quelle que soit la vigueur des muscles inspirateurs, quelle que soit la direction des articulations costales, les côtes ne peuvent plus se relever, parce que le vide ne peut pas exister dans la cavité pleurale.

Dans le thorax au repos, c'est le volume du contenu qui détermine celui du contenant. Si vous voulez développer la poitrine, ne cherchez pas à relever les côtes, cherchez à gonfler d'air toutes les cellules du poumon; vous ne pouvez y arriver par aucun moyen mécanique, et les combinaisons les plus savantes de mouvements musculaires ne donnent qu'un résultat incomplet quand elles ne sont pas accompagnées du mouvement — volontaire ou instinctif — de l'inspiration forcée.

Les expériences de M. Demény prouvent assurément que les attitudes gymnastiques signalées par lui sont les plus efficaces pour relever les côtes; mais elles prouvent aussi que le relèvement des côtes, porté à son summum, ne suffit pas pour donner au poumon toute l'ampleur possible, puisque, au moment où les côtes se relèvent, le diaphragme est refoulé vers la poitrine et les viscères remontent. Le champ respiratoire perd ainsi à la base de la poitrine ce qu'il gagne au sommet.

L'ampliation momentanée du thorax pendant l'inspiration peut bien résulter de la contraction énergique des muscles inspirateurs; mais son ampliation définitive, celle qui persiste à l'état de repos, ne peut être produite que par l'augmentation de volume du poumon.

Comment l'organe pulmonaire peut-il acquérir un plus grand volume par le fait de la gymnastique? Par un mécanisme bien connu en physiologie, par le déplissement de certaines de ses cellules habituellement inactives, et qui entrent en jeu dans l'inspiration forcée seulement. Le déplissement des cellules pulmonaires est d'autant plus complet que la quantité d'air introduite dans l'arbre aérien est plus considérable. Le gaz atmosphérique attiré au poumon par une très puissante inspiration *cherche sa place* dans les coins les plus reculés et va gonfler les cellules de certains départements qui d'ordinaire ne prenaient pas part à la fonction respiratoire.

L'augmentation définitive de volume du poumon est la conséquence de cette respiration supplémentaire souvent répétée. Les cellules habituellement silencieuses, et qui se tenaient en réserve pour le cas de besoin respiratoire excessif, sortent de leur inaction; leurs parois, ordinairement aplaties et même agglutinées entre elles, s'écartent et admettent dans leur cavité l'air qui n'a pu se loger dans l'espace restreint suffisant pour les respirations habituelles.

Si les inspirations forcées se répètent souvent, les cellules dont l'action a été ainsi accidentellement sollicitée finissent par s'associer régulièrement aux mouvements respiratoires habituels.

Elles se modifient alors très promptement dans le sens le plus favorable à l'efficacité de leur travail, selon la loi si souvent signalée de l'adaptation des organes à la fonction qu'ils exécutent.

Ainsi, les respirations forcées ont pour résultat de modifier la structure de certaines régions du poumon en les faisant fonctionner davantage. Sous l'influence d'un travail inaccoutumé, les vésicules augmentent de capacité et reçoivent plus d'air. Elles reçoivent aussi plus de sang. Leur réseau capillaire devient plus riche, et leur nutrition plus active. Elles finissent ainsi par prendre dans l'organe une place moins effacée et par occuper un espace plus grand.

C'est ainsi que le fonctionnement régulier d'un grand nombre de cellules habituellement inactives peut augmenter rapidement le volume du poumon.

Si nous suivons jusqu'au bout l'enchaînement des modifications produites par les respirations forcées, nous voyons que le poumon va repousser les parois thoraciques pour se faire une place en rapport avec son volume plus grand. En effet, une étroite solidarité physiologique unit les parois de la cavité thoracique et le contenu de cette cavité. Ces parois qui sont essentiellement mobiles s'accommodent toujours, par une attitude plus ou moins *relevée*, au volume plus ou moins grand du poumon. Si on examine des sujets au repos, et dans l'état intermédiaire entre l'inspiration et l'expiration, on observe que, chez ceux dont le poumon est très développé, les côtes gardent une direction se rapprochant de celle qu'elles ont dans l'inspiration : la poitrine est bombée. Chez ceux, au contraire, dont le poumon est d'un faible volume, les arcs costaux tendent à rester abaissés, et à garder une attitude qui se rapproche de celle de l'expiration : la poitrine est aplatie. C'est ainsi que le développement plus ou moins grand du poumon, organe interne, peut s'évaluer à l'aide de la mensuration externe, soit au moyen d'un cordon gradué, soit, mieux encore, à l'aide de l'ingénieux appareil de M. Demeny.

Si nous résumons les faits ci-dessus énoncés, nous serons amenés à conclure que, pour relever les côtes et faire disparaître le vice de conformation qui consiste dans l'aplatissement du thorax, il ne faut pas chercher à agir directement sur les muscles thoraciques, mais chercher à provoquer des mouvements respiratoires aussi étendus que possible.

Il y a deux procédés pour amplifier la respiration : le premier

consiste à dilater volontairement tous les diamètres du thorax.
C'est là un moyen qui tombe dans le domaine de la « gymnastique
de chambre » ; on l'a beaucoup préconisé, et il peut donner de
bons résultats. L'autre procédé rentre plus directement dans le
cadre de notre étude. Il consiste à augmenter par l'exercice l'ampleur du mouvement respiratoire.

II.

Le problème se dégage maintenant bien net et bien limité. Il
s'agit, pour développer le thorax, de savoir quels sont les exercices les plus propres à provoquer une série de mouvements
respiratoires très amplifiés. Or l'ampleur de la respiration, aussi
bien que sa fréquence, est en raison directe de l'intensité du besoin de respirer, et nous savons que ce besoin est d'autant plus
intense que la quantité de travail mécanique exécuté par les
muscles dans un temps donné est plus considérable (1).

Les exercices capables d'*accumuler* le travail sont donc aussi
les plus propres à augmenter le volume du thorax, en demandant
au poumon un fonctionnement exagéré. Et nous savons que cette
accumulation de travail se rencontre surtout dans les exercices
de force et de vitesse.

Ainsi le mécanisme de l'exercice, son exécution à l'aide de tels
ou tels muscles, sont des conditions secondaires pour le résultat
dont nous parlons. Peu importe le procédé par lequel la force
musculaire est dépensée, pourvu qu'il s'en dépense beaucoup en
peu de temps. Il est indifférent que les mouvements soient très
lents, chacun d'eux représentant un nombre très grand de kilogrammètres, ou qu'ils soient extrêmement rapides, chacun d'eux
représentant un effort modéré. Il faut seulement que la somme
de travail représentée par ces mouvements rares ou nombreux
soit très considérable pour un temps très court.

Or la quantité de travail qu'un groupe de muscles peut effectuer en un temps donné est subordonnée à leur force. Il y a des
groupes musculaires trop faibles pour faire beaucoup de travail
en peu de temps. Un seul bras pourra dépenser toute sa force
sans que le résultat de son travail représente, au bout de l'unité
de temps, une somme très grande de kilogrammètres. Aussi,

---

(1) Voir chapitre IX : *De l'essoufflement.*

quelle que soit la forme de l'exercice, si le bras seul travaille, observera-t-on que la respiration ne sera pas considérablement activée. L'exercice pourra amener la fatigue locale avant que le besoin de respirer n'ait augmenté d'intensité. Il pourra même se faire que le travail de deux bras réunis ne représente pas, au bout d'un temps donné, une somme de travail suffisante pour nécessiter des respirations plus amples.

En général, les exercices qui se pratiquent avec les jambes représentent une plus grande somme de travail que ceux qui se pratiquent avec les bras. Les muscles du membre supérieur ne pourraient supporter sans une fatigue extrême une dépense de force qui ne coûte aucun effort aux membres inférieurs. Il n'est fatigant pour personne de faire 500 mètres à pied en cinq minutes : quel gymnasiarque pourrait se transporter dans le même temps à la même distance en progressant à force de bras le long d'une corde tendue ? Le travail mécanique serait cependant, au total, le même : déplacement d'un même poids suivant une même direction horizontale, et à une même distance.

Ce n'est donc pas aux muscles des bras qu'il faut s'adresser pour dilater la poitrine. L'exercice musculaire ne peut produire le développement du thorax que par un effet indirect, et nullement par un effet direct comparable à l'augmentation de volume du muscle qui travaille. Le muscle qui se contracte souvent grossit, parce que sa nutrition s'en trouve activée. Mais le thorax ne se dilate que lorsque la masse du sang, surchargée d'acide carbonique, exige une plus grande quantité d'air pour s'hématoser.

C'est à la sensation du besoin plus urgent de respirer, c'est à la « soif d'air », qu'est dû le mouvement instinctif par lequel les côtes se soulèvent avec énergie, pour attirer dans la cavité thoracique une plus grande quantité de fluide atmosphérique.

La soif d'air, poussée trop loin, amène l'essoufflement, qui n'est autre chose qu'une lutte impuissante de l'organisme cherchant en vain à donner satisfaction à un besoin. Quand l'essoufflement est très modéré, il produit des mouvements respiratoires très amples; mais quand il est excessif, les respirations deviennent très courtes, en même temps qu'elles se précipitent.

Aussi l'exercice n'a-t-il plus aucune efficacité pour dilater la poitrine, quand l'essoufflement atteint un degré extrême.

En résumé, la méthode la plus profitable pour dilater le poumon, développer le thorax et ouvrir la poitrine, consiste à exécuter des exercices capables d'augmenter le besoin de respirer, sans les pousser jusqu'à un degré excessif d'essoufflement.

Si nous passons de l'explication physiologique à l'observation des faits, nous voyons que la pratique donne une éclatante confirmation à la théorie.

Les exercices de force amènent rapidement l'ampliation du thorax. Il en est de même des exercices de vitesse quand ils nécessitent une grande énergie dans les mouvements. — Aucun exercice ne développe la poitrine aussi rapidement que la course, si ce n'est la lutte.

Les montagnards présentent tous une grande largeur de poitrine, et on a cité pour l'ampleur extraordinaire de leur thorax les Indiens qui habitent les hauts plateaux de la Cordillère des Andes. Ce développement excessif de la cavité respiratoire chez les peuples des montagnes est dû à deux causes agissant dans le même sens : ascension continuelle de pentes escarpées, et résidence habituelle à une grande altitude, dans un milieu où l'air est raréfié. Le fait de gravir des sentiers à pic comporte une grande somme de travail, d'où augmentation du besoin de respirer; la respiration dans un air raréfié oblige le sujet à faire des inspirations plus profondes pour suppléer par le volume de l'air inspiré à l'insuffisance de ses propriétés vivifiantes.

Les chanteurs, sans autre exercice que la pratique du chant, arrivent à développer leur thorax, et acquièrent une grande puissance respiratoire et une augmentation remarquable des dimensions de la poitrine.

Des observations nombreuses prouvent qu'il suffit de faire volontairement chaque jour un certain nombre de respirations forcées pour constater, au bout d'un temps assez court, des ampliations du thorax qui atteignent 2 et 3 centimètres.

Si on demande à l'exercice musculaire le même résultat, il faut choisir une forme de travail qui soit capable d'augmenter l'intensité de l'effort respiratoire, c'est-à-dire un exercice qui mette en jeu de puissantes masses musculaires. On obtiendra ainsi en peu de temps une grande quantité de travail sans amener la fatigue. Or les jambes, trois fois plus fortement musclées que les bras, peuvent faire trois fois plus de travail qu'eux avant d'arriver à se fatiguer. Les membres inférieurs sont donc plus capables que les bras d'éveiller le besoin de respirer, qui est proportionnel à la quantité de force dépensée.

Ainsi, c'est une erreur que de demander aux exercices gymnastiques pratiqués à l'aide des engins de *suspension* ou de *soutien* le développement du thorax. Le trapèze, les anneaux, les barres parallèles activent beaucoup moins la respiration que la course. Ces exercices font grossir les muscles et même les os de la région qui travaille, mais n'augmentent que dans de faibles proportions les diamètres antéro-postérieur et transversal de la poitrine.

Les hommes qui travaillent beaucoup des bras peuvent présenter une conformation qui en impose au premier coup d'œil. Ils ont quelquefois **des** épaules larges; mais si les bras seuls ont participé au travail sans être aidés par les muscles du tronc, on s'aperçoit aisément que le volume apparent du thorax est dû au développement excessif du moignon des épaules, et non au relèvement des côtes.

Ainsi l'on fait fausse route quand on cherche des moyens trop ingénieux de développer la poitrine ; ce résultat, précieux entre tous, peut s'obtenir sans aucun engin compliqué, sans aucun procédé difficile, et si l'on nous demandait de formuler à ce sujet un conseil précis, nous dirions :

Quand un jeune sujet a la poitrine étroite et les côtes rentrées, recommandez l'exercice de la course si c'est un garçon, ou le « saut à la corde » si c'est une fille.

CHAPITRE III.

EFFETS LOCAUX DE l'EXERCICE.

Le travail des muscles produit des effets locaux de deux sortes. Les uns portent sur le muscle lui-même, sur les os qu'il fait mouvoir, et sur les articulations centres des mouvements. Les autres se font sentir à toute la région dans laquelle a lieu le mouvement et portent sur des organes qui ne prennent pas une part directe à l'exercice. Il y a lieu d'étudier isolément les effets directs de la contraction musculaire, et ses effets « de voisina e ».

I.

Les principaux effets de voisinage observés dans les régions qui sont le siège de mouvements musculaires répétés sont dus à la compression que le muscle, en se raccourcissant et en s'épaississant, fait subir aux parties les plus proches. Cette pression peut s'exercer sur des vaisseaux contenant des liquides, comme la lymphe et le sang, ou bien des matériaux plus solides, tels que les matières intestinales, et la pression subie peut être ainsi transmise à des points éloignés. De là résultent des effets qui ne sont plus absolument localisés et servent de trait d'union entre les résultats locaux de l'exercice et ses effets généraux.

C'est ainsi que la contraction des muscles abdominaux pendant l'exercice peut influencer les fonctions digestives en faisant cheminer le bol alimentaire à travers le tube intestinal. Un exercice demandant l'entrée en jeu des muscles de l'abdomen favorise ainsi la défécation et peut faire disparaître les malaises digestifs dus à la constipation.

De même, la compression exercée par les muscles sur les vaisseaux capillaires donne au cours du sang une impulsion plus active qui peut se faire sentir jusqu'au cœur, comme la pression exercée sur un tube en caoutchouc plein d'eau se transmet jusqu'au réservoir élastique avec lequel ce tube communique. De cette façon la contraction locale d'un muscle peut exercer une influence sur le cours général du sang. On sait que la stagnation du sang, dans des membres immobiles, peut produire du gonflement et de l'œdème, et l'on sait aussi que ces membres peuvent reprendre leur volume normal sous l'influence d'un exercice qui provoque des contractions dans les muscles, et une accélération mécanique du cours du sang dans les capillaires.

Les effets de la compression musculaire sur les parties avoisinantes ne sont pas toujours utiles et hygiéniques ; maintes fois les contractions peuvent, par leur exagération, amener des accidents. Ainsi, la contraction exagérée des muscles abdominaux peut faire que les intestins, trop pressés, viennent distendre un orifice naturel et s'y engager. C'est ainsi que des hernies se produisent dans le canal inguinal ou dans le canal crural, par l'issue d'une anse intestinale trop violemment pressée. Cet accident se produit le plus habituellement pendant l'acte de l'*effort* qui exige, ainsi que nous l'avons expliqué, une contraction très énergique des muscles de l'abdomen.

Il peut arriver des accidents plus graves encore à la suite d'une contraction musculaire très intense. L'effort a pour condition essentielle la compression du poumon gonflé d'air, sur lequel les côtes prennent point d'appui. Une énergique pression, proportionnée à l'intensité du travail musculaire, se fait sentir pendant l'effort aux gros vaisseaux de la poitrine et même au cœur. Il peut arriver ainsi que la pression exercée sur les vaisseaux soit assez forte pour faire refluer le sang dans les capillaires du poumon ou du cerveau et pour amener des déchirures de ces vaisseaux, et, par suite, l'hémorragie pulmonaire et cérébrale.

On a observé des ruptures des grosses veines du rachis sous l'influence d'un effort trop violent. Dans ce cas, il se produit une hémorragie de la moelle épinière et une *paraplégie*, c'est-à-dire une paralysie de la partie du corps située au dessous de la lésion. On voit quelquefois un cheval, attelé à une voiture trop lourde, donner un coup de collier énergique et tomber paralysé du train de derrière. Dans son effort trop violent, l'animal s'est rompu — non les reins, comme on le dit communément, — mais un vaisseau de la moelle épinière, et une paraplégie s'est produite.

On a cité même des ruptures du cœur sous l'influence d'un effort trop violent. — Un portefaix de Bordeaux avait parié de soulever, à lui seul, une barrique pleine. Dans l'effort surhumain qu'il voulut faire pour déplacer cet énorme fardeau, le cœur se rompit, et la mort fut instantanée.

Ces résultats mécaniques de l'exercice sont, ainsi que nous le disions en commençant, sur la limite des effets locaux et des effets généraux. Nous allons signaler à présent ceux qui se localisent dans la région même qui est le siège.

II.

La contraction musculaire peut être la cause d'effets utiles, et aussi l'occasion d'accidents et de lésions diverses. Parmi les résultats fâcheux du travail, les uns sont l'effet inévitable et l'aboutissant obligé de la contraction musculaire; d'autres, au contraire, ne se produisent qu'accidentellement, soit par un vice dans l'exécution du travail, soit par un défaut de résistance dans les organes qui le supportent.

On a signalé une foule de cas de ruptures de muscles pendant l'exécution d'un acte musculaire. Ces ruptures, qui portent le nom de *coups de fouet*, se produisent toutes les fois que la fibre musculaire se contracte avec une énergie qui dépasse sa propre résistance. Elles sont souvent la conséquence d'un mouvement mal coordonné. Par exemple, un muscle seul sera employé à un mouvement pour l'exécution duquel tout un groupe de muscles serait nécessaire; le muscle se rompt comme se romprait une corde trop faible employée à soulever un poids trop lourd. Ou bien le défaut de coordination tiendra à ce que la partie à déplacer sera sollicitée par un effort soudain à passer de l'immobilité au mouvement sans avoir subi un travail préalable de mobilisation. C'est ainsi que les mouvements imprévus sont des causes fréquentes de ruptures musculaires quand ils s'exécutent avec une très grande énergie ou une très grande vitesse.

Quelquefois une contraction maladroite vient raccourcir le muscle au moment même où une cause mécanique tendait à provoquer l'allongement de ses fibres. Le muscle, soumis à deux influences opposées, ne résiste pas et se déchire. — Nous devons à notre ami le docteur J. Lemaistre l'observation d'un homme qui, faisant de la gymnastique, s'est rompu une grande partie du muscle pectoral. C'était un jeune soldat exécutant une « culbute aux anneaux », sous l'impression des menaces brutales de son moniteur. Poussé par la crainte d'être puni s'il ne mettait pas assez de hardiesse dans son élan, et retenu par l'appréhension d'un mouvement nouveau pour lui, le gymnasiarque, après avoir vivement lancé son corps de manière à lui faire décrire un mouvement de révolution d'avant en arrière, chercha à le retenir, au moment où il avait déjà la vitesse acquise de la chute. Le tronc était, à ce moment, aussi éloigné que possible des bras, ceux-ci se trouvant relevés au-dessus de la tête. Dans cette position d'abduction forcée, les fibres du pectoral, — muscle adducteur, — étaient aussi allongées que possible et portées aux dernières limites de la tension. C'est alors qu'un effort de contraction tendant à augmenter encore cette tension excessive provoqua leur rupture. Le muscle se déchira dans toute son épaisseur, et sur l'étendue de ses deux tiers inférieurs.

Ces résultats de l'exercice, quelque intérêt qu'ils puissent présenter pour le médecin, ne méritent pas de nous arrêter longtemps, car leur mécanisme est facile à comprendre, et leur production est tout accidentelle. Nous avons hâte de passer à d'autres faits intimement liés à l'acte physiologique de la contraction musculaire, et qui sont les résultats inévitables et obligés du travail.

III.

Parmi les effets de l'exercice musculaire les plus frappants, sont les modifications que subit le muscle lui-même sous l'influence du travail. Le muscle augmente de volume, et en même temps change de structure ; il perd la graisse qui infiltrait ses fibres et tend à ne retenir en lui-même que ses éléments propres, les fibres musculaires, dont la densité, étant plus grande que celle des autres tissus, donne à toute la région qui travaille une fermeté caractéristique. De plus, la graisse environnante est brûlée par la contraction, aussi bien que celle qui faisait partie constituante de l'organe. Le tissu cellulaire au milieu duquel le muscle était en quelque sorte noyé avant d'avoir été soumis à un travail soutenu, se brûle pour alimenter les combustions, et toute la région subit un changement de forme caractérisé par des saillies et des bosselures : les muscles *ressortent*. On peut ainsi, à la seule inspection d'un homme adonné à un exercice violent ou à une profession très laborieuse, déterminer quelles sont les parties du corps où le travail musculaire s'est localisé.

L'accroissement des muscles sous l'influence du travail est dû à la circulation plus active qu'il subit pendant la contraction. Quand un membre travaille, le sang y afflue, attiré par une force physiologique difficile à expliquer, mais dont les effets se font sentir à tous les organes qui travaillent, à tous les éléments qui fonctionnent. Le mouvement en vertu duquel le sang est attiré au muscle pendant le travail a pour but de fournir à cet organe les matériaux nécessaires aux combustions. Le muscle, en effet, ne peut produire du travail sans produire de la chaleur ; mais quand il s'échauffe, c'est aux dépens de certains matériaux hydro-carbonés que le sang lui apporte, et il ne se brûle lui-même que faute d'apport suffisant. Aussi ne voit-on le muscle diminuer par le travail que dans le cas d'épuisement organique, alors que la constitution appauvrie ne peut lui fournir un sang suffisamment riche en matériaux combustibles.

Grâce à l'apport incessant des matériaux fournis par le sang, le muscle ne s'use pas lui-même, à moins pourtant que la contraction ne soit exagérée et trop longtemps soutenue. Dans le cas de surmenage persistant, le muscle finit par diminuer et s'user, ainsi qu'on le voit sur certains coureurs de profession dont les jambes se dessèchent par l'abus qu'ils en font. Le muscle, livré à un travail excessif, finit par se brûler lui-même, les matériaux apportés par le sang ne suffisant plus à alimenter les combustions. C'est ainsi qu'un fourneau consume d'abord le bois qu'on y apporte, mais finit, la chaleur étant trop vive, par se brûler lui-même et par oxyder le fer de ses grillages.

Le muscle utilise pour sa combustion les matériaux placés à sa portée, et c'est pour cette raison que les graisses qui l'entourent disparaissent les premières et que le bras droit, par exemple, travaillant seul, peut perdre tout son tissu graisseux et présenter, à travers la peau amincie, des reliefs musculaires très accentués, pendant que le bras gauche, resté inactif, garde encore la forme arrondie et empâtée due à l'infiltration du tissu cutané par des matériaux graisseux exubérants.

Ainsi le travail, outre qu'il produit des effets généraux sur la nutrition, commence par modifier localement la structure de la région qui est plus particulièrement exercée. De là l'importance, au point de vue esthétique, de faire travailler également toutes les régions du corps, si l'on veut éviter dans l'aspect extérieur des irrégularités choquantes.

L'accroissement de volume du muscle s'explique aisément. La contraction y attire une plus grande quantité de sang, qui y séjourne même après la cessation du travail. Cet afflux de sang plus considérable est cause d'une nutrition plus intense par suite de l'abondance de matériaux qui baignent la fibre musculaire et mettent à sa portée plus d'éléments nutritifs.

Mais l'accroissement de volume n'est pas la seule modification observée dans le muscle par suite du travail : on peut y observer aussi un changement de forme correspondant aux mouvements qu'il exécute. C'est là un point très intéressant des effets locaux du travail, car il est intimement lié au mécanisme des déformations qu'on observe à la suite de certains exercices. Un muscle dont l'action prédomine constamment sur celle des autres muscles, ou, en d'autres termes, un muscle qui se contracte plus souvent que son antagoniste, finit par subir un certain degré de raccourcissement. Si, par exemple, les deux extrémités d'un fléchisseur se trouvent très souvent rapprochées par le fait même de leur contraction et que leur action ne soit pas contrebalancée par une contraction aussi fréquente et aussi énergique de l'extenseur qui lui fait équilibre, ses fibres tendront à garder la forme ramassée qui leur est souvent imposée, et le muscle se raccourcira.

On observe souvent, chez les gymnastes, cette demi-contraction de la fibre, et, par suite, la prédominance d'une attitude particulière. Ceux qui abusent des exercices nécessitant la flexion de l'avant-bras sur le bras acquièrent un développement excessif du biceps, et ce muscle tend à se raccourcir en même temps qu'il s'épaissit ; le mouvement d'extension se trouve alors limité dans son étendue et l'avant-bras ne peut plus s'étendre assez pour former une ligne droite avec le bras. De là une déformation qui est sans importance dans l'exemple cité, mais qui pourrait devenir une cause de difformité si elle siégeait sur certains points du corps dont la direction doit être régulière sous peine de défaut d'harmonie dans les lignes, et d'élégance dans l'attitude.

Supposons que cette contracture musculaire si fréquente aux membres, chez la plupart des amateurs de trapèze, vienne à se produire dans les muscles de la région dorsale : les mêmes effets vicieux que nous observions tout à l'heure sur la direction du bras vont se faire sentir sur la direction de la colonne vertébrale. Si les muscles fléchisseurs des vertèbres agissent plus que les muscles extenseurs, ils tendront à se raccourcir, leurs antagonistes gardant leur dimension normale, et les vertèbres se trouveront fléchies en avant. De là une attitude penchée inévitable. Si les muscles latéraux de la colonne vertébrale ont été exercés de préférence, c'est sur eux qu'on pourra observer le raccourcissement des fibres. Les vertèbres seront attirées soit à droite, soit à gauche, suivant que les muscles d'un côté auront acquis plus de développement que ceux de l'autre. Il se produira ainsi des déviations latérales de la taille, ou, suivant l'expression technique, des *scolioses*.

Nous verrons, en parlant des exercices qui déforment, combien sont fréquentes les scolioses dans les exercices qui se localisent d'un seul côté du corps, l'escrime par exemple.

Ces scolioses sont d'abord purement musculaires et peuvent disparaître soit en faisant cesser l'exercice qui a développé outre mesure l'action des muscles d'un côté, soit en faisant pratiquer un exercice capable de développer les muscles du côté opposé, de façon à égaliser l'action de chacun des antagonistes et à obtenir l'équilibre des forces inverses d'où résulte la rectitude de la tige vertébrale.

Mais ce moyen sera insuffisant, s'il est appliqué trop tard, car il peut arriver que la prédominance des muscles, d'un côté, et la déviation qui en résulte entraînent des troubles consécutifs dans la nutrition des vertèbres, et occasionnent des déformations de ces os.

En effet, la colonne vertébrale est constituée par un long enchaînement d'osselets très courts, empilés les uns sur les autres et dont chacun peut se mouvoir sur celui qui le supporte. Si une vertèbre est attirée à droite, par exemple, le mouvement de bascule qu'elle exécute porte son poids sur son bord droit et tend à relever sa partie gauche. Toute la pression qu'elle exerce sur l'os qui lui sert de support se trouve donc localisée à droite ; mais cette pression, qui est supportée par un point très limite de la vertèbre, représente un poids considérable, celui de toute la partie du tronc qui est située au-dessus. Cette pression entrave le mouvement de nutrition de l'os qui tend à s'amincir dans le point comprimé. Par contre, la partie gauche de la vertèbre ne subit aucun arrêt de développement, puisqu'elle est moins chargée qu'à l'état normal : elle conserve donc son volume, et l'os prend définitivement la forme d'une sorte de coin ; il reste épais dans sa moitié gauche, qui n'a supporté aucune pression anormale, et aminci dans la partie droite qui a été comprimée. La vertèbre acquiert exactement la forme d'une clef de voûte, et cette forme tend à se répéter sur toutes les vertèbres soumises à la même influence déformante. De là une apparence cintrée de l'ensemble de l'épine dorsale, et un arc à concavité droite ; arc difficile à redresser, car il n'est plus dû à une simple action musculaire, mais à une déformation matérielle des os.

Les déformations de la colonne vertébrale sont l'écueil de la gymnastique. Autant les exercices du corps sont utiles pour redresser les déviations de la taille quand ils sont utilisés avec discernement, autant ils sont capables de les créer quand on les applique sans méthode.

CHAPITRE IV.

LES EXERCICES QUI DÉFORMENT.

Gymnastique et esthétique. — Un préjugé enraciné: la « beauté de formes » des gymnasiarques. — Difformités dues à la *gymnastique avec engins*. — Mécanisme des déformations. — Trop d'exercices de bras! — Les attitudes *d'appui*. — Les *rétablissements*. — La barre fixe. — Les barres parallèles. — Les *culbutes*. — Le trapèze. — Le « gros dos » des gymnastes.

L'escrime. — La « scoliose des escrimeurs ». — Observations comparatives sur les tireurs droitiers et les tireurs gauchers. — Nos conclusions sont inverses de celles des auteurs précédents. — Opinion de Bouvier et Boulland. — Le mécanisme des déformations. — Différentes attitudes du tireur suivant les phases de l'*assaut*. — La mise en garde; l'attaque; la parade et la riposte.

Les haltères.

L'équitation. — Différence de résultats entre l'équitation de course et l'équitation de manège. — Le dos des jockeys et la taille des officiers de cavalerie.

I.

Quand on assiste à un concours de gymnastique et qu'on étudie à loisir la conformation des jeunes gens qui y prennent part, on ne peut se défendre d'un certain sentiment de désappointement. — Eh quoi! est-ce donc là l'harmonie des formes, la pureté des lignes que nos gymnastes devaient trouver, comme autrefois les Grecs, dans la pratique des exercices physiques? — Examinez, en regard, les statues antiques de l' « Achille », du « Gladiateur combattant », du « Discobole », et vous ne pourrez vous empêcher de dire que si ces héros ont été ainsi formés par le gymnase, il fallait que leur gymnastique ne ressemblât pas à la nôtre. Avouons-le, rien n'a moins la haute mine d'un demi-Dieu qu'un « virtuose du trapèze ».

Il est difficile de résister au courant de l'opinion toute faite qui, depuis un demi-siècle, nous représente les gymnastes comme des types de beauté, et on les admire de confiance, les yeux fermés. Ouvrons donc les yeux et étudions un homme qui a cultivé assidûment les anneaux, la barre fixe et les autres engins du « portique ».

Ce qui frappe dans le gymnasiarque de profession, c'est le développement exagéré du buste et le peu d'ampleur de la partie inférieure du corps. Les épaules sont énormes, les hanches étroites, les jambes grêles. La partie du corps qui est chargée de jouer le rôle de support devrait naturellement être fortement musclée pour fournir au tronc une assiette solide, et c'est une première anomalie de voir que la partie supérieure l'emporte au contraire en volume et en vigueur sur la partie inférieure.

Cette anomalie s'explique aisément si on se rappelle le mécanisme des exercices qui s'exécutent aux *agrès*. Tous nécessitent une véritable transposition dans l'action des membres, et font jouer aux bras le rôle des jambes. Tous exigent que le poids du sujet soit supporté par les épaules, soit que les bras *suspendent* le corps au-dessous de la barre du trapèze, soit qu'ils le *soutiennent* au-dessus. Les épaules, dans ces exercices, doivent donc acquérir un développement qui les rende aptes à remplacer les hanches.

Outre le défaut de proportion que nous signalons, le gymnaste de profession présente une déformation très caractéristique : il a le *dos rond*.

Si l'on regarde de profil un homme qui depuis plusieurs années se livre assidûment aux exercices du trapèze et des barres, on voit que la ligne partant de la nuque pour rejoindre la chute des reins dessine une convexité fortement prononcée. Cette voussure est l'exagération de la courbure naturelle de la colonne dorsale ; elle atteint quelquefois la proportion d'une véritable difformité chez les sujets exclusivement adonnés aux exercices « avec engins ».

Ce n'est pas tout. Les épaules aussi sont le siège d'une déformation caractéristique. L'omoplate, attirée en avant par sa partie articulaire, a subi en même temps un mouvement de bascule qui en relève et en fait saillir en arrière l'extrémité inférieure. La pointe de l'os vient faire dans le dos une saillie comparable à celle qui, chez les phtisiques très amaigris, produit les *épaules ailées*, avec cette différence que, chez le gymnasiarque, de grosses saillies musculaires accompagnent les saillies osseuses, tandis que chez les sujets cachectiques la pointe de l'os semble prête à percer la peau.

Du côté antérieur, la ligne qui forme le profil de la poitrine

F. LAGRANGE.

est aplatie et semble rentrée. Une saillie prononcée existe au niveau du mamelon, mais elle est due au développement exagéré des pectoraux plutôt qu'à la voussure des côtes. Le thorax est pourtant augmenté de volume chez les gymnasiarques, mais surtout, ainsi que nous le verrons, chez ceux qui font des exercices de jambes. Pour les amateurs de gymnastique aux agrès, ce sont plutôt les moignons des épaules et les muscles de la région pectorale et dorsale qui prennent du développement et font paraître la poitrine plus vaste dans le sens transversal. Le diamètre antéro-postérieur n'a certainement pas diminué chez les sujets dont nous parlons, il a même augmenté, mais l'ampliation se traduit seulement en arrière, par la voussure plus convexe du dos. La poitrine n'est pas rentrée, mais elle semble l'être par suite de la tendance des épaules à se porter en avant.

Telles sont les déformations qu'on observe habituellement chez nos gymnasiarques, — non chez tous, mais chez ceux qui s'adonnent avec excès à la gymnastique classique : nous pouvons dire à la *vieille* gymnastique, car une réaction tend heureusement à se faire contre elle. Cette déformation est due à l'abus des exercices qui exigent l'*appui* et la *suspension* du corps à l'aide des mains. Or, ce sont là les deux attitudes fondamentales de la gymnastique « avec engins ».

Quand le corps se meut pour passer, de la suspension par les mains, à l'appui sur les poignets, il exécute ce changement par deux procédés : le *rétablissement* et la *culbute*.

Dans le rétablissement, le corps est d'abord suspendu par les bras étendus de toute leur longueur à deux anneaux ou à une barre horizontale ; puis il est attiré en haut par la contraction des biceps qui rapprochent les épaules des poignets. A ce moment commence la difficulté. Il faut que les coudes, qui sont plus bas que les mains, s'élèvent au-dessus d'elles, de telle façon qu'au lieu d'être *suspendu*, le corps arrive à être *soutenu* par les poignets.

Pour passer de la suspension au soutien, le sujet doit s'élever au-dessus d'une barre en bois s'il est au trapèze, ou au-dessus d'une ligne horizontale fictive s'il est aux anneaux. Dans les deux cas, il est obligé de faire passer d'abord le centre de gravité du corps *en arrière* de cette ligne pour arriver ensuite à le faire monter au-dessus.

Si l'on suit de l'œil les différents temps du mouvement, on voit les muscles de la nuque se contracter énergiquement par un effort qui semble *enfoncer le cou dans les épaules.* Tout le corps se ramasse sur lui-même, et la colonne dorsale se courbe énergiquement pour amener le plus possible les épaules en avant de la barre et alléger ainsi la charge des bras, en même temps que le bassin se relève le plus possible pour ramasser tout le poids du corps et remonter le centre de gravité. — Le gymnasiarque nous offre à ce moment la plus disgracieuse attitude qu'on puisse imaginer. Or, l'on sait que le corps tend à garder l'empreinte d'une attitude souvent reproduite.

Cette attitude ramassée de la partie supérieure du corps, avec flexion exagérée des six à huit premières vertèbres dorsales, est caractéristique de tous les mouvements de rétablissement en avant. Elle se retrouve aussi dans les culbutes qui exigent un mouvement de révolution du corps autour d'un bâton de trapèze, ou autour de la ligne fictive qui réunit deux anneaux de fer. Tous ces exercices nécessitent la flexion forcée de la colonne dorsale et obligent le gymnaste à faire *le gros dos.*

D'autres exercices en gymnastique semblent, au premier abord, propres à contrebalancer l'effet de ceux dont nous venons de signaler l'inconvénient. Si le trapèze et la barre fixe font travailler les fléchisseurs de la colonne vertébrale, on dit qu'en revanche les barres parallèles font surtout agir les extenseurs. C'est vrai, et pourtant ces exercices ne tendent pas à corriger l'apparence voûtée que gagne la colonne dorsale quand on fait du trapèze.

En effet, les barres parallèles, comme tous les engins qui exigent l'appui du corps sur les mains, tendent à porter en avant les moignons des épaules, de telle sorte que, sans augmenter la voussure du dos, ils la rendent plus apparente. Quand le poids du corps est supporté par les bras, qui le transmettent aux épaules, il faut que les muscles volumineux qui entourent l'omoplate, la clavicule et la tête humérale se contractent énergiquement pour faire de ces trois os un tout solide et résistant, capable de jouer le rôle du bassin. Les muscles, auxquels revient la plus grande part dans ce travail de consolidation d'une région essentiellement mobile, sont les pectoraux, car ils ont pour rôle d'attirer le moignon de l'épaule *en avant* et *en dedans,* et c'est la position que prend toujours la tête de l'humérus dans les exercices aux parallèles.

Chez l'homme qui progresse le long de deux barres parallèles,

appuyé sur les bras verticalement tendus, le tronc pendant par
son propre poids, il est facile de voir que la ligne allant d'une
épaule à l'autre passe notablement en avant de celle qu'on obtiendrait en prenant les mêmes points de repère chez un homme
debout au port d'armes. C'est la contraction énergique et soutenue des pectoraux qui, pendant toute la durée de l'appui sur les
mains, donne à la partie articulaire de l'omoplate cette direction
en avant. De plus, l'écartement des barres étant toujours supérieur à la largeur des épaules, les bras sont écartés du corps et
la poussée qu'ils transmettent à l'articulation scapulo-humérale
se fait à la fois de bas en haut et *de dehors en dedans*.

En d'autres termes, les barres parallèles tendent, pendant
l'exercice, à *rentrer* les épaules, à les *relever* et à les *porter en
avant*.

Nous n'avons pas à insister ici sur le mécanisme physiologique
qui tend à rendre définitive une attitude souvent reproduite.
Rappelons seulement qu'un muscle souvent contracté avec une
très grande énergie tend à se raccourcir définitivement, et par
conséquent à rapprocher ses deux points d'attache. C'est ainsi
qu'à la suite d'un travail très soutenu et fréquemment répété,
le pectoral finit par rapprocher son point d'insertion le plus mobile, qui est le col de l'humérus, de son insertion la plus fixe
qui est la région de la poitrine, ou, en d'autres termes, par attirer
les épaules en avant et en dedans.

Enfin, la poussée de l'humérus de dehors en dedans tend à
laisser son empreinte dans la conformation du sujet, par la déformation qu'elle fait subir soit à la clavicule elle-même, en
exagérant sa courbure, et, par conséquent, en diminuant sa longueur, soit aux cavités articulaires en modifiant leur profondeur
et leur direction.

L'analyse des mouvements explique donc, ce que le simple
coup d'œil constate : la gymnastique des agrès déforme ceux qui
en abusent.

Elle tend à ramasser le corps et à lui donner une apparence
voûtée : 1° en grossissant outre mesure les muscles des épaules
et du dos ; 2° en exagérant la convexité de la colonne vertébrale
au niveau des sept ou huit premières vertèbres dorsales.

Elle tend non pas à diminuer l'ampleur réelle du thorax, mais
à faire paraître la poitrine rentrée, en portant le moignon de
l'épaule en avant, en dedans et en haut.

Ce simple exposé aura plus de valeur, sans doute, qu'un long plaidoyer pour faire comprendre que le trapèze ne saurait être un régénérateur de la beauté des formes. Et pourtant, longtemps encore on s'inclinera religieusement devant les traditions anti-physiologiques de la *gymnastique avec engins* que nous devons au colonel Amoros.

II.

L'exercice de la gymnastique n'est pas le seul qui déforme. Un autre genre de sport très usité aujourd'hui, l'*escrime*, produit aussi des déformations très caractéristiques, quoique moins accentuées.

Nous avons recueilli, à ce sujet, une série d'observations qui ont été présentées en janvier 1886 à la Société médicale de Limoges et dont les conclusions sont diamétralement opposées à celles qui avaient cours jusqu'ici dans la science. Nous allons présenter ici les faits observés par nous et l'interprétation physiologique que nous en avons donnée.

Toutes les personnes qui ont fait beaucoup d'*escrime* présentent, à un degré plus ou moins accentué, des traces de courbure latérale de la colonne vertébrale. Quant à la direction de cette courbure, de cette *scoliose*, on peut dire que tous les tireurs droitiers tendent à la scoliose à concavité droite, et tous les gauchers à la scoliose à concavité gauche. Ces tendances sont très inégalement marquées. A peine indiquées dans certains cas, elles peuvent aller parfois jusqu'à constituer un véritable vice de conformation. Nous n'avons pas besoin de faire remarquer qu'une colonne vertébrale adulte, solidement établie, chez un homme vigoureux qui fait des armes de loin en loin, pourrait résister parfaitement et ne prendre aucun mauvais pli, tandis qu'on trouverait la déformation à son summum chez un sujet, suspect de rachitisme ou de ramollissement des os, ayant commencé les armes tout enfant et ayant continué assidûment jusqu'à l'âge d'homme. Entre ces deux points extrêmes il y a une foule de degrés, mais nous devons dire que, le plus souvent, un examen méthodique est nécessaire pour constater la déformation.

Cette déformation, même quand elle est très accentuée, passe le plus souvent inaperçue au premier coup d'œil. La pratique des armes développe en effet plus que tout autre exercice l'agilité et la précision des mouvements ; elle donne une certaine aisance, une certaine désinvolture dans la démarche qui compensent et masquent en quelque sorte la légère déviation dont le corps est atteint.

En examinant de près, on trouve cependant, chez les habitués de salles d'armes, les signes caractéristiques de la scoliose. Parmi ces caractères, il y en a un que tous les médecins ont l'habitude de rechercher d'abord, parce qu'il est le plus probant : c'est la déviation de la ligne formée par les apophyses épineuses des vertèbres du dos. Ce signe n'existe pas souvent dans les scolioses dues à l'escrime, parce que l'escrime ne produit habituellement que des déformations légères, et que le symptôme dont nous parlons se rencontre seulement dans les cas très accentués. Nous avons eu cependant occasion de l'observer chez un jeune garçon de seize ans, d'une constitution faible, s'adonnant à l'escrime avec excès et qui a fortifié son tempérament au détriment de la rectitude de sa colonne vertébrale.

Il est d'autres signes de déviation qu'on a beaucoup plus souvent occasion de rencontrer chez les sujets adonnés à l'escrime. Un des plus communs est l'*abaissement* de l'épaule. Ici, les faits observés par nous sont en contradiction absolue avec l'opinion des auteurs qui ont parlé de l'escrime.

Dans un travail de Bouvier et Boulland (*Diction. de médec. et de chir. prat.*, art. « Rachis »), nous lisons : « L'escrime peut aider « à redresser une scoliose commençante, en *relevant* l'épaule du « *côté où on la pratique.* » Cette phrase exprime une grosse erreur, dont les conséquences pratiques peuvent être graves. L'épaule, du côté qui pratique l'escrime, ne se relève pas ; au contraire *elle s'abaisse.* En présence d'une autorité comme celle que nous venons de citer, nous avons dû appuyer notre opinion contradictoire sur l'observation des faits et sur l'étude raisonnée des divers mouvements de l'escrime.

Quant aux faits, nos observations ont porté sur une vingtaine de tireurs exercés, parmi lesquels huit maîtres d'armes et trois gauchers. Nous tenons à établir tout d'abord que les observations faites sur les gauchers ont donné des résultats régulièrement inverses de ceux fournis par les droitiers ; ce qui constitue une contre-épreuve assez concluante. Dans tous les cas observés, l'abaissement de l'épaule *qui travaille* a été tellement fréquent, qu'il constitue pour nous le cachet professionnel du maître d'armes.

Pour mesurer régulièrement le degré de cet abaissement, il suffit de faire tenir debout contre un mur le sujet à examiner, et d'abaisser successivement à droite et à gauche une équerre tenue de champ, jusqu'à ce qu'elle arrive en contact avec la pointe de l'épaule déterminée par l'*acromion*. Le point de contact à droite et à gauche est noté par un trait, et la différence de niveau de chacun de ces traits donne la hauteur comparative de chaque épaule. Nous n'avons pas besoin de rappeler qu'il faut, avant de mesurer, s'assurer que les hanches du sujet sont bien à la même hauteur, et que la différence de niveau des épaules ne tient pas à l'inégalité de longueur des membres inférieurs. Par la mensuration que nous indiquons, nous avons trouvé jusqu'à deux centimètres et demi d'abaissement sur des sujets d'ailleurs vigoureux et bien constitués.

Bien souvent cette déformation saute aux yeux. Nous avons vu des tireurs en tenue d'escrime dont la veste de toile faisait un grand pli transversal au niveau des pectoraux droits, tandis que l'étoffe était bien tendue et collante du côté gauche : preuve que le côté droit du tronc était plus court que l'autre, par suite de l'abaissement de l'épaule qui s'était rapprochée de la hanche.

Enfin il y a un autre signe de scoliose dorsale que nous avons rarement vu manquer : c'est un aplatissement d'un des côtés de la poitrine auquel correspond une voussure de la partie similaire du côté opposé. Chez les tireurs droitiers, l'aplatissement siège à la partie externe droite du thorax, et la voussure se trouve à la partie externe gauche; chez les gauchers c'est l'inverse. La voussure est due à une plus grande saillie de l'arc des côtes repoussées en dehors par la convexité qui s'est produite de ce côté du rachis ; elle s'accompagne le plus souvent de l'élargissement des espaces intercostaux. Du côté de la dépression, au contraire, les côtes ont subi un retrait, un *renfoncement*, attirées qu'elles sont en dedans par la colonne vertébrale à laquelle elles s'attachent et qui forme là une concavité. Les côtes qui se rentrent ainsi se rapprochent les unes des autres, de façon à diminuer la largeur de l'espace intercostal. Dans les cas très accentués, au lieu d'un aplatissement on a un creux du côté correspondant à la main qui tient l'épée. Dans les cas légers, la différence est encore assez sensible pour qu'on soit obligé de garnir d'ouate le côté droit des vêtements des amateurs d'escrime. — Beaucoup de tailleurs connaissent ce détail, qui a sa petite valeur.

Il serait possible de faire tourner au profit du sujet cette tendance de l'escrime à déformer la paroi thoracique, dans le cas où
on voudrait lutter contre une déformation inverse. Un des meilleurs tireurs de la garnison de Limoges, maître d'armes gaucher,
fut atteint, il y a plusieurs années, d'une pleurésie droite. Il avait
gardé, à la suite de cette maladie, une dépression du côté droit, la
pleurésie ayant produit, comme d'habitude, le retrait de la paroi
thoracique. Depuis, en travaillant beaucoup l'escrime de la main
gauche, il a guéri, sans s'en douter, le défaut de conformation de
son côté droit qui, au lieu d'un creux, présente aujourd'hui une
très légère voussure.

Ainsi, l'escrime, pratiquée toujours de la même main, tend à
produire une déviation de la colonne dorsale dont la concavité
correspond au côté qui manie le fleuret. Cette déviation se fait
latéralement; c'est une « scoliose ». Elle peut présenter des degrés
divers, et se trouve d'autant plus accentuée que le sujet est moins
résistant, a commencé plus jeune et travaillé davantage. Cette
scoliose se traduit par les signes habituels de toutes les déviations latérales, parmi lesquels trois sont faciles à constater. L'un
des trois n'appartient qu'aux cas les plus accentués : c'est la
déviation de la ligne verticale formée par les apophyses épineuses
du rachis. Les deux autres sont à peu près constants et constituent le cachet propre des gens qui font beaucoup d'escrime. Ce
sont : l'abaissement de l'épaule du côté qui manie le fleuret, et l'a-
platissement de la paroi thoracique de ce même côté, avec voussure du côté opposé.

Tels sont les résultats que donne la constatation des faits; cher-
chons-en à présent l'explication rationnelle dans le mécanisme
de l'escrime.

Quand on analyse les mouvements d'un homme qui fait des
armes, on voit qu'ils concourent tous, dans chaque phase du jeu
de l'épée, à imposer au corps une attitude semblable à la courbure
vicieuse que nous signalons. Or, on sait qu'une attitude souvent
prise, une courbure subie tous les jours par la colonne vertébrale tendent à devenir permanentes. C'est ainsi que s'établissent
les déviations de la taille par vice de tenue habituelle ou par les
attitudes spéciales de certaines professions.

Le résumé très complet des divers mouvements de l'escrime
nous est présenté par le combat fictif qu'on appelle *l'assaut*.
Toutes les phases de l'assaut peuvent se ramener à trois, qui
sont : *la mise en garde, l'attaque, la parade ;* la riposte ne mé-

rite pas une mention spéciale, elle n'est qu'une attaque succédant rapidement à une parade.

Dans *la mise en garde*, le tireur droitier relève l'épaule gauche pour porter la main plus haut que la tête ; il abaisse, au contraire, l'épaule droite, pour tenir le poignet au niveau du sein droit. La tête fait face à l'adversaire, mais le corps, pour *s'effacer*, se présente à lui par sa partie latérale. Ainsi, quand le tireur se penche, son corps se courbe non pas *en avant*, mais *de côté*, du côté de l'adversaire, et par conséquent du côté de la main qui tient l'épée. On se penche toujours, en dépit des principes académiques, et deux maîtres qui font assaut se penchent au moins autant que leurs élèves. On se penche d'autant plus qu'on est plus attentif à guetter son adversaire pour saisir le moment d'attaquer. On se pelotonne alors comme un animal à l'arrêt, et le corps se courbe de plus en plus sur lui-même avant de se détendre pour *partir à fond*, suivant l'expression classique. C'est à ce moment, dans cette attitude forcée, que la colonne vertébrale subit sa plus grande fatigue et tend le plus à s'affaisser sur le côté.

Dans l'attaque, le tireur *se fend*, c'est-à-dire que le tronc se porte en avant en s'inclinant violemment du côté de l'adversaire pour chercher à l'atteindre. La colonne vertébrale, dans ce déplacement latéral, peut être assimilée à un bras de levier dont l'extrémité est chargée du poids de la tête et des épaules, poids qui s'ajoute à la secousse du mouvement de flexion pour comprimer la partie latérale des corps vertébraux (la partie droite pour les droitiers, la partie gauche pour les gauchers). Cette compression, souvent renouvelée et portant toujours sur les mêmes points, finit par entraver la nutrition de la vertèbre. Si celle-ci est peu résistante et si la violence qu'elle subit est souvent répétée, il en résulte un tassement, un affaissement de l'os sur lui-même dans celle de ses moitiés qui subit la plus forte pression, tandis que l'autre moitié garde sa hauteur normale. La tige verticale que forment les vertèbres empilées les unes sur les autres suit dans son ensemble ce mouvement d'affaissement et se trouve déviée.

Dans *la parade*, le corps n'agit pas, l'avant-bras et le poignet sont seuls en jeu ; mais le tireur conserve toujours l'attitude de flexion latérale que j'ai signalée dans la mise en garde, car il faut que le corps soit prêt à envoyer instantanément la riposte.

Ainsi, dans toutes les phases de l'escrime, le corps agit et se fatigue en gardant une attitude qui force le tronc à s'incliner constamment du côté qui tient le fleuret. La colonne vertébrale peut être comparée alors à un arc qui se tend et se détend en formant une courbe dont la concavité correspond à la main qui travaille. Cette courbure se reproduisant souvent et longtemps, quoi d'étonnant si le corps en conserve l'empreinte ?

Le raisonnement est donc d'accord avec les faits pour nous amener aux conclusions suivantes :

Si on veut utiliser l'escrime comme moyen thérapeutique chez un sujet faible, à l'âge où les déviations de la colonne vertébrale sont à redouter, il faut recommander d'exercer également les deux mains, non seulement pour éviter de développer inégalement les muscles de chaque côté du corps (ce dont on se préoccupait surtout jusqu'à présent), mais aussi et surtout pour éviter de dévier la taille de l'enfant. Si on emploie l'exercice des armes dans un but orthopédique, pour essayer de redresser une scoliose, il faut bien se garder d'exercer, comme on l'a recommandé jusqu'ici, le côté qui correspond à la concavité de la courbure ; c'est juste l'inverse qu'il faut faire. S'il s'agit de relever une épaule qui penche *à droite*, faites prendre le fleuret de *la main gauche*, et réciproquement.

Nous ne voulons pas terminer cette étude sans dire un mot d'une pratique très usitée dans les salles d'armes, et qui, sous prétexte de remédier aux inconvénients de l'escrime, les exagère au contraire. Dans le but de fatiguer le côté du corps qui n'a pas travaillé, on voit des tireurs, après une reprise d'armes faite de la main droite, soulever méthodiquement des haltères de la main gauche, ne se rendant pas compte de l'effet si différent de ces deux sortes d'exercices. L'exercice des haltères, à l'inverse de l'escrime, relève l'épaule du côté qui s'y livre. En effet, par un mouvement de compensation qui n'existe pas dans l'escrime, pendant tout le temps que le bras gauche est chargé du haltère, le corps, cherchant son équilibre, se penche à droite et revient précisément à l'attitude qu'on voulait combattre.

Il n'y a qu'un seul moyen d'éviter la déviation qui se gagne à faire de l'escrime d'une seule main : c'est d'en faire alternativement du côté droit et du côté gauche.

L'*équitation* peut être rangée parmi les exercices qui déforment, mais les déformations qu'elle produit varient suivant les diverses manières de monter.

Chez tous les cavaliers de profession il existe une courbure des membres inférieurs, d'autant plus prononcée que les os étaient plus malléables au moment où l'exercice a été commencé. Les membres, qui se placent de manière à *envelopper* le cheval, tendent à acquérir une forme concave. C'est en cherchant à se mouler, pour ainsi dire, autour du tronc de la monture que les jambes et les cuisses du cavalier prennent une forme arquée.

Une autre déformation mérite d'être signalée chez les sujets qui s'adonnent à l'équitation de course : c'est la voussure du dos. Le jockey se penche en avant pour alléger autant que possible l'arrière-main du cheval. Mais, outre cette attitude qui courbe la colonne dorsale, il subit une cause plus active de déformation. Les bras doivent fournir un point d'appui à la bouche du cheval, et supportent ainsi un poids dépassant souvent 40 kilogrammes. Pour soutenir cet effort de traction, le coureur s'arc-boute sur les étriers et sur les genoux. Le corps se trouve ainsi soumis à l'action de deux forces qui tendent à rapprocher les deux extrémités de l'arc formé par la colonne vertébrale, et par conséquent à en exagérer la courbure.

L'équitation de manège ainsi que l'équitation pratique de promenade ou de voyage ne se font pas suivant les mêmes méthodes que l'équitation de course, et tendent à donner au corps une attitude parfaitement équilibrée, et par conséquent une direction parfaitement verticale. Il faut que le cavalier soit placé dans l'attitude la plus favorable à la solidité de l'assiette, c'est-à-dire qu'il ne penche ni à droite ni à gauche, ni en arrière ni en avant, et il lui est interdit de prendre appui sur ses rênes. Il faut que sa colonne vertébrale soit toujours prête à servir de balancier soit dans les déplacements latéraux, soit dans les déplacements antéro-postérieurs, et pour cela les vertèbres doivent conserver entre elles une grande mobilité. Les pièces qui composent la colonne vertébrale ne doivent donc subir aucune pression excessive : toute contraction des reins et du dos devant être évitée, sous peine de n'avoir pas de *liant*.

L'observation nous montre la grande différence qui existe entre *le cavalier* et *le coureur* au point de vue des formes. Les vieux jockeys sont ramassés sur eux-mêmes, ont les épaules hautes et le dos voûté. Nos officiers de cavalerie conservent, au contraire, jusqu'à un âge avancé une remarquable élégance de taille.

Il nous est impossible d'analyser jusqu'au bout tous les exercices qui déforment. Les types que nous avons cités pourront indiquer la méthode à suivre pour apprécier l'influence du travail musculaire sur la forme du corps.

Nous pouvons dire d'une manière générale qu'un exercice amènera une déformation plus ou moins prononcée du corps toutes les fois qu'il s'exécutera dans les conditions suivantes :

1° Concentration de l'effort musculaire dans une région très localisée, les autres parties du corps ne participant pas au travail ;

2° Nécessité de prendre et de conserver pendant l'exercice une attitude qui devie l'axe du corps de sa direction normale ;

3° Exécution fréquente et prolongée de mouvements que l'homme ne pratique pas naturellement, et auxquels sa conformation n'est pas adaptée.

CHAPITRE V

I.

Les conclusions que nous venons d'émettre dans le chapitre
précédent peuvent nous servir de guide pour indiquer les conditions dans lesquelles l'exercice doit être pratiqué pour conserver
au corps une forme régulière.

Les exercices qui déforment le corps sont, en premier lieu, ceux
qui n'en font pas travailler également toutes les régions. Quand
on est, avant tout, soucieux de conserver la régularité de ses
formes, on doit donc adopter une forme de gymnastique dans
laquelle toutes les parties du corps soient soumises à un travail
régulier proportionnel à la force de leurs muscles.

Dans les gymnases, on appelle exercices *du plancher* ceux qui
s'exécutent debout et qui consistent en mouvements successifs de
flexion, d'extension, etc., des jambes, des bras, du tronc, du bassin
et du cou. Ce sont là, évidemment, au point de vue des résultats
esthétiques, les meilleurs de tous les exercices. Chaque membre
subit un travail proportionné à la force de ses muscles, puisqu'il
ne meut que son propre poids. De plus, les muscles antagonistes

gardent entre eux, dans leurs contractions, une mesure parfaite qui ne tend pas à faire prédominer les extenseurs sur les fléchisseurs, ou réciproquement, ni, par conséquent, à attirer les os dans une direction qui s'écarte de la normale. Enfin, le corps restant, pendant ces exercices, en station sur les jambes, la colonne vértébrale ne peut à aucun moment subir une attitude vicieuse pour chercher un équilibre anormal.

Ces exercices seraient donc les meilleurs de tous s'ils étaient un peu plus intéressants pour celui qui les pratique. Mais ils n'offrent aucun attrait parce qu'ils suppriment de la part de l'élève toute initiative et ne demandent qu'une obéissance attentive et passive au commandement.

Il y a heureusement, dans le répertoire des gymnases, un autre exercice qui joint à la régularité dans la dépense des forces un attrait particulier, parce qu'il implique une lutte de finesse, d'agilité et d'à-propos : c'est notre *boxe française*. Cet exercice s'apprend par une série de leçons dont chacune s'exécute alternativement sur la partie droite et sur la partie gauche. De cette façon, la jambe droite et le bras droit répètent exactement, quand leur tour est venu, tous les mouvements que viennent de faire la jambe gauche et le bras gauche.

La boxe française, qui enseigne le coup de pied aussi bien que le coup de poing, exige à chaque instant des attitudes d'une grande hardiesse.

Quand il s'agit de détacher un coup de pied à la hauteur du visage, le tronc doit s'incliner fortement sur le côté pour contre-balancer le déplacement du centre de gravité, et cette attitude serait vicieuse si elle se reproduisait toujours dans la même direction. Mais à peine la jambe droite qui vient de frapper le coup a-t-elle repris appui sur le sol, que la jambe gauche doit se lever à son tour et redoubler l'attaque, soit directement en avant, soit par la pirouette appelée *coup de pied tournant*. Avec une rapidité qui étonne le spectateur, le corps doit trouver d'une jambe à l'autre un équilibre assez stable pour qu'il soit permis de fouetter le pied dans une direction précise, avec une force qui dépasse quelquefois 50 kilogrammes. Pour que le centre de gravité se déplace avec une si merveilleuse facilité, la colonne vertébrale, qui joue le rôle de balancier, doit conserver à toutes les pièces qui la composent une mobilité extrême. Les articulations intervertébrales doivent permettre des mouvements très étendus, qui ne seraient compatibles ni avec la contracture d'un des muscles vertébraux, ni avec l'ankylose de deux vertèbres entre elles, ni enfin avec la direction vicieuse de leurs surfaces articulaires. Et ce sont là les trois causes principales des déviations de la taille.

La boxe française, ou *chausson*, est donc bien préférable à l'escrime pour développer régulièrement le corps d'un jeune garçon et l'empêcher de prendre une tenue vicieuse.

La *natation*, comme le chausson, exige une action régulière de tous les muscles. Le corps doit progresser, dans cet exercice, par un mouvement d'extension qui, partant des jambes, se propage aux cuisses, à la colonne vertébrale et aux membres supérieurs.

L'acte de *grimper* ressemble beaucoup à celui de nager. Dans l'un comme dans l'autre de ces exercices, la progression se fait par des mouvements alternatifs de flexion et d'extension du corps et des membres. Il semble au premier abord n'y avoir entre les deux modes de progression qu'une différence de direction, la natation se faisant horizontalement, et la *grimpade* de bas en haut. Mais il y a, au point de vue du mécanisme du travail, une différence capitale : chez le nageur, les épaules et les bras se meuvent dans le même plan horizontal ; chez le grimpeur, les bras sont portés très en avant de la poitrine, et leur mouvement de flexion, les mains étant fixées, tend à attirer les épaules en haut, en avant et en dedans.

Nous n'avons pas eu l'occasion d'observer ces grimpeurs de profession qui passent leur vie à monter jusqu'au haut des plus grands arbres pour les ébrancher, dans les forêts de l'État. Mais, d'après le genre de travail qu'ils exécutent, leur conformation d'épaules doit se rapprocher de celle des gymnasiarques qui abusent du trapèze. Les nageurs, au contraire, ne sont soumis par leur exercice à aucune cause de déformation, et présentent d'ordinaire un développement très régulier.

Il est certains exercices qui semblent, au premier coup d'œil, se localiser dans un groupe de muscles restreint et qu'une analyse plus attentive nous montre généralisés au corps tout entier. C'est ainsi qu'un homme qui sonne une lourde cloche ne travaille pas seulement avec les poignets qui saisissent la corde, mais avec les bras qui se fléchissent, avec le tronc qui se courbe, avec les pieds même, qui se crispent pour adhérer plus fortement au sol.

Le *canotage* est réputé faire grossir les biceps, et on classe généralement ce genre de sport dans les exercices de bras. C'est à tort, car le travail du rameur est loin de se localiser aux membres supérieurs. L'effort musculaire qui fait avancer l'embarcation siège en grande partie dans les extenseurs de la colonne vertébrale. Le canotier *tire* surtout avec les reins. De plus, quand l'embarcation doit être lancée à toute vitesse, comme dans les courses de régates, les jambes agissent au moins autant que les bras.

Au moment où nous écrivons ces lignes, nous sommes sous le coup d'une courbature musculaire gagnée en reprenant l'exercice de la rame abandonné depuis un an. Les muscles des bras n'éprouvent qu'une légère sensation de malaise, mais ceux des reins et des cuisses sont le siège d'une véritable souffrance, preuve qu'ils ont vigoureusement travaillé.

Il y a une différence à faire, dans le sport nautique, entre l'exercice de l'aviron et celui de la *pagaie*. Pour pagayer, le canotier doit prendre un point d'appui fixe et solide sur le siège, et les jambes ne lui sont alors d'aucun secours. Elles restent inactives, étendues le plus habituellement au fond de la périssoire. Quant au tronc, il participe au travail non par des mouvements alternatifs de flexion et d'extension, mais par des déplacements latéraux, tantôt à droite, tantôt à gauche. En outre, le pagayeur, quand il fait son plus grand effort, n'est pas rejeté en arrière, comme le rameur, mais au contraire courbé en avant.

Cette attitude est imposée par la nécessité de donner au mouvement du tronc une direction inverse de celle suivant laquelle l'eau est déplacée par le moteur de l'embarcation. Or, pour pagayer, il faut déplacer le liquide d'avant en arrière, tandis que, pour ramer, on le repousse d'arrière en avant.

Quand·on assiste à des régates et qu'on compare les canotiers qui rament en *couple* et ceux qui courent en périssoire, on est frappé de la différence de tenue.

La manœuvre de la périssoire est assurément fort gracieuse. Le corps se balance régulièrement de droite à gauche, et la tête à chaque déplacement s'incline en sens inverse du tronc par une série d'inflexions latérales des vertèbres du cou. De ces deux mouvements opposés qui se compensent, résulte une allure onduleuse s'ajoutant au glissement rapide de la frêle embarcation pour former un tableau qui séduit. Mais le dos du pagayeur se courbe comme celui du jockey et ses jambes restent inactives.

De là, à notre avis, l'infériorité de la périssoire au point de vue de l'hygiène. Elle laisse les membres inférieurs dans l'immobilité absolue, et elle tend à voûter les épaules.

Dans l'embarcation à rames, le canotier se penche en avant, lui aussi, à certains moments pour ramener l'aviron derrière lui; mais c'est là un temps de l'exercice qui ne demande aucune force et ne fait subir aux vertèbres aucune pression. L'acte musculaire réellement énergique, celui qui détermine la progression du canot, s'exécute par le renversement du corps en arrière; à ce moment d'effort, la tête reste droite et haute, et, si le mouvement s'accentue davantage, la face est tournée vers le ciel. Le mouvement réellement actif du rameur consiste dans l'*extension* de l'épine dorsale. Aucun mouvement n'est plus propre que celui-ci à redresser une colonne vertébrale voûtée.

Il est bon de signaler la différence de résultat du canotage suivant qu'on rame « *de pointe* » ou « *de couple* ». L'aviron de pointe est unique et se manœuvre avec les deux mains, forçant le rameur à se pencher du côté où il attaque l'eau. L'aviron de couple est double et nécessite un effort égal et symétrique de chaque main. — Il va de soi que, pour conserver au corps sa rectitude, la manœuvre de couple est bien supérieure à la manœuvre de pointe.

II.

Il nous est impossible de passer ici en revue tous les exercices les plus capables de favoriser la régularité du développement. Mais nous voudrions essayer de préciser quelques points qu'il ne faut pas perdre de vue quand on veut apprécier l'influence des mouvements sur la forme du corps.

Et d'abord, le corps laissé à lui-même, sans être soumis à aucune influence extérieure capable de le déformer, tend naturellement à se développer dans une direction régulière. Les causes qui tendent à le dévier peuvent être d'origne interne, telles que les affections osseuses ou articulaires, les rétractions des tendons ou des muscles, les paralysies. Mais les déformations les plus fréquemment observées tiennent à des causes extérieures, telles que des pressions, des chocs, des travaux ou des habitudes amenant un vice de la tenue. Parmi les agents extérieurs capables de déformer le corps, l'exercice mal choisi ou mal appliqué est une cause très fréquente de conformation vicieuse.

F. LAGRANGE. 20

La colonne vertébrale est l'axe du corps. Quand sa direction est normale, le corps est droit et l'attitude élégante. La plupart des déviations de la colonne vertébrale commencent par être d'origine musculaire et proviennent de la prédominance d'action des muscles qui attirent les vertèbres dans une direction donnée, sur ceux qui devraient leur faire équilibre en agissant dans la direction inverse. L'exercice musculaire tend à développer les muscles et les os : il suffit, pour que le but esthétique soit atteint, que ce développement se fasse avec régularité, qu'aucune région du corps n'acquière un volume exagéré capable de détruire l'harmonie des proportions, et qu'aucune partie du squelette ne prenne une direction vicieuse.

L'absence de tout exercice coïncide quelquefois avec des déviations du corps, mais c'est presque toujours à cause d'un vice de tenue habituel, comme on en observe tant chez les personnes sédentaires. L'écolier enfermé dans une classe du matin au soir, l'ouvrière qui passe toutes les journées dans un atelier, présentent souvent des déviations de la taille ; mais la position vicieuse du corps que nécessite l'écriture penchée est la vraie cause de la courbure latérale du corps qu'on a signalée chez l'écolier ; de même, il faut attribuer à l'attitude courbée du travail à l'aiguille la voussure du dos si fréquente chez les couturières.

Certaines déformations de la taille peuvent être dues au défaut même d'exercice, à l'excès d'immobilité du sujet et à la faiblesse extrême des muscles qui peut en résulter. Les vertèbres, étant très mobiles les unes sur les autres, ne peuvent former un tout et acquérir la résistance d'une tige homogène et rigide qu'à la condition d'être fortement pressées les unes contre les autres et maintenues en contact intime par la contraction des muscles qui les entourent. Si ces muscles sont trop faibles, le poids des épaules et de la tête fait glisser les uns sur les autres les os vertébraux et les entraîne dans la direction où la pesanteur tend à porter le corps, c'est-à-dire en avant.

Quand la force musculaire est tout à fait abolie, sur le cadavre, par exemple, on constate une tendance à la chute en avant ; et si le corps mort, placé debout, est retenu au niveau de la ceinture, on voit la tête s'incliner sur la poitrine, les épaules s'affaisser en avant, et le dos se vouter par une flexion exagérée de la colonne vertébrale.

Cette attitude penchée, due à l'absence complète d'action musculaire, est l'exagération de celle qu'on observe chez les sujets dont les muscles sont affaiblis à l'extrême et atrophiés par l'inaction. Le dos voûté s'accompagne toujours, chez ces sujets, du retrait de la poitrine, d'abord parce que l'inaction musculaire entraîne la diminution de l'ampleur du thorax, ensuite parce que, dans le profil du corps, la convexité très prononcée du dos tend, par comparaison, à faire paraître plate et même concave la ligne qui indique la direction du sternum. — On observe cette déformation caractéristique dans tous les cas où de jeunes sujets sont soumis à un régime de vie trop sédentaire, sont privés d'air et de mouvement.

L'exercice musculaire, quelle que soit sa forme, donne des résultats merveilleux dans ces déformations où il n'y a pas à proprement parler une région déviée à redresser, mais plutôt une partie affaissée à soutenir. La colonne vertébrale retrouve promptement d'énergiques soutiens dans les muscles vertébraux aussitôt que le sujet se livre à des mouvements violents, car tout travail qui nécessite une certaine dépense de force exige l'entrée en jeu de ces muscles pour fixer solidement la colonne vertébrale, centre et pivot de tous les déplacements du tronc et des membres.

Mais à part ces cas de débilité excessive, de langueur maladive du sujet, ce n'est pas à l'augmentation de force des muscles qu'il faut demander le moyen de rendre à la taille sa rectitude parfaite. Les sujets les plus remarquables par l'élégance de leur tournure sont plutôt très *souples* que très vigoureux.

La souplesse de la taille vient de la facilité très grande avec laquelle les vertèbres peuvent glisser les unes sur les autres dans toutes les directions. De cette grande mobilité résultent l'aisance avec laquelle les diverses pièces de l'épine dorsale s'accommodent aux différentes attitudes du corps, et la rapidité avec laquelle le tronc trouve son aplomb dans tous les dépacements qu'il subit. Aussi observe-t-on au plus haut point la grâce de la tournure chez les clowns qui se disloquent.

Certains exercices qui se pratiquent avec une très petite dépense de force musculaire ont une remarquable tendance à mettre la colonne vertébrale dans une direction de rectitude parfaite : ce sont les exercices qui demandent de l'équilibre. Un danseur de corde ne peut tenir debout sur son mince support qu'à la condition de n'écarter jamais l'axe du corps de la direction du fil à plomb, — et c'est la colonne vértébrale qui représente cet axe. — Tous les mouvements de l'acrobate tendent donc à donner aux muscles qui meuvent les vertèbres le degré de contraction voulu pour que la tige osseuse qu'ils composent ait une direction parfaitement verticale.

Le danseur de corde conserve, une fois à terre, l'attitude que ses muscles bien disciplinés ont pris l'habitude de donner aux os qu'ils font mouvoir.

Les jongleurs équilibristes sont, avec les danseurs de corde et *les hommes caoutchouc*, des types de rectitude physique parfaite ; et si on les compare, dans les cirques, aux gymnasiarques qui ont la spécialité du trapèze, on est frappé de voir combien ils l'emportent sur eux pour l'élégance de la tournure.

Rien de charmant comme une petite équilibriste que nous avons vue dans un cirque grimper au haut d'une pyramide faite de bouteilles superposées, et arriver à se poser comme un oiseau sur le goulot de la dernière, sans en déranger aucune. C'était merveille de voir l'enfant, arrivée au faîte de son fragile édifice, assurer d'abord son aplomb en redressant le buste, puis, portant le pied sur son frêle support, se soulever à l'aide des poignets qui embrassaient le cou de la dernière bouteille, sans que le tronc toujours droit s'écartât d'un millimètre de la direction verticale. Il fallait alors, de la position accroupie, développer le corps dans la station debout, et c'était au prix d'une précision mathématique dans la contraction des muscles vertébraux que l'extension des jambes et des cuisses pouvait s'effectuer sans effondrer l'échafaudage tout entier.

La jeune fille qui exécutait ce prodige d'équilibre avait gagné à le pratiquer la taille la plus élégante et la tournure la plus gracieuse, et nous étions frappé de voir combien elle faisait contraste avec une « femme gymnaste » du même cirque, dont le « trapèze » et les « anneaux » avaient voûté le dos et déformé les épaules.

La rectitude de la colonne vertébrale n'est pas due à la force des muscles des reins et du dos, mais plutôt à leur parfaite harmonie d'action. Si les muscles qui fléchissent les vertèbres du côté gauche l'emportent en vigueur sur leurs antagonistes qui les fléchissent à droite, l'épine dorsale tendra à être entraînée du côté de la plus forte traction et il se produira un commencement de *scoliose* gauche, quelle que soit du reste la vigueur du sujet. Si, au contraire, il y a parfaite égalité de force dans les muscles des deux côtés, il y aura entre eux harmonie d'action et la taille sera droite.

Tous les exercices qui exigent l'action parfaitement harmonique des muscles extenseurs et fléchisseurs des vertèbres tendent à donner à la taille une rectitude parfaite. Tous ceux au contraire qui font prédominer constamment l'action d'une moitié du corps rompent l'harmonie des forces musculaires.

Un fardeau constamment porté sur une épaule déforme la taille ; le rachis se dévie du côté opposé du corps, dont les muscles sont obligés d'entrer vigoureusement en action pour attirer le tronc de leur côté et faire contre-poids au fardeau. Si leur contraction est très prolongée et très fréquente, ils subissent, comme tous les muscles soumis à une action trop durable, un raccourcissement qui maintient l'épine dorsale dans l'attitude qu'elle a trop souvent subie. La colonne vertébrale se déjette du côté opposé au fardeau, et, par suite de ce mouvement de bascule, l'épaule qui a l'habitude d'être chargée remonte et s'élève. Les chargeurs qui portent de lourds colis, les ouvriers de chemin de fer qui chargent des traverses destinées à la voie, ont habituellement l'épaule gauche relevée, parce que c'est presque toujours elle qui subit la charge. — Leur travail tend à déformer le tronc en relevant l'épaule « qui porte ».

Si le fardeau est porté sur la tête, deux cas peuvent se produire : ou bien la charge est excessive, et les extenseurs de la colonne vertébrale ont peine à la supporter. Il arrive alors que les vertèbres cèdent à une pression trop lourde et se fléchissent en exagérant la courbure de l'épine. Une voussure du dos est le résultat de cette forme du travail.

Il n'en est plus de même si le fardeau porté n'est pas trop lourd, et s'il doit, comme il arrive habituellement, être tenu en équilibre. Ce n'est plus alors un travail de force que subit la colonne vertébrale, mais un travail de précision, et le porteur doit surtout s'appliquer à donner à la tige vertébrale une direction parfaitement conforme à celle de la pesanteur. L'axe du corps devra donc devenir vertical et la taille ne pourra pas se dévier, sous peine de déplacement du fardeau.

On ne pourrait trouver un meilleur exercice orthopédique pour rectifier la tenue vicieuse d'un enfant, que le port sur la tête de fardeaux légers. S'il n'y a aucune altération des vertèbres, si la déviation de la colonne qu'on veut prévenir ou combattre est due seulement à un défaut d'harmonie dans l'action des muscles dorsaux, cet exercice d'équilibre est plus propre que tout autre à remédier à la difformité naissante.

Bon nombre d'observateurs ont remarqué combien la taille est élégante et régulière chez les femmes du peuple qui portent sur la tête l'eau qu'elles vont puiser à la fontaine; combien elle se dévie au contraire dans les pays où c'est l'épaule qui supporte le poids de la cruche.

Les femmes de Ténériffe, au dire d'un voyageur qui a visité l'île, sont remarquables par l'élégance de leur taille; elles sont étonnantes aussi pour leur adresse à porter en équilibre sur la tête toute espèce d'objets très légers.

SIXIÈME PARTIE

LE ROLE DU CERVEAU DANS L'EXERCICE

CHAPITRE I.

LE « SURMENAGE SCOLAIRE ».

Le régime scolaire. — Rapport de l'Académie de médecine. Le « surmenage intellectuel » et la *sédentarité*. — Remèdes proposés : simplification des programmes
d'études, et augmentation des exercices. — Comment doivent être appliquées ces
réformes. Leur solidarité. — Difficulté de simplifier les programmes. Danger
d'augmenter l'exercice sans diminuer le travail intellectuel. — Les exercices du
corps sont-ils un délassement pour le cerveau ? — Importance méconnue du choix
de l'exercice au point de vue de l'hygiène du cerveau.

Une question d'hygiène du plus haut intérêt attire vivement,
depuis quelques années, l'attention du public et des médecins.
On s'est ému des dangers que peut présenter le travail excessif
des enfants dans les écoles et les lycées, et les voix les plus
autorisées se sont élevées pour faire ressortir les funestes résultats du *surmenage intellectuel*.

L'Académie de médecine, officiellement invitée à donner son
avis sur l'étendue du mal ainsi que sur la nature des remèdes
qu'il conviendrait d'y apporter, a formulé, après une discussion
animée, une sorte de consultation dont les conclusions sont ainsi
conçues :

« Sans s'occuper des programmes d'études, *dont elle désire*
« *d'ailleurs la simplification*, l'Académie insiste particulièrement
« sur les points suivants :

« Accroissement de la durée du sommeil pour les jeunes en-
« fants ; pour tous les élèves, diminution du temps consacré aux

« études et aux classes, *c'est-à-dire à la vie sédentaire*, et aug-
« mentation proportionnelle du temps des récréations et exer-
« cices ;

« *Nécessité impérieuse* de soumettre tous les élèves à des
« exercices quotidiens d'entraînement physique proportionnés à
« leur âge (marches, course, saut, formations, développements,
« mouvements réglés et prescrits, gymnastique avec appareils,
« escrimes de tout genre, jeux de force, etc.) (1) ».

L'Académie de médecine semble signaler dans le régime actuel
de la scolarité deux vices différents : travail cérébral excessif,
puisqu'elle désire la simplification des programmes, — et exercice musculaire insuffisant, puisqu'elle conseille l'augmentation
des exercices physiques.

Mais si l'on s'en rapporte aux termes mêmes de ses conclusions, l'assemblée savante ne paraît pas considérer comme également urgentes les deux réformes proposées. Elle insiste sur la
« nécessité impérieuse » de diminuer le temps consacré à « la
vie sédentaire » et d'augmenter les exercices du corps, tandis
qu'elle exprime assez vaguement « le désir » de voir simplifier
les programmes d'études, sans donner autrement son avis sur
l'excès de travail intellectuel des écoliers.

Il semble que les membres de l'assemblée savante aient voulu
se prononcer avec toute leur autorité sur la question de la *sédentarité* qui relève plus directement de la médecine, et laisser à
d'autres juges le soin de décider si les enfants sont réellement
soumis à un travail cérébral excessif.

On pouvait donc espérer qu'une nouvelle enquête dirigée par
des hommes spéciaux permettrait de juger la question, au point
de vue du travail d'esprit, avec autant de netteté que l'Académie
l'a jugée au point de vue de l'exercice physique.

Mais plusieurs mois déjà se sont écoulés depuis la publication
du rapport académique, et aucune mesure n'a été prise, aucune
étude n'a été officiellement ordonnée. La question du surmenage
intellectuel, après avoir, à bon droit, passionné tout le monde,
tend déjà à tomber dans l'oubli. Le silence se fait autour d'elle,
comme si tout avait été dit.

Faut-il donc considérer le rapport de l'Académie de médecine comme suffisant pour servir de guide dans la pratique ? S'il
en était ainsi, on serait tenté d'appliquer immédiatement la ré-

(1) *Comptes rendus de l'Académie de médecine*, séance du 15 juillet 1887.

forme signalée comme la plus urgente, et d'augmenter dans une large mesure les exercices du corps, tout en réservant pour plus tard l'autre réforme, la diminution du travail d'esprit, qui n'est pas recommandée avec la même insistance, et dont la mise en pratique semble présenter, d'ailleurs, des difficultés plus sérieuses.

En effet, si rien n'est plus simple que d'imposer aux enfants des exercices quotidiens d'entraînement, rien ne semble plus difficile que de diminuer le travail scolaire.

La concurrence intellectuelle est aujourd'hui la forme la plus commune de la *lutte pour la vie*, et si l'enfant, laissant reposer son cerveau, ne lui demande qu'un effort modéré, il risque d'être dépassé dans la carrière par des rivaux plus soucieux du succès d'un concours que des lois de l'hygiène.

Est-il donc possible d'appliquer le remède que l'Académie signale comme une nécessité urgente, sans faire, au préalable, la réforme sur laquelle elle ne se prononce pas avec la même instance ? Doit-on augmenter l'exercice musculaire des enfants, même dans le cas où l'on n'aurait pas encore « simplifié les programmes » ? Convient-il, enfin, de faire suivre un « régime quotidien d'entraînement physique » à des enfants qui seraient sous le coup d'une trop grande fatigue d'esprit ?

Le rapport académique ne prévoit pas cette question, et c'est là une regrettable lacune. Il n'est pas indifférent de savoir si les deux réformes indiquées doivent être solidaires l'une de l'autre, et si les prescriptions qui recommandent les exercices de force et d'adresse s'adressent uniquement à des enfants dont la vie est trop sédentaire, ou bien si elles peuvent s'appliquer aussi à des élèves dont le cerveau travaille avec excès. Un commentaire explicite aurait été d'autant plus urgent que déjà l'opinion générale, devançant le verdict des juges, s'est prononcée pour l'application de la gymnastique sous toutes ses formes au traitement du surmenage intellectuel. Tous ceux qui ont pu apprécier les bienfaisants résultats que produit généralement l'exercice physique semblent impatients de voir, en attendant d'autres réformes, l'enseignement de la gymnastique prendre une plus large place dans les maisons d'éducation.

S'il faut en croire le plus grand nombre, les exercices du corps auraient un double résultat et seraient capables d'étendre leurs bienfaits à l'esprit fatigué de l'enfant, aussi bien qu'à son corps débilité. La gymnastique des muscles serait un contre-poids salutaire, susceptible de rétablir dans l'organisme l'équilibre détruit par un effort excessif de l'esprit.

Les effets physiologiques des exercices corporels les plus usités sont encore fort mal connus, car leur pratique n'est pas très répandue parmi les hommes d'étude, et bien peu de médecins ont pu constater sur eux-mêmes leurs résultats les plus intéressants. Or, parmi ces résultats, il en est beaucoup qui sont purement *subjectifs*, — certains faits de la fatigue, par exemple, — et dont les nuances, très caractéristiques pour celui qui les ressent, peuvent rester lettre morte pour le simple observateur qui ne les a jamais éprouvées.

C'est ainsi, sans doute, qu'il faut s'expliquer cette erreur si répandue, acceptée sans contrôle par la plupart des personnes étrangères à la science, et même par quelques médecins, et qui attribue à l'exercice du corps le rôle d'un dérivatif pour la fatigue de l'esprit.

L'exercice musculaire peut assurément remédier au vice scolaire que l'Académie appelle la *sédentarité* excessive de l'enfant; mais il ne saurait constituer un remède applicable au surmenage intellectuel. Il y a même, selon nous, entre les mesures qui nécessitent les deux vices signalés par l'Académie une sorte d'antagonisme et de contradiction qui rend la solution du problème très délicate.

Il faudrait donner en même temps du travail aux muscles inactifs de l'enfant, et du repos à son cerveau trop occupé.

Or, nous espérons le démontrer, dans certains exercices que l'Académie recommande, dans les « mouvements réglés et prescrits, dans la gymnastique avec appareils, et dans les escrimes de tout genre », les facultés intellectuelles sont obligées d'entrer en jeu, et le cerveau doit travailler autant que les muscles.

Si donc il était prouvé que l'enfant se trouve sous le coup d'un surmenage intellectuel, comment songer à lui prescrire ces exercices ?

Mais si la vie trop sédentaire de l'écolier exige impérieusement l'augmentation du travail corporel, et si l'on ne peut attendre, pour augmenter l'exercice, d'avoir trouvé les moyens de diminuer les heures d'étude (1), il faut au moins adopter, parmi les diverses

---

(1) M. Edouard Maneuvrier, dans son très remarquable ouvrage sur l' « Éducation de la Bourgeoisie ». L. Cerf. 1888, propose tout un plan de réformes scolaires d'après lequel on pourra réduire à six heures le travail journalier de l'écolier.

Combien attendrons-nous d'années avant de voir mettre en pratique une mesure si urgente ?

manières d'exercer le corps, celles qui associent le moins possible
le cerveau au travail des muscles.

Personne, jusqu'à présent, n'a songé à chercher si, à ce point
de vue, il n'y aurait pas un choix à faire parmi les formes si variées de l'exercice. Personne ne s'est demandé si les méthodes de
gymnastique le plus en honneur aujourd'hui étaient bien les plus
capables de donner aux muscles de l'enfant l'activité qui leur
manque, sans imposer une nouvelle fatigue à son cerveau déjà
surmené.

Les chapitres qui vont suivre auront justement pour but d'é-
tablir, en s'appuyant sur la physiologie, les règles dont il ne
faudrait pas s'écarter dans le choix d'un exercice, quand il s'agit
de remédier à la vie trop sédentaire des sujets absorbés par des
travaux d'esprit excessifs.

CHAPITRE II.

Le muscle qui travaille et le cerveau qui pense. — Similitude des phénomènes physiologiques observés. — Echauffement du cerveau. — Les expériences du docteur Lombard. — Afflux du sang à la substance cérébrale pendant les efforts intellectuels. — La balance de Mosso.
Les suites du travail dans l'ordre intellectuel et dans l'ordre physique. — Les combustions et les produits de désassimilation. — Les auto-intoxications par surmenage. Similitude de leurs résultats dans l'ordre physique et dans l'ordre psychique. — Effets du travail d'esprit sur la composition de l'urine ; ils sont identiques à ceux du travail musculaire. — Un accès de goutte succédant à la fatigue intellectuelle aussi bien qu'à la fatigue physique. — Le cas de Sydenham.

I.

En laissant de côté toute doctrine philosophique, et sans avoir d'ailleurs besoin de se rallier à l'hypothèse matérialiste, on peut démontrer qu'il existe des analogies très étroites entre le travail de l'esprit et l'exercice du corps. Ce sont deux modes de manifestation de l'énergie vitale très différents dans leur forme, mais soumis aux mêmes lois physiologiques.

Les conditions du travail sont les mêmes pour le cerveau qui pense que pour le muscle qui se contracte : dans l'un et l'autre de ces organes, quand leur activité propre est mise en jeu, on observe un afflux plus considérable de sang et une production plus intense de calorique.

Quand on mesure un membre qui vient d'être soumis à un exercice violent, on constate que son volume s'est notablement accru. C'est qu'une plus grande quantité de sang est venue gonfler ses vaisseaux.

On a pu observer de même que le cerveau, quand il travaille, devient le siège d'un apport plus considérable de liquide sanguin. Quelques physiologistes ont eu l'occasion d'étudier la circulation du sang dans les vaisseaux cérébraux sur des sujets atteints d'une plaie de la tête ayant entraîné une perte de substance des os du crâne. A travers cette sorte de fenêtre ouverte sur l'organe de la pensée, ils ont pu voir le cerveau se gorger de sang toutes les fois que l'esprit entrait en travail, et se décongestionner au contraire aussitôt que cessait l'effort intellectuel.

Une ingénieuse expérience a même permis de déterminer d'une façon très frappante que la quantité de sang attiré au cerveau par le travail de l'esprit était plus ou moins abondante suivant que l'effort intellectuel était plus ou moins intense. Un physiologiste italien, M. Mosso, a construit une balance disposée de telle façon qu'un homme puisse être couché dessus. Quand un sujet se soumet à l'expérience, un contre-poids équilibre l'appareil et met exactement de niveau le plateau où repose la tête et celui qui supporte les pieds. La balance est, du reste, d'une sensibilité assez grande pour que le poids le plus léger, ajouté d'un côté ou de l'autre, détruise l'équilibre et fasse pencher l'appareil. Si le sujet qu'on observe reste étendu dans l'immobilité complète, et dans un repos d'esprit absolu, les deux extrémités de la balance demeurent parfaitement de niveau. Mais si l'esprit se porte sur des idées nécessitant un effort d'attention, si on cherche la solution d'un problème difficile, si on fait appel à la mémoire, au jugement; si, en un mot, les facultés actives de l'esprit entrent en jeu, aussitôt l'équilibre de la balance est détruit, et on voit s'abaisser le plateau qui soutient la tête. Le sang s'est porté en plus grande abondance vers les vaisseaux cérébraux par le fait même de l'effort intellectuel; le cerveau est devenu subitement plus lourd, et ce surcroît de poids donne la mesure exacte du supplément de sang qu'il a reçu. On peut constater ainsi que l'abaissement du plateau est d'autant plus marqué que la tension d'esprit a été plus forte.

Une autre analogie non moins frappante rapproche le travail du cerveau de celui des muscles. Dans l'un et l'autre de ces organes, un fonctionnement plus actif s'accompagne toujours d'un plus grand dégagement de calorique.

Si l'on enfonce dans l'épaisseur d'un muscle une aiguille thermo-électrique, on constate qu'à l'instant même où sa fibre se contracte, la température s'élève. Cette chaleur, sensible au thermomètre, n'est qu'un faible reste de celle qui a été produite dans l'organe moteur, et dont la majeure partie a été transformée en mouvement.

On sait, en effet, que le moteur humain subit la loi de la transformation des forces, et se trouve soumis aux mêmes conditions
mécaniques que les machines motrices fonctionnant par la chaleur : il ne peut produire du mouvement sans consommer du
calorique. Depuis longtemps déjà, on a vérifié l'analogie parfaite
qui existe entre l'organisme humain qui fonctionne et les appareils thermiques qui travaillent. La quantité de chaleur dépensée
dans un effort musculaire d'intensité connue a pu être exactement mesurée, et on a montré qu'elle était à peu près égale à celle
qu'utilise une machine à vapeur pour la même dépense de force.

Le travail cérébral ne saurait, évidemment, avoir une commune
mesure avec le travail mécanique exécuté par une machine ou
par un muscle ; mais la physiologie a prouvé que le cerveau,
aussi bien que le muscle, nécessitait, pour entrer en activité, une
certaine dépense de chaleur. —L'effort intellectuel s'accompagne,
aussi bien que l'effort musculaire, d'une élévation de température
de l'organe en travail.

Cette vérité n'est pas une simple vue de l'esprit. Depuis longtemps déjà, on a institué des expériences scientifiques pour
montrer l'influence du travail cérébral sur la température de la
tête. Les premières études sur ce sujet sont dues au docteur
Lombard (de Boston), et ont été faites en 1869. Leurs résultats
positifs ont été confirmés par les travaux de Schiff et sont cités
par le docteur Luys dans son ouvrage sur le *Cerveau*. Il est
admis par tout le monde, aujourd'hui, que le cerveau s'échauffe
pendant le travail de la pensée.

Que la volonté utilise sous forme de travail intellectuel ou
sous forme d'exercice musculaire l'énergie contenue dans l'être
humain, la dépense doit donc toujours se solder au moyen d'un
dégagement de chaleur. Sous l'action de certaines combinaisons
chimiques qui se passent au sein des tissus organiques, et qu'on
appelle des *combustions*, le calorique contenu à l'état latent dans
les molécules du corps vivant est mis en liberté, puis absorbé
par l'acte cérébral ou par l'acte musculaire, comme est absorbée
la chaleur du foyer par le travail de la machine à vapeur.

Telles sont les deux analogies les plus saillantes qui frappent le
physiologiste quand il compare le travail du corps au travail de
l'esprit : chez le travailleur, aussi bien que chez le penseur, il se
produit un plus grand afflux de sang vers l'organe qui fonctionne,
et un dégagement de chaleur plus intense au sein des éléments
dont l'activité est mise en jeu.

II.

Si on pousse plus loin l'analyse, on voit que d'autres points de ressemblance s'observent entre les résultats du travail intellectuel et ceux de l'exercice physique.

En premier lieu, dans le cerveau qui pense, aussi bien que dans le muscle qui se contracte, les combustions étant activées, il en résulte une destruction plus active de certains tissus vivants qui alimentent ces combustions. — C'est ainsi qu'une locomotive qui accélère sa marche doit augmenter sa consommation de charbon. — Une certaine perte est subie par l'organisme aussi bien à la suite du travail d'esprit qu'après un exercice du corps.

Ce n'est pas tout.

Les combustions ne font pas complétement disparaître les tissus qui les alimentent; elles les transforment et les dénaturent comme le fait la flamme d'un foyer du charbon et du bois qu'elle consume. Le bois qui brûle donne naissance à des produits de combustion qu'on peut retrouver dans un foyer éteint, et qui sont les cendres et la suie. De même l'organisme, après le travail, renferme des produits de combustion, appelés aussi produits de *désassimilation* parce qu'ils ne sont plus semblables aux tissus organiques dont ils faisaient auparavant partie.

Les produits de désassimilation, — c'est là un point des plus intéressants de l'histoire du travail, — sont impropres à la vie, et doivent être rejetés hors de l'organisme, sous peine d'y déterminer des accidents. Aussi y a-t-il dans le corps humain une série d'organes *excréteurs* ou *éliminateurs* chargés de balayer, si l'on peut ainsi parler, toutes ces impuretés.

Mais si la production des déchets de combustion est très considérable, comme il arrive à la suite d'un travail exagéré, il peut arriver que les organes éliminateurs soient insuffisants, et que les produits de désassimilation s'accumulent à des doses excessives, capables de troubler profondément les grandes fonctions vitales.

Or, suivant des théories qui commencent à prendre cours, — et auxquelles nous avons apporté ailleurs la contribution de quelques faits assez probants, — certaines formes de la fatigue seraient dues à la présence en excès, dans le sang, de certains produits de désassimilation accumulés par les combustions du travail.

Quand la fatigue est poussée trop loin, elle prend le nom de *surmenage*.

Le surmenage musculaire présente des formes diverses, mais, entre autres accidents, il peut produire un état fébrile analogue au typhus ou à la fièvre typhoïde. De l'avis de tous les médecins, aujourd'hui, ces fièvres de surmenage qu'on observe chez les animaux, aussi bien que chez l'homme, sont dues à une sorte d'empoisonnement du corps par ses propres éléments, à une *auto-intoxication* de l'organisme par des produits de désassimilation accumulés en trop grande abondance à la suite d'un excès de travail.

Mais le surmenage intellectuel aboutit aussi, d'après quelques membres de l'Académie de médecine (séance du 7 mai 1887), à des états fébriles de forme typhoïde. La similitude des effets indique clairement la similitude des causes, et prouve qu'on doit attribuer à une accumulation de produits de désassimilation les fièvres de surmenage provenant de l'excès d'étude, aussi bien que celles qu'on observe après l'abus des travaux corporels.

Quelles sont au juste les substances de désassimilation qui résultent du travail cérébral? Personne ne saurait le dire au juste, car on ne connaît pas même la composition exacte de tous les déchets organiques qui prennent naissance pendant le travail des muscles, beaucoup mieux étudié que le travail du cerveau. On sait seulement, d'après les travaux les plus récents de M. Gautier, que certains poisons analogues à ceux de la putréfaction peuvent se former sous l'influence des actions chimiques qui dégagent la chaleur vitale. Ces poisons, qui sont des *alcaloïdes*, quels rapports ont-ils avec le travail d'esprit? Quelle est même leur corrélation avec le travail musculaire? — Autant de questions sur lesquelles la lumière n'est pas encore faite.

Dans l'état actuel de la science, on ne peut connaître ces poisons que par leurs effets, et l'organisme vivant est le réactif qui décèle leur présence par les troubles qu'il en ressent. En tout cas, la singulière ressemblance que présentent les troubles de la santé après les excès de travail d'esprit et après le surmenage des muscles nous autorise à conclure à une analogie de cause.

Les médecins ont depuis longtemps signalé la funeste influence exercée par le surmenage sur les maladies qui peuvent atteindre l'homme. On reconnaît au surmenage intellectuel la même action aggravante qu'au surmenage physique sur la marche des affections aiguës ou chroniques. Les maladies internes les plus banales, aussi bien que les lésions externes les plus simples, peuvent prendre un cachet de gravité particulier chez un homme qui a subi des travaux musculaires trop violents et trop longtemps soutenus, aussi bien que chez celui dont le cerveau a été soumis à des efforts trop intenses, à une tension d'esprit trop prolongée. Une pneumonie revêt la forme infectieuse chez un soldat surmené par des marches forcées, aussi bien que chez un jeune garçon qui a travaillé avec excès à la préparation d'un examen. — C'est que, dans les deux cas, le mal évolue sur un terrain vicié par des produits de désassimilation.

Ainsi, en attendant que la science ait pu parvenir à fournir une théorie tout à fait satisfaisante du surmenage intellectuel, les faits d'observation nous obligent à constater une analogie frappante entre les résultats de l'excès d'exercice physique et ceux de l'abus du travail d'esprit.

Cette analogie se traduit aussi bien dans les degrés légers de la fatigue que dans les cas graves du surmenage.

Il y a un phénomène matériel très facile à observer, et depuis longtemps signalé à l'attention des physiologistes, qui accompagne l'excès de travail des muscles : c'est l'état trouble du liquide urinaire. Ce trouble est dû à la présence en excès dans l'urine de produits de combustion incomplète, les urates et l'acide urique. Or, les mêmes troubles qu'on observe dans l'urine à la suite d'une marche forcée se produisent très souvent à la suite d'une forte tension d'esprit; nous avons pu les observer pour notre part, après l'achèvement d'un chapitre laborieusement étudié.

A la suite de l'exercice musculaire, ce sont les déchets azotés du muscle qui s'éliminent dans l'urine sous forme d'acide urique. En est-il de même à la suite du travail cérébral, et sont-ce des molécules azotées de la substance nerveuse imparfaitement brûlée que l'organisme élimine ? On ne peut, pour le moment, répondre d'une manière satisfaisante à cette question ; mais ce qu'on peut présenter comme un fait aussi certain que curieux, c'est la similitude de composition que présentent les précipités de l'urine après le travail physique et après la fatigue d'esprit. Dans les deux cas, ce sont des urates en excès qui s'éliminent.

L'identité de composition chimique n'est pas la seule analogie que présentent les déchets dus au travail physique avec ceux qui résultent de l'activité intellectuelle exagérée. L'excès de production de ces deux ordres de déchets peut occasionner dans la santé des troubles identiques.

On a maintes fois signalé, chez les sujets disposés à la Goutte, la production d'un violent accès à la suite de fatigues physiques excessives, et les médecins attribuent l'explosion de ces accidents aigus à l'excès d'acide urique accumulé à haute dose dans le sang.

Or il est prouvé qu'une forte tension d'esprit, telle qu'on la subit au cours d'un travail excessif du cerveau, amène, aussi bien que l'exercice du corps, un surcroît d'acide urique dans le sang, et aboutit de même à la production d'un accès de Goutte. Si, dans l'ordre physique, une partie de chasse, par exemple, est souvent suivie, chez les goutteux, d'un violent accès, on a cité bien des cas où pareil accident est manifestement la conséquence d'un excès de travail intellectuel. Un cas est resté célèbre : c'est celui de Sydenham, auteur d'un traité estimé sur la Goutte, et qui fut pris de son premier accès immédiatement après avoir terminé son livre.

Ainsi, les faits d'observation journalière, aussi bien que les déductions tirées de la physiologie, nous autorisent à conclure qu'une étroite analogie rapproche les effets de la fatigue intellectuelle de ceux de la fatigue musculaire. Cette première conclusion serait, semble-t-il, déjà suffisante pour nous rendre très circonspect dans l'application de l'exercice du corps aux sujets surmenés par le travail d'esprit.

Mais si nous descendons aux détails, si nous faisons une analyse sommaire des principaux exercices généralement usités à notre époque, nous verrons l'analogie devenir de plus en plus frappante entre l'exercice du corps et le travail intellectuel. Dans les mouvements difficiles de la gymnastique, dans l'équitation et l'escrime, nous verrons le rôle du cerveau et des nerfs devenir aussi important que celui des muscles.

CHAPITRE III.

LE TRAVAIL EXCITO-MOTEUR

Association nécessaire de la cellule nerveuse à la fibre musculaire dans les mouvements. — L'origine des excitations motrices. — Les centres nerveux. — La moelle épinière centre des mouvements inconscients ; le cerveau centre des mouvements volontaires. — Rôle de la substance grise cérébrale. — Le chien du professeur Goltz. — Une contre-épreuve : l'observation du docteur Luys.
Travail musculaire et travail nerveux dans les mouvements *voulus*. Disproportion fréquemment observée entre l'effort de volonté et l'effort musculaire. — Conditions qui font varier le rapport entre la dépense d'influx nerveux et le travail mécanique du muscle.

I.

On ne sait pas assez, en général, quelle étroite solidarité rattache entre eux le cerveau, organe de la pensée, et le muscle, instrument du mouvement. Nous voudrions faire ressortir ici combien, au cours des exercices corporels, la cellule cérébrale se trouve intimement associée à l'activité de la fibre musculaire, et combien les facultés intellectuelles sont loin de rester inactives pendant l'exécution des divers mouvements gymnastiques aujourd'hui le plus en faveur.

Pour comprendre l'importance que peut prendre dans un exercice corporel le travail du cerveau, il faut d'abord se faire une idée bien exacte de l'appareil organique à l'aide duquel s'exécutent les mouvements. Cet appareil est essentiellement constitué : 1° par des centres nerveux dans lesquels s'élaborent les excitations motrices : ce sont la moelle épinière et le cerveau ; 2° par des organes conducteurs chargés de transmettre ces excitations : ce sont les nerfs moteurs ; 3° enfin par les organes dont le rôle est de répondre à l'excitation émanée des centres nerveux et d'exécuter les mouvements : ce sont les muscles.

À ces agents organiques du mouvement il faut en ajouter un

autre, aussi peu connu dans son essence qu'indispensable à l'exécution des actes musculaires conscients : c'est la Volonté.

La Volonté commande et le muscle exécute ; mais il importe de bien comprendre que l'agent principal du mouvement n'a aucune prise directe sur son agent subalterne. La volonté a besoin, pour transmettre ses ordres au muscle, de tout l'enchaînement si compliqué formé par les centres nerveux et les nerfs. Quand nous voulons mouvoir le pied, l'ordre de la volonté part de la substance grise du cerveau, suit du haut en bas le gros cordon formé par la moelle épinière, et descend le long des nerfs de la cuisse et de la jambe. Ce n'est qu'après avoir traversé cette longue succession de cellules et de fibres nerveuses que la vibration produite par le choc de la volonté vient enfin atteindre les faisceaux musculaires et y déterminer une contraction. Si, dans ce parcours, l'influx nerveux vient à rencontrer une interruption dans la continuité des tissus conducteurs ; si la moelle épinière où le nerf moteur sont coupés, l'excitation s'arrête au point lésé, et ne va plus à destination : le muscle n'agit pas, malgré l'effort de la volonté dont l'appel n'arrive plus jusqu'à lui. Ainsi s'expliquent les paralysies du mouvement à la suite des lésions de la moelle épinière ou du nerf moteur.

La volonté n'a donc aucune prise directe sur le muscle. Elle n'en a pas davantage sur le nerf moteur, pas plus que sur la moelle épinière

Mais, d'autre part, le muscle n'a aucun pouvoir par lui-même et ne peut entrer spontanément en action. La force que renferment ses fibres est une force latente semblable à celle de la poudre à canon. Il faut une étincelle pour faire détoner la poudre ; il faut une *excitation* nerveuse pour faire contracter le muscle. Un travail nerveux d'excitation doit donc précéder le travail du muscle.

Expérimentalement on peut remplacer l'agent nerveux, excitant naturel du muscle, par des excitants artificiels, mécaniques ou physiques, dont le plus habituellement utilisé en physiologie est l'électricité. Les phénomènes obtenus en électrisant les organes du mouvement sont tout à fait semblables à ceux de la contraction volontaire, et c'est là une précieuse analogie qui a permis d'étudier d'une manière très précise le travail musculaire. Nous aurons à faire appel à cette analogie si remarquable pour l'explication de certains faits des exercices du corps.

Chez l'homme vivant, les excitations qui mettent les muscles en action viennent des centres nerveux, c'est-à-dire de certaines parties de la substance nerveuse douées d'une énergie propre, et n'ont besoin d'emprunter leur puissance à aucune autre partie de l'organisme. Il existe deux centres nerveux pour les muscles de la vie de relation : ce sont la Moelle épinière et le Cerveau.

La Moelle épinière est le centre des excitations *réflexes* et des mouvements inconscients : nous aurons à parler plus loin de son rôle. Le Cerveau est l'organe où prennent naissance les excitations que la volonté envoie aux muscles. C'est uniquement de cet organe que partent les ordres transmis aux muscles par la fibre nerveuse.

La volonté n'a d'action que sur le cerveau seul, et spécialement sur cette couche si mince de tissu grisâtre qui en forme la surface extérieure et qui est l'organe essentiel de la pensée aussi bien que l'instrument indispensable des excitations motrices.

De curieuses expériences ont prouvé que la disparition de la substance grise du cerveau amenait l'abolition de tout acte volontaire, sans pourtant entraîner la mort. Le professeur Goltz, en 1881, avait amené de Strasbourg au congrès de Londres un chien qu'il a pu conserver vivant après lui avoir enlevé la presque totalité de la substance cérébrale. L'animal n'était plus capable de faire aucun mouvement *voulu*. Semblable à un automate, il marchait droit devant lui, sans se détourner jamais de sa route, sans chercher à éviter les obstacles qu'on plaçait sur son passage, et contre lesquels il venait se heurter, quoique sa faculté visuelle fût demeurée intacte. Ses muscles n'avaient pas perdu la faculté d'agir, mais ils n'étaient plus dirigés par la volonté et n'étaient plus soumis qu'à l'influence des excitations extérieures; ils n'exécutaient plus que des mouvements réflexes ou des actes que l'habitude avait rendus automatiques.

A côté de cette expérience de Goltz montrant l'abolition des mouvements voulus, quand l'écorce du cerveau est enlevée, on peut citer une observation non moins curieuse montrant par une sorte de contre-épreuve que la substance cérébrale s'atrophie quand les mouvements se trouvent abolis.

« J'ai pu constater, — dit M. Luys (1), — que, chez des amputés
« d'ancienne date, chez des sujets qui depuis longtemps avaient
« été privés d'un membre supérieur, par exemple à la suite de la
« désarticulation de l'épaule, il y avait, dans certaines régions du

(1) Luys, *le Cerveau.*

« cerveau demeurées depuis longtemps silencieuses, des atrophies
« concomitantes et nettement localisées de la substance grise.
« J'ai pu m'assurer, en outre, que les régions atrophiées du cer-
« veau ne sont pas les mêmes lorsqu'il s'agit d'une amputation
« de la jambe, ou d'une amputation du membre supérieur. »

Pour comprendre la valeur de cette observation, il faut se rappeler que l'inaction d'un organe amène toujours son atrophie. Si
donc la disparition de certains mouvements musculaires par
suppression d'un membre entraîne le « silence » et, consécutive-
ment, l'atrophie de certaines régions du cerveau, c'est bien que
le fonctionnement de cet organe est intimement associé à celui
des muscles : c'est bien que *le cerveau travaille quand les
muscles agissent.*

II.

Ainsi, c'est au sein de la substance grise du cerveau que se
produit le travail nerveux qui précède, provoque et accompagne
tous les actes musculaires voulus.

Si nous avons réussi à exposer clairement notre pensée, le lecteur doit comprendre à présent que tout mouvement volontaire
nécessite une double dépense de force, ou, en d'autres termes, un
double travail : un travail du muscle qui se contracte, et un travail du cerveau qui excite la contraction.

Le travail dû à la contraction musculaire est apparent, visible
au dehors et peut se mesurer à l'aide du dynamomètre.

Le travail dû à l'excitation des cellules motrices est un travail
intérieur, qui ne peut se constater *de visu* et ne saurait avoir
une commune mesure avec le travail du muscle, parce qu'il n'est
pas de nature mécanique, mais *physiologique*. On peut se le représenter, par comparaison, d'une manière assez satisfaisante,
grâce à l'analogie que présentent les phénomènes nerveux avec
les phénomènes électriques. Si on suppose le muscle actionné
par l'électricité, les phénomènes chimiques qui se passent dans
la pile pourraient représenter le travail physiologique qui se
produit dans la substance grise du cerveau sous l'influence de la
volonté, et qui provoque les contractions du muscle par l'intermédiaire des nerfs moteurs, comme l'électricité de la pile les provoque par l'intermédiaire des fils métalliques conducteurs.

Ainsi, le travail nerveux qui précède tout mouvement voulu se
passe dans la substance grise du cerveau, et à chaque effort mus-

culaire correspond un effort cérébral. L'effort cérébral lui-même, résulte de l'action exercée sur l'élément nerveux par cette force de nature inconnue qu'on appelle la volonté. Sans nous occuper de la nature de cette force qui met en jeu l'activité de la cellule nerveuse motrice, nous désignerons sa mise en action pendant le travail musculaire sous le nom d'*Effort de Volonté*.

L'Effort de Volonté est nécessaire pour exciter une contraction musculaire, mais *l'énergie avec laquelle se contracte un muscle n'est pas toujours proportionnée à l'intensité de l'excitation volontaire*.

C'est là un point capital que nous voudrions bien faire ressortir ici, car il en découle des conclusions d'une grande importance dans la pratique des exercices du corps. Bien des circonstances peuvent exiger une augmentation du travail nerveux sans que le travail mécanique exécuté par le muscle soit augmenté dans la même proportion; bien souvent un effort très violent de la volonté se traduit par une contraction peu énergique du muscle.

Cette différence entre l'intensité du travail nerveux et celle du travail musculaire qu'il provoque est très frappante dans les phénomènes de la fatigue. Tout le monde a pu remarquer qu'un muscle fatigué nécessite, pour continuer son travail, un effort de volonté plus intense qu'un muscle bien reposé. Quelle somme d'énergie volontaire ne faut-il pas dépenser pour soutenir encore, après cinq minutes, au bout du bras, un poids qu'on y maintenait sans peine au début de l'effort! Le travail du muscle n'a pas augmenté puisque le poids est toujours le même, mais le travail nerveux est doublé parce que le muscle fatigué est devenu moins *excitable* et a besoin, pour se contracter, d'être plus fortement ébranlé par le nerf. De là la nécessité pour la volonté de produire dans les centres nerveux une vibration plus violente, un ébranlement plus intense dont les effets se traduisent après le travail par cette sorte d'affaissement, de prostration momentanée qui suit toujours les grandes dépenses de force nerveuse, aussi bien dans l'ordre moral que dans l'ordre physique.

Il est facile, à l'aide de l'électricité, d'imiter expérimentalement tous les faits de la contraction musculaire, et de rendre évidente cette disproportion que produit la fatigue entre la quantité de force que déploie le muscle fatigué et l'intensité de l'excitation qu'il reçoit. Si on excite un muscle à l'aide d'un courant de force graduée et qu'on adapte à une des extrémités de ce muscle un dynamomètre indiquant la force avec laquelle il se contracte, on observe qu'après une série de contractions le muscle faiblit, malgré que l'intensité du courant n'ait pas diminué. A mesure que le travail se prolonge, les réponses du muscle à l'excitation qu'il reçoit deviennent de plus en plus faibles et finissent par cesser tout à fait. Or, si l'on augmente peu à peu l'intensité du courant, on voit la contractilité de la fibre renaître peu à peu et le dynamomètre accuser une traction de plus en plus forte qui finit par devenir égale à ce qu'elle était au début. Mais à ce moment le courant a augmenté de force, et la même énergie de contraction qui était produite par un courant représenté par le chiffre 1 pourra exiger pour se produire un courant représenté par le chiffre 2.

La nécessité de tirer d'un muslce toute la vigueur dont il est capable n'est pas la seule circonstance de l'exercice physique qui nécessite un supplément de travail nerveux. Nous allons voir dans les chapitres qui suivent sous combien de formes diverses le travail du cerveau vient s'ajouter à celui des muscles, au cours des exercices du corps.

CHAPITRE IV.

LE TRAVAIL D'EXCITATION LATENTE.

Avez-vous observé un chat endormi qui s'éveille tout à coup au grignotement d'une souris? — Il se dresse et tend l'oreille. Regardez-le à l'arrêt : aucun muscle ne tressaille. Dans son immobilité absolue, il semble dormir encore; mais sa moustache hérissée et son œil étincelant annoncent qu'une vie plus intense anime son corps en apparence inerte; tous ses membres sont tendus comme des ressorts, et ses muscles, galvanisés par une forte excitation nerveuse, n'attendent qu'une dernière impulsion pour entrer violemment en jeu.

Aussi, quand la souris se montre, sa capture est-elle instantanée : avec la rapidité de l'éclair, l'animal a bondi et la griffe a frappé son coup meurtrier.

Pour obtenir ce passage soudain de l'immobilité à l'action, le chat avait préparé ses muscles, distribuant à chacun une provision d'influx nerveux, les tenant pour ainsi dire en éveil dans un état intermédiaire entre le repos et l'action. — On appelle en physiologie *excitation latente* cette préparation que doit subir le muscle pour devenir apte à obéir instantanément à l'ordre de la volonté.

L'excitation latente des muscles est une dépense de force qui échappe à toute évaluation mécanique, parce qu'elle ne se traduit pas au dehors par un travail en *kilogrammètres;* mais c'est un acte physiologique qui ne passe pas inaperçu pour le système nerveux, et dont il faut tenir compte dans l'analyse d'un exercice du corps. — Chez le chat qui guette la souris, la fatigue de la chasse ne consiste pas dans le bond que fait l'animal pour capturer sa proie, mais plutôt dans la tension nerveuse qui précède son élan.

Une foule d'animaux chasseurs nous donnent, comme le chat, l'occasion d'étudier cet acte si intéressant de l'*arrêt.* Chez le chien de chasse, le dressage et l'hérédité ont fait disparaitre la seconde partie de l'acte, celle qui en est le but naturel. Le *pointer* de race ne « force » jamais l'arrêt et ne bondit pas sur le lièvre, mais ses muscles n'échappent pas à cette excitation latente qui, dans le principe, a pour but de les rendre plus aptes à agir, et qui, dans la chasse à tir, a pour effet de créer une attitude particulière indiquant au chasseur la présence du gibier.

Beaucoup d'exercices, parmi les plus usités, nécessitent une préparation préalable des mouvements qui rappelle étonnamment le phénomène de « l'arrêt » ; ce sont les exercices dans lesquels la vitesse prend le caractère de la *soudaineté.* Toutes les fois que les muscles doivent passer instantanément de l'immobilité à l'action, et cela à l'instant précis où l'esprit conçoit l'opportunité du mouvement, il faut qu'un travail nerveux très intense vienne précéder l'acte musculaire ; il faut que le cerveau fasse subir au muscle une préparation sans laquelle l'organe du mouvement ne serait pas apte à obéir *sans perdre de temps.*

Ce point nécessite, pour être mis en lumière, une analyse assez subtile qu'on ne peut présenter sans l'appuyer d'un exemple.

Dans une salle d'armes, deux tireurs qui font assaut passent quelquefois des minutes entières à s'observer, à s'épier sans faire aucun mouvement. Tout à coup à cette immobilité succède un élan d'une extrème rapidité : l'un des tireurs a vu *du jour,* c'est-à-dire un espace de quelques millimètres que l'autre avait découvert par un déplacement imperceptible de la main, et la lame, lancée à toute vitesse au moment même où l'adversaire se découvrait, est arrivée en pleine poitrine. — C'est là une des bottes les plus appréciées de l'escrime, et ceux qui l'exécutent avec succès sont réputés avoir de *l'à-propos* dans l'attaque.

Que se passe-t-il dans cet instant si court que demande l'exécu-

tion d'un coup droit? Le tireur est découvert, son adversaire juge
qu'il peut l'atteindre; au même instant, les muscles se détendent
et l'arme atteint le but.

Rien de plus facile en apparence que ce mouvement qui consiste à tendre le bras en droite ligne, pendant que les jarrets
jettent vivement le corps en avant dans la direction du coup à
porter. Pourtant ce coup si simple qui n'exige ni feintes savantes,
ni finesse de doigté, et qui consiste seulement à pousser l'arme
droit devant soi, est une des attaques les plus difficiles de l'escrime. Pareil au chat qui guette la souris, le tireur qui observe son
adversaire doit saisir pour l'attaquer l'instant précis où l'occasion
se présente, sous peine de perdre l'à-propos du coup. Il faut avoir
fait soi-même de l'escrime pour comprendre la valeur d'une fraction infinitésimale de seconde, quand on veut saisir pour faire
une attaque le moment où l'ennemi se découvre : la conception
du coup et son exécution doivent se confondre, pour ainsi dire,
dans la durée d'un éclair.

On appelle mouvement de *détente* la tension soudaine du jarret
qui jette en avant le corps du tireur, et l'élan brusque du bras qui
lance la lame vers le but à atteindre. Or, la « détente » ne peut
s'obtenir qu'au prix d'une obéissance presque instantanée des
muscles à la volonté. Il y a un mot en escrime pour caractériser
l'aptitude d'un tireur à passer instantanément au moment voulu
de l'immobilité absolue au mouvement le plus rapide : on dit
qu'il a du *départ*. Les tireurs qui n'ont pas de départ peuvent
juger un coup, et reconnaître l'instant précis où il faudrait partir,
mais la jambe et le bras n'obéissent pas assez vite. Le coup peut
avoir été conçu à temps, mais il est exécuté trop tard. C'est que
le « départ » des muscles et l'instantanéité du mouvement exigent
un travail nerveux considérable, dont certains faits de la physiologie vont nous permettre de donner l'explication.

Le muscle n'obéit jamais *instantanément* à la volonté qui lui
commande un mouvement. C'est là un fait mis en lumière par
Helmholtz en 1850. Ce physiologiste a montré qu'en excitant à
l'aide de l'électricité un point donné des nerfs moteurs, on observait un intervalle appréciable entre l'instant de l'excitation et
celui de la contraction. Ce *retard* du muscle est dû en partie
au temps qu'emploie l'excitation électrique à cheminer à travers
le nerf; mais en tenant compte de la durée de ce trajet, qu'on
a pu mesurer exactement, on trouve qu'il reste une fraction
de temps appréciable pendant laquelle le muscle déjà atteint

par l'excitation électrique n'est pas encore entré en contraction. Helmholtz a donné le nom de *temps perdu* à cette période de silence pendant laquelle l'organe moteur, ayant déjà entendu l'appel de la volonté, n'y a pas encore répondu par un mouvement.

Or, diverses circonstances peuvent faire varier la durée du *temps perdu*, et rendre plus lente ou plus prompte l'obéissance du muscle à l'excitation qu'il reçoit. La condition la plus efficace pour abréger le temps perdu, c'est la violence avec laquelle la fibre musculaire est excitée.

Supposons l'organe moteur excité par un agent électrique. Le temps perdu étant de deux centièmes de seconde avec un courant d'intensité connue, sa durée se trouvera réduite à un centième de seconde si on double l'intensité du courant.

Si l'excitant du muscle est la Volonté, la même loi se trouvera applicable à la durée de l'excitation latente, et le temps perdu sera d'autant plus court que le commandement volontaire se traduira par une excitation plus forte, c'est-à-dire par un ébranlement plus violent des cellules cérébrales et des fibres nerveuses. L'Effort de volonté devra donc être d'autant plus intense qu'on voudra provoquer un mouvement plus *soudain*, quelles que soient d'ailleurs la vitesse de ce mouvement et l'intensité de l'effort musculaire qui le détermine.

Mais pénétrons plus avant dans l'étude de ce curieux phénomène du « temps perdu ». Le muscle au repos peut se comparer à un serviteur endormi qui doit, avant de répondre aux ordres du maître, être tiré de son engourdissement. Nous avons vu qu'une excitation trop faible le laisse inerte, — encore ensommeillé, si l'on peut ainsi dire. — Au contraire, un choc violent le réveille du premier coup et provoque de sa part une prompte obéissance. La même diligence à exécuter l'ordre donné pourra être obtenue si on commence par l'éveiller à l'aide d'un appel préalable ; il se tiendra alors prêt à agir au moindre commandement.

Or, les expériences de laboratoire nous montrent qu'en faisant subir à un muscle une série d'excitations électriques très légères, on peut produire en lui un état particulier qui n'est pas encore l'action, mais qui n'est plus le repos, et qui le dispose à entrer en contraction *sans perdre de temps*, à la première excitation énergique qu'il recevra.

On appelle *excitation latente* cet état du muscle devenu ainsi plus excitable, plus apte à obéir, et semblable au serviteur bien éveillé et attentif qui n'attend plus qu'un signe du maître pour exécuter son ordre.

Chez un tireur qui guette le moment d'attaquer, tous les membres se trouvent sous le coup de cet état physiologique qui n'est plus le repos et qui n'est pas encore le mouvement. Mais cette sorte d'immobilité active ne peut être obtenue qu'au prix d'un travail nerveux ininterrompu, d'une excitation incessante qui émane de la Substance grise du Cerveau.

Pendant que le tireur aux aguets présente toute l'apparence d'un repos complet, son cerveau et ses nerfs sont sous le coup d'une tension excessive. Pareils à une bouteille de Leyde qui se charge, ses muscles font, en quelque sorte, provision d'influx nerveux, afin qu'au moment opportun la Volonté puisse y déterminer subitement l'explosion du mouvement.

Telle est la dépense nerveuse que coûte à un tireur un simple coup droit exécuté à propos.

Cette dépense acquiert quelquefois des proportions plus grandes encore dans certaines phases du jeu des armes, où on doit exécuter non plus un mouvement simple et élémentaire, tel que l'extension du bras en droite ligne, mais une série d'actes musculaires combinés, tels qu'une parade composée, suivie d'une riposte. Dans ces cas, il faut qu'à un moment donné plusieurs mouvements compliqués se succèdent rapidement et se confondent en un seul acte musculaire aussi précis que soudain.—L'exécution d'une phrase d'escrime prend alors tout à fait le caractère d'une opération intellectuelle.

Après avoir « tâté le fer » de l'adversaire, quand on croit avoir jugé son jeu, il arrive souvent qu'on l'invite à une attaque, avec l'intention d'y répondre par une certaine riposte dans laquelle on excelle. On feint de se livrer, on se découvre, et, si l'ennemi trop confiant attaque dans la ligne qu'on lui offre, une parade rapide détourne son fer, et la riposte arrive inévitable. On était prêt : on avait *dans la main* la parade et la riposte. Le mouvement était coordonné à l'avance, et une série de contractions musculaires, souvent très compliquées, se sont succédées dans un ordre parfait, avec une précision irréprochable et une vitesse foudroyante.

Ce travail de *coordination préalable* exige une grande dépense de force nerveuse. Quiconque a tenu un fleuret se rappelle aisément combien est excessive la tension du système nerveux chez l'homme qui attend l'occasion de placer une riposte longtemps

préméditée. Il faut, pour s'en rendre compte, avoir subi cet effort
intérieur qui tient les muscles sous le coup d'une excitation
constante, assez forte pour les rendre plus aptes à obéir, trop
faible pour les mettre en action avant que l'instant ne soit venu.
— Et cet instant qu'il ne faut pas laisser échapper ne dure qu'une
fraction de seconde !

N'est-ce pas un travail de « tête » qui retient jusqu'au moment
opportun dans l'esprit du tireur l'idée du mouvement compliqué
qu'il veut faire et rend visibles pour son imagination les lignes
que va tout à l'heure décrire sa lame?

Entre le moment où il a coordonné sa parade et sa riposte, et
celui où il trouve l'occasion d'exécuter l'une et l'autre, bien des
mouvements ont été faits, bien des feintes ont été essayées dans
le but d'attirer l'adversaire dans le piège; mais au milieu de ces
mouvements, auxquels il doit porter cependant une attention soutenue, il a toujours gardé sa parade *dans la main*, attendant
l'occasion favorable.

Tel un homme qui veut placer un mot à effet attend le moment
opportun, suit la conversation, la dirige, et, tout en parlant, ne
cesse d'avoir sur les lèvres la phrase qu'il veut débiter.

Mais la réplique la plus spirituelle manque son effet, faute
d'arriver juste à point; de même, la riposte la plus savante ne
peut réussir si elle n'est exécutée au moment opportun. L'attention du tireur vient-elle à se relâcher un seul instant ; les muscles qui doivent exécuter le coup cessent-ils, pendant une fraction
de seconde, d'être soumis à l'excitation latente émanée du cerveau, le tireur aussitôt cesse d'avoir sa parade « dans la main ».
Et si, à ce moment, se présente l'occasion de placer la riposte
préparée, il se trouve que les muscles ont perdu leur aptitude à
obéir instantanément à l'ordre de la Volonté; — le mouvement
n'a plus la soudaineté et l'à-propos qui devaient lui assurer le
succès.

Ce n'est qu'au prix d'un effort des plus fatigants qu'un tireur
peut ainsi tenir ses muscles en éveil, prêts à entrer en jeu, tout
en luttant contre sa main pour l'empêcher d'agir avant le moment voulu.

Le baron de Bazancourt (1) indique un moyen de deviner la
parade de prédilection de l'adversaire, celle qu'il a *dans la main*.
Il conseille de simuler une attaque très vive en allongeant

(1) Bazancourt, *les Secrets de l'épée*.

brusquement le bras et en lançant impétueusement le corps en
avant, mais en ne se fendant qu'à demi, de façon à ne pas
s'exposer à recevoir la riposte. Cette « fausse attaque » a pour résultat de provoquer la manifestation instinctive du mouvement
que l'adversaire avait préparé. Les muscles du bras qui, depuis
plusieurs minutes déjà, étaient sous le coup d'un travail intense
de *coordination latente*, sont entrés en jeu, entraînés par un
mouvement involontaire pour détourner la pointe de l'adversaire, malgré qu'elle n'arrivât pas à portée. La lame a décrit,
dans le vide, une évolution rapide qui laisse voir de quelle parade le tireur avait l'intention de faire usage.

Le mouvement compliqué qui se produit ainsi involontairement était préparé dans les muscles du bras, comme la phrase
que doit débiter un acteur novice est stéréotypée dans son
cerveau, toute prête à sortir de ses lèvres. De même que le
tireur trop impressionnable laisse échapper malgré lui le simu-
lacre d'une parade longtemps préméditée, ainsi le comparse ému
n'attend pas toujours la fin de la tirade à laquelle il doit répondre
pour lancer la réplique qui obsède son cerveau.

Le travail de coordination latente que nous avons tenté d'analyser se rencontre dans tous les exercices qui impliquent une
lutte, tels que le jeu de l'épée, du bâton, de la boxe, et, pour se
faire une idée exacte de la dépense de force que nécessitent les
exercices dans lesquels on fait « assaut », il ne faut pas songer
seulement à l'énergie des mouvements musculaires, il faut tenir
compte aussi de la dépense d'influx nerveux.

A côté de la force musculaire utilisée pour produire un mouvement, il faut inscrire encore la force nerveuse dépensée pour
rapprocher l'instant où ce mouvement est *voulu* de l'instant où il
est effectué; à côté de l'*excitation motrice* qui se traduit au dehors
par une contraction musculaire, il faut noter l'*excitation latente*
qui laisse le muscle dans un état de repos apparent, mais le prépare à répondre avec plus d'instantanéité à l'appel de la volonté.

Si nous voulions exprimer cette conclusion sous une forme
moins scientifique, mais d'une image plus saisissante, nous dirions que ces exercices s'exécutent plutôt avec les nerfs qu'avec
les muscles.

De là résultent les effets très particuliers de ces exercices sur
le système nerveux.

Tout le monde a pu remarquer qu'après un assaut d'armes

sérieux, la fatigue ressentie semble hors de proportion avec le travail musculaire effectué. Les tireurs qui cherchent « l'à-propos
du coup » ne font pas de mouvements très violents ; leur jeu
est sobre : ils observent plus qu'ils n'agissent. Et pourtant ils se
fatiguent beaucoup plus dans leur immobilité attentive que ces
escrimeurs novices qu'on voit gesticuler et bondir, exécutant
toutes sortes d'évolutions fantaisistes.

C'est qu'en escrime la dépense de force consiste moins dans
l'exécution des actes musculaires que dans leur préparation.

Aussi le jeu des armes est-il le type des exercices qui fatiguent
plus les nerfs que les muscles.

Si les débutants rapportent de leurs premières séances un endolorissement général de tous les membres, c'est que la courbature
est inévitable à la suite de tout exercice inaccoutumé. Mais l'habitué de salles d'armes n'éprouve plus en quittant la veste ce
brisement de tous les muscles que laissent tous les exercices de
force. En revanche, il ne peut échapper, après un assaut sérieux,
à une sorte d'accablement momentané, de prostration caractéristique qu'on peut appeler *fatigue nerveuse.*

La sensation de fatigue nerveuse est très différente de celle
qu'on éprouve après les gros travaux n'exigeant qu'une dépense
de force matérielle, et à la suite des exercices qui font travailler
les muscles plus que les nerfs. Cette sensation, qu'on n'oublie pas
quand on l'a éprouvée, est difficile à décrire, comme toutes les
nuances de la sensibilité. Si l'on cherche à en donner idée en la
comparant à une sensation connue, on peut dire qu'elle ressemble
à l'accablement qui suit, dans l'ordre moral, tout effort soutenu
de la volonté, quand, par exemple, on a lutté longtemps pour repousser la pression d'une volonté étrangère, ou bien quand on a
tenu l'esprit énergiquement tendu sur la solution d'un problème
difficile.

La fatigue nerveuse présente des variantes suivant les circonstances et les tempéraments. Elle se caractérise le plus habituellement par une sorte de prostration et d'anéantissement momenta-
nés, mais elle peut se traduire aussi par une surexcitation passagère
semblable à celle qu'on observe chez certains sujets très affaiblis,
et que les médecins appellent *état de faiblesse irritable.*

Cette forme si particulière de la fatigue qui suit les exercices
exigeant beaucoup de travail nerveux est due à l'ébranlement
subi par les cellules nerveuses qui président à la motricité volontaire, comme la fatigue intellectuelle est due au surcroît d'activité

des cellules qui entrent en jeu pendant le travail de l'esprit.

Or, ces deux ordres de cellules siègent dans la substance grise du cerveau. C'est donc en réalité le cerveau qui supporte la fatigue à la suite des exercices qui nécessitent une grande dépense d'influx nerveux.

Pour cette raison, l'escrime ne saurait convenir aux hommes d'étude, pas plus qu'aux enfants dont le cerveau travaille avec excès, et c'est le dernier des exercices qu'on doit conseiller aux tempéraments très excitables, à moins toutefois qu'il ne s'agisse de fournir un aliment à des cerveaux inoccupés, à des esprits inquiets dont l'activité se retourne contre eux-mêmes, faute d'être utilisée ailleurs. Dans ce cas, l'escrime peut devenir un dérivatif précieux en absorbant, comme pourrait le faire un travail d'esprit, le surcroît de force nerveuse qui tourmentait l'esprit inactif.

L'escrime, ainsi que tous les exercices qui ébranlent le système nerveux, convient à merveille à tous les sujets qui veulent maigrir. Le système nerveux a, parmi ses fonctions les plus importantes, celle de régulariser la nutrition ; aussi voit-on toute fatigue supportée par les nerfs, toute déperdition excessive de force nerveuse, aboutir à une diminution de l'énergie du mouvement nutritif, et favoriser le mouvement de *dénutrition* ou, en d'autres termes, l'amaigrissement.

Les secousses d'ordre moral, les préoccupations soutenues, par la déperdition d'influx nerveux qu'elles occasionnent, entravent les fonctions de nutrition et font maigrir. C'est par un mécanisme identique que le même résultat se produit à la suite des exercices nécessitant une grande dépense de force nerveuse. Il est curieux d'observer que les animaux dont le genre de vie nécessite des mouvements pareils à ceux de l'escrime ont le privilège d'échapper à l'engraissement.

Vous êtes-vous jamais demandé comment les chats pouvaient joindre à leur paresse proverbiale une si grande agilité ? L'inaction musculaire amène dans toutes les espèces animales, aussi bien que dans l'espèce humaine, la tendance à l'obésité et la lourdeur des allures ; le chien qui ne chasse pas, le cheval qui reste à l'écurie sont envahis par la graisse et deviennent moins aptes à un service actif. Les animaux sauvages eux-mêmes, si on les tient en cage, ou s'ils sont soumis de toute autre façon au repos forcé de la vie domestique, perdent très promptement leur conformation svelte et l'aisance de leurs mouvements.

F. LAGRANGE   **22**

Pourquoi le chat échappe-t-il à la loi commune, et pourquoi, malgré l'immobilité dans laquelle on le voit si souvent plongé, devient-il plus rarement obèse que le chien ou le cheval? C'est que son immobilité n'est pas l'inaction, et que ses nerfs travaillent pendant que ses muscles semblent au repos. Pareil au tireur qui attend le moment d'attaquer, le chat est constamment préparé à bondir. A chaque instant il guette quelque chose : un rat, une mouche, le rôti. Un chat de salon ne fait pas plus de trois ou quatre bonds dans la journée, mais chacun de ses élans a été précédé d'une ou deux heures de travail *latent*. Quand on croit l'animal enfoncé dans une rêverie béate, il médite une capture, calcule la distance à franchir, et tient ses muscles prêts à tout événement. Aussi n'est-il jamais pris au dépourvu. Qu'un petit oiseau s'échappe de sa cage : trois secondes après il est pris et mangé. Le chat le guettait depuis huit jours : quand il semblait dormir, il était à l'arrêt.

CHAPITRE V.

LE TRAVAIL DE COORDINATION DANS L'EXERCICE.

La volonté n'est pas la seule faculté d'ordre psychique qui entre dans l'exécution des mouvements : son rôle se borne à déterminer l'acte musculaire et à exciter le muscle ; mais d'autres facteurs doivent intervenir pour régler, diriger et pondérer les actes musculaires.

Tout mouvement exige l'intervention d'un très grand nombre de muscles, et chaque muscle mis en jeu doit se contracter avec une force déterminée, pour que l'ensemble du travail aboutisse à un mouvement précis. — On appelle travail de *coordination* l'opération qui a pour but de choisir les muscles qui doivent participer au mouvement, de régler l'effort respectif de chacun d'eux en leur distribuant exactement la quantité d'influx nerveux nécessaire pour en obtenir une contraction qui ne soit ni trop faible ni trop énergique. Ce travail est exécuté par le cerveau.

Nous appelons *difficiles* les exercices qui nécessitent plutôt une habile coordination des mouvements, qu'une grande somme de travail. L'équitation, l'escrime, la gymnastique exécutée avec les engins sont autant d'exercices difficiles et exigent de la part du sujet plutôt de l'adresse que de la force.

I.

En voyant avec quelle facilité s'exécutent les actes les plus compliqués de la vie usuelle, on serait tenté de croire que chaque muscle a une destination fixée à l'avance et se trouve tellement enchaîné à la volonté qu'il suffit de vouloir déplacer une partie du corps dans une certaine direction pour trouver immédiatement le groupe de muscles auquel doit être confiée l'exécution du mouvement. On oublie que les actes les plus ordinaires, ceux qu'on accomplit avec le plus d'aisance ont été laborieusement étudiés et ont commencé par être gauches et difficiles avant de devenir pour ainsi dire naturels et automatiques, à la suite d'une longue pratique.

Les exercices difficiles nécessitent, le plus souvent, des attitudes auxquelles l'homme n'a pas été habitué, des mouvements nouveaux auxquels ses membres n'ont pas été employés. Il faut un apprentissage nouveau pour trouver des combinaisons nouvelles dans le jeu des muscles. Certains groupes musculaires habitués de longue date à agir ensemble doivent être désunis dans certains mouvements gymnastiques, tandis qu'on doit unir dans un même effort d'autres groupes qui jusqu'alors n'avaient jamais été associés au même mouvement. Un homme essayant de marcher sur les mains est obligé de chercher des attitudes tout à fait nouvelles pour lui, et de faire intervenir dans son exercice des combinaisons de mouvement et d'équilibre auxquelles son corps ne s'est jamais plié. Le sujet fût-il d'une force athlétique, il est certain qu'il ne réussira pas du premier coup. Toute l'énergie dépensée dans ses efforts musculaires ne pourra suppléer à l'apprentissage, car, dans l'exemple cité, le « savoir-faire » est plus nécessaire que la force.

A chaque mouvement nouveau, à chaque attitude inconnue que les exercices difficiles imposent au sujet, il faut que les centres nerveux exécutent une sorte de triage des muscles, ne faisant participer à l'effort que ceux qui le favorisent, éliminant ceux qui peuvent lui faire obstacle. Il faut aussi que les os sur lesquels agissent les muscles soient déplacés dans une direction parfaitement adaptée à l'exécution de l'acte projeté, car une inclinaison plus ou moins grande des leviers peut favoriser cet acte, ou au contraire le rendre impossible. Enfin, il faut que toutes les parties agissantes, membres, colonne vertébrale ou bassin, exécutent avec précision, les unes sur les autres, certains déplacements dont la résultante est une attitude favorable à l'accomplissement définitif de l'exercice.

Quand on cherche à exécuter pour la première fois un mouvement inconnu, il semble d'abord que les muscles, si dociles dans les actes habituels de la vie, sont devenus rétifs aux ordres de la volonté. Quand les muscles obéissent enfin, les leviers osseux à leur tour semblent refuser de se déplacer dans la direction voulue, et l'ensemble du corps, malgré les plus violents efforts, ne peut prendre exactement l'attitude cherchée.

Il y a en gymnastique un mouvement très connu, qu'on appelle le *tour du trapèze*. Les enfants qui l'ont appris l'exécutent avec la plus grande facilité, et il n'exige qu'une dépense de force très limitée. Ce tour consiste à se suspendre par les poignets à une barre de bois, puis à faire passer les jambes et le corps tout entier au dessus de cette barre, et à continuer le mouvement de révolution jusqu'à ce que le corps ait repris son attitude première.

On peut mettre au défi l'homme le plus robuste et le plus agile, s'il n'a jamais exécuté ce mouvement, de réussir, du premier coup, à l'effectuer.

Une fois suspendu par les mains, le gymnasiarque novice qui cherche à imiter son moniteur se trouve très embarrassé. Il ne sait comment s'y prendre pour imprimer au tronc le mouvement de bascule en vertu duquel les jambes devraient passer au-dessus du bâton. A ce moment, au milieu de ses efforts musculaires, l'apprenti gymnasiarque fait manifestement un effort cérébral : il tâtonne, essaie de faire intervenir tel muscle, puis tel autre. S'il s'observe lui-même, il a parfaitement la notion d'un travail d'ordre psychologique ; ses centres nerveux semblent chercher la solution d'un problème qu'on pourrait formuler ainsi : quels muscles faudrait-il contracter pour faire passer le tronc de la position verticale à la position horizontale ? — La réponse à cette question ne vient d'ordinaire qu'à la suite de longs tâtonnements ; mais presque toujours on éprouve une véritable surprise quand le problème est résolu, quand le mouvement arrive enfin à s'exécuter. On n'a pas notion d'avoir fait un effort plus grand, mais de s'y être pris autrement qu'on ne l'avait fait jusqu'alors. La volonté, après avoir essayé, sans succès, de plusieurs groupes musculaires, est enfin arrivée à grouper dans un mouvement d'ensemble ceux qui étaient réellement aptes à produire l'effet cherché.

Tel un homme qui, après avoir longtemps cherché le mécanisme qui ouvre une porte secrète, met enfin le doigt sur le bouton et fait jouer le ressort

L'analyse que nous venons de faire nous a permis de voir un des modes d'emploi du travail de coordination : l'exécution d'un mouvement qui est nouveau pour le sujet. Mais là ne se borne pas le travail des centres nerveux dans les exercices difficiles. Outre l'apprentissage des mouvements qu'on ne sait pas, il y a encore le perfectionnement des mouvements déjà connus.

Beaucoup d'exercices demandent une très grande précision dans les mouvements. Il ne s'agit plus de choisir les muscles qui doivent agir : il faut déterminer exactement l'intensité de leur contraction pour que le membre qu'ils meuvent ne reste pas en deçà du but et n'aille pas au delà. Il faut adapter l'intensité de l'effort musculaire à la distance à parcourir; ou bien c'est la direction qu'il faut apprécier plus exactement encore que la distance.

Tous les exercices d'adresse exigent ce travail d'adaptation des mouvements à une direction ou à une distance déterminées. L'escrime, la boxe, le jeu de la canne et du bâton demandent une pondération parfaite dans les forces *composantes* du mouvement, puisqu'il faut que la *résultante*, c'est-à-dire la direction finale du bras ou de la jambe, soit déterminée à quelques millimètres près.

On appelle travail de *coordination* l'opération qui a pour but de régler ainsi l'effort respectif de chaque groupe musculaire, en distribuant à chaque muscle la quantité d'influx nerveux nécessaire pour obtenir une contraction qui ne soit ni trop faible, ni trop énergique.

Ce travail diffère beaucoup du travail musculaire proprement dit, et ressemble plus à une opération d'ordre intellectuel qu'à un acte matériel. Il exige l'entrée en jeu de la plupart des facultés psychiques, et des parties les plus délicates des centres nerveux. On ne peut l'évaluer au dynamomètre, et pourtant il faut le faire entrer en ligne de compte si on veut apprécier exactement la force dépensée par le sujet.

Un exemple choisi parmi les faits les plus vulgaires de la

gymnastique peut nous montrer la diversité des facultés intellectuelles que le travail de coordination met en jeu.

Un clown se prépare à s'élancer de pied ferme sur une étroite plate-forme à une grande hauteur. Regardez-le préparer son mouvement. Il reste un instant immobile, comme hésitant; ses membres inférieurs se tendent et se fléchissent alternativement à plusieurs reprises, ébauchant sur place le mouvement violent qu'il va faire. Il semble tâtonner, calculant l'effort nécessaire pour atteindre la plate-forme, sans aller au delà. Plus le saut demande de précision, et plus devient apparente cette sorte de répétition préalable qui n'est que la traduction aux yeux du spectateur d'un travail intérieur auquel se livre le gymnasiarque. Mesurant de l'œil la distance, il évalue l'effort nécessaire pour la parcourir et cherche à déterminer le degré de contraction qu'il faut faire subir à ses muscles.

La sensibilité du muscle et des parties qui l'avoisinent, telles que les nerfs et la peau, donnent au sauteur la notion exacte de l'intensité de la contraction qu'il prépare; le souvenir d'un effort fait maintes fois pour franchir une distance semblable lui permet, par comparaison, de juger suffisant l'effort qu'il va faire; et c'est seulement après avoir porté ce jugement rapide qu'il s'élance et atteint le but.

C'est ainsi que tout mouvement coordonné demande l'entrée en jeu des trois facultés maitresses : la Sensibilité qui nous indique l'intensité du travail du muscle; le Jugement qui nous en fait apprécier l'effet probable, et la Volonté qui décide le mouvement et en détermine l'exécution.

Le plus souvent, les actes musculaires sont coordonnés pendant qu'ils s'exécutent, au fur et à mesure qu'ils se succèdent. C'est ce qu'on observe dans les mouvements lents. Mais toutes les fois qu'un mouvement doit être très prompt et très soudain, il doit être coordonné à l'avance.

Avant d'exécuter un acte exigeant à la fois de la promptitude et de la précision, les muscles doivent subir une préparation. Ils reçoivent des centres nerveux une excitation latente trop faible pour les faire entrer en contraction, mais qui suffit à les tenir pour ainsi dire en éveil. C'est une consigne donnée que l'organe moteur, sentinelle vigilante, exécutera au premier signal.

C'est seulement au prix de cette intervention incessante de l'influx nerveux que les mouvements instantanés peuvent s'exécuter avec une juste mesure et avec une précision parfaite. Si un

acte musculaire était à la fois très soudain et tout à fait im
prévu, il aurait aussi pour caractère d'être *désordonné* et serait
mal adapté, comme intensité et comme coordination, à la circonstance qui le provoque.

Un cheval effrayé par une détonation inattendue veut faire un
bond pour s'enfuir, mais ses muscles n'étaient pas préparés : les
membres ne trouvent pas instantanément la direction voulue ; au
lieu de s'élancer, l'animal s'abat.

On peut caractériser d'un mot les exercices difficiles au point
de vue physiologique, en disant qu'ils nécessitent surtout un travail de coordination. Le travail de coordination a pour effet immédiat d'économiser la force dépensée, en réglant le travail des
muscles, en demandant à chacun la part exacte qui doit lui revenir dans l'exercice, en supprimant les contractions inutiles, en
faisant agir les leviers osseux suivant l'inclinaison la plus favorable à la réussite du mouvement.

La faculté de coordination, comme toutes les facultés physiologiques, se perfectionne rapidement par l'exercice, et il en résulte
une plus grande facilité du travail chez l'homme qui se livre aux
exercices de difficulté. A égale dépense de force, le gymnasiarque
habile produit plus de travail que l'homme maladroit, ou, si l'on
veut, il emploie moins de force pour faire le même travail.

Un homme qui excelle dans les exercices d'adresse est une machine dont le rendement a augmenté : le travail perdu est réduit
chez lui au minimum.

L'aisance des mouvements est une conséquence toute naturelle
de la pratique des exercices difficiles. Un mouvement est aisé
quand rien ne l'entrave et ne le contrarie. Le gymnasiarque
exercé excelle surtout à supprimer toute contraction musculaire
qui ne concourt pas directement à l'exécution du mouvement.
Dans les mouvements de l'homme inhabile, beaucoup de muscles
sont paralysés dans leur action par l'intervention inopportune
des muscles antagonistes. Une grande partie de la force qu'il
dépense doit être employée à vaincre la résistance que ses propres
muscles opposent à ses mouvements. Le nageur novice déploie
une force capable de faire marcher un lourd bateau, et pourtant
il avance à peine de quelques mètres et s'arrête épuisé. Ses efforts
désordonnés viennent d'une lutte inutile entre les muscles extenseurs qui doivent exécuter le mouvement et les muscles fléchis
seurs qui viennent maladroitement l'entraver.

Il faut avoir pratiqué soi-même les exercices pour comprendre toute la part que peut prendre dans le travail la faculté de coordination. S'il y a l'apprentissage des mouvements que l'on ne connaissait pas, il y a aussi le perfectionnement des mouvements qu'on connaît; il y a une manière de marcher, une manière de courir, une manière de soulever des poids avec le moins de travail possible ; un léger déplacement de l'épaule ou du coude, une courbure ou un redressement de la colonne vertébrale, sont autant de mouvements imperceptibles pour le spectateur et que l'exécutant utilise pour diminuer quelquefois son effort de moitié. Il n'est qu'une manière de saisir toutes les nuances que peuvent présenter les mouvements : c'est d'en faire soi-même. On comprend alors qu'il y a, pour chaque acte musculaire le plus insignifiant, une foule de variantes qu'on ne peut saisir quand on se borne à regarder. Par l'apprentissage on arrive à faire un choix parmi ces différents procédés, et on adopte tout naturellement celui qui représente la plus grande économie de force.

C'est ainsi qu'on finit par exécuter sans fatigue les exercices qui, au début, semblaient le plus fatigants.

Le trait dominant des exercices difficiles, celui qu'il importe de retenir dans l'application de la médication par le travail, c'est que leur difficulté diminue à mesure qu'on les pratique. Aussi leurs effets sont-ils tout différents suivant qu'on les applique à des sujets neufs ou à des hommes déjà rompus aux mouvements qu'on leur conseille. Certains exercices de gymnastique qui coûtaient au début une grande dépense de force nerveuse s'exécutent, au bout d'un certain temps, avec une merveilleuse facilité.

L'équitation est un travail qui brise et exténue le débutant : ce n'est plus qu'un exercice très modéré pour le cavalier émérite. Le canotage exige un certain apprentissage, d'autant plus prolongé, qu'il s'exécute souvent à l'aide de frêles embarcations sur lesquelles le rameur a peine à tenir l'équilibre : la *périssoire*, le *gig*, etc. ; mais, au bout de quelque temps de pratique, il ne demande plus que des muscles résistants. Le même sujet qui, au début, était à bout de force après une demi-heure d'aviron, peut, six semaines plus tard, ramer sans fatigue, d'un soleil à l'autre.

La diminution de fatigue, pour les exercices que l'on pratique beaucoup, vient, en premier lieu, d'un emploi plus intelligent des muscles, auxquels le sportsman devenu habile sait faire rendre beaucoup de travail avec une petite dépense de force. Il y a une autre raison pour que la fatigue ressentie soit moindre: c'est que

les centres nerveux font un effort moins grand, pour coordonner
les mouvements mieux connus. Tel travail qui, dans les débuts, nécessitait l'intervention continuelle des facultés conscientes, s'exécute plus tard sans que la volonté semble y prendre part et devient
automatique. Il ne faut pas comparer les effets d'un exercice
qu'on apprend avec ceux d'un exercice qu'on sait. Danser est un
amusement; apprendre à danser est un travail d'esprit, autant
que de corps.

Nous avons encore devant les yeux le tableau d'une leçon de
danse prise par un de nos meilleurs amis, oculiste distingué, qui,
à l'âge de trente ans, voulut apprendre la polka. Rien de curieux
à observer comme la contraction de sa figure, indiquant une tension énorme de toutes ses facultés. Il s'était isolé, par la pensée,
de tous les assistants, concentrant toute la puissance de sa volonté
sur ses jambes qui refusaient de suivre le rythme. C'était un
véritable combat qu'il livrait à ses muscles indisciplinés, et la
sueur ruisselait sur son front. — Jamais, nous dit-il ensuite, une
opération de cataracte ne lui coûta pareil effort cérébral.

II.

Le premier bénéfice dû à la pratique des exercices difficiles est
donc de faire l'éducation des mouvements. Tout le monde a remarqué combien la gymnastique arrive rapidement à diminuer
la gaucherie et la lourdeur du sujet. Le conscrit qu'on ôte aux
lourds travaux de l'agriculture pour le mettre à faire l'exercice
se *dégrossit* rapidement. Les muscles, habitués jusqu'alors à
obéir avec lenteur pour dépenser leur force dans des mouvements faciles, sont obligés d'obéir avec précision et d'entrer
en jeu au commandement. Ils subissent une discipline nouvelle
pour eux et font un apprentissage qui rend leur action plus
prompte et plus facile.

Si l'on pénètre dans les détails d'application des exercices difficiles, on rencontre pourtant des malades chez lesquels ils trouvent
une indication formelle : ce sont les enfants atteints de chorée.
Dans cette maladie, le sujet a perdu toute espèce d'autorité sur
ses muscles. Des mouvements involontaires l'agitent du matin
au soir, en dépit de ses efforts pour rester immobile, et, d'autre
part, les mouvements voulus échappent à toute direction, à tout
contrôle. Les malades renversent les objets qu'ils touchent, se

démènent et se contorsionnent en marchant et n'ont plus, en un mot, ni précision ni mesure dans aucun de leurs actes musculaires.

La chorée ou danse de Saint-Guy nous donne l'occasion d'étudier des individus chez lesquels la coordination des mouvements a disparu. Pour rétablir la discipline dans leurs muscles affolés, rien de meilleur que ces exercices qui exigent pour chaque mouvement un contrôle sévère de la part des centres nerveux.

Mais, en dehors de certains cas très spéciaux, les exercices de difficulté ne doivent pas être recherchés par la médecine. Ils peuvent être un passe-temps utile, et même devenir une passion salutaire capable de préserver un jeune homme d'entraînements dangereux; ils peuvent donner à l'homme un sentiment de confiance en lui-même, parce qu'ils sont utiles à la défense personnelle; ils peuvent enfin faire d'un lourdaud un homme alerte et souple, mais ils ne feront jamais d'un sujet malingre un homme largement charpenté.

Chaque exercice tend à modifier l'organisme dans un sens favorable à son exécution et à créer des types aptes à l'accomplir. C'est une conséquence de la loi physiologique en vertu de laquelle « la fonction crée l'organe ». Il suffit de connaître le type de structure qui convient le mieux à la réussite d'un exercice donné pour en conclure avec vérité que la pratique de cet exercice aura tendance à modifier, dans le sens de ce type, la conformation du sujet qui s'y livre. Les exercices de force tendent à rendre le sujet plus massif, ceux de vitesse à le rendre plus léger. On peut trouver entre les animaux et les hommes des analogies de conformation qui se rapportent d'une manière frappante aux analogies de travail. Le portefaix et le lutteur sont bâtis comme le bœuf et le cheval de trait; le boxeur anglais ressemble au bouledogue. Si on veut chercher le résultat des exercices de difficulté, on verra une ressemblance frappante entre l'homme qui s'y adonne beaucoup et l'animal qui y excelle: l'acrobate ressemble au singe.

Tel est le résultat le plus frappant des exercices difficiles: ils tendent à rendre les mouvements plus aisés, et l'exécution du travail plus facile. Mais, précisément en vertu de l'économie de force qui résulte de l'adresse acquise, ils associent moins que les autres exercices les grandes fonctions de l'organisme au travail musculaire. En économisant la force dépensée, ils tendent à diminuer la dépense de chaleur, à réduire le plus possible l'inten-

sité des combustions et la production d'acide carbonique qui en est
le résultat. De cette façon, le besoin de respirer est peu augmenté,
et l'essoufflement n'a pas de tendance à se produire. Pour les
mêmes raisons, la circulation du sang est aussi moins activée dans
les exercices d'adresse que dans les exercices de force et de vitesse. Ce ne sont pas les exercices difficiles qui influencent avec le
plus d'intensité la circulation et la respiration.

En revanche, ces exercices produisent sur le système nerveux
des effets particuliers qui s'expliquent par l'intervention très
active des fonctions d'innervation dans la coordination des mouvements.

Si l'on se place au point de vue de l'hygiène pure, on peut dire
que les exercices difficiles sont loin d'avoir l'utilité des exercices
de fond ou des exercices de vitesse. Bien rares sont les cas dans
lesquels le médecin devra donner la préférence au travail de coordination sur le travail de force.

Le raffinement du sens musculaire, la dextérité extrême des
mouvements peuvent avoir leur utilité dans certaines circonstances de la vie. Il est sans doute très pratique de savoir tirer
l'épée quand on affronte les luttes du journalisme et de la tri-
bune ; il est précieux, en cas d'incendie, de pouvoir grimper
comme un singe le long d'une corde lisse; il n'est pas désagréable
de porter dans ses moindres mouvements un cachet d'aisance
qui rende élégantes toutes les attitudes du corps. Mais l'hygiène
se place à un point de vue tout autre. Le corps a besoin, pour
atteindre son développement complet, que la partie la plus matérielle de la machine humaine entre vigoureusement en jeu.
Or, les exercices qui développent la dextérité du sujet tendent à
faire supporter la majeure partie du travail aux parties les plus
délicates de l'organisme humain. Ils amènent une économie dans
la force dépensée par les muscles, grâce à un travail supplémen
taire qui se solde aux dépens des nerfs et du cerveau.

Dans les exercices difficiles, toutes les facultés psychiques
doivent venir s'associer au travail des muscles. De là découlent
les conditions les plus caractéristiques des exercices de difficulté : ils exigent un travail cérébral. Le jugement, la mémoire,
la comparaison, la volonté, tels sont les facteurs d'ordre moral
qui président à leur exécution. Le cerveau, le cervelet, les nerfs
sensitifs, tels sont les organes matériels dont le concours très
actif est indispensable.

Les sujets dont le cerveau subit déjà de fortes dépenses par le fait du travail intellectuel ne sont donc pas ceux auxquels conviennent les exercices difficiles.

Comment espérer, en effet, que les centres nerveux puissent se reposer et l'éréthisme cérébral s'apaiser sous l'influence d'un exercice qui met en action l'encéphale et le système nerveux tout entier ? C'est là pourtant l'erreur officiellement commise. Les exercices difficiles entrent pour les trois quarts dans l'enseignement de la gymnastique adopté par l'Université. Tous les exercices qui s'exécutent à l'aide des engins demandent un apprentissage prolongé. Le trapèze, les anneaux, la barre fixe sont la terreur de certains débutants, qui se mettent à la torture — non les muscles, mais le cerveau — pour arriver à réussir un mouvement difficile, dont l'exécution ne leur coûte ensuite qu'un faible travail quand ils en ont saisi le mécanisme.

Trop de travail nerveux et trop peu de travail musculaire ! voilà le reproche qu'on peut faire à la plupart des exercices qui nécessitent un apprentissage prolongé et sont actuellement le plus en vogue dans tous les établissements d'éducation.

CHAPITRE VI.

L'AUTOMATISME DANS L'EXERCICE.

Nous avons cherché à montrer, dans le chapitre précédent, combien le cerveau et les facultés psychiques pouvaient prendre un rôle important dans les exercices corporels. Il nous reste à faire voir ici que le travail musculaire peut quelquefois s'exécuter, au contraire, à l'insu du cerveau et sans l'intervention de la volonté.

Il nous faut d'abord rappeler que le cerveau n'est pas indispensable à l'exécution de certains mouvements. La moelle épinière suffit, dans certains cas, pour actionner les muscles, car elle est un *centre nerveux*, et par conséquent un foyer d'activité motrice propre. Mais les mouvements dus en propre à l'action de la moelle épinière ont un caractère particulier : ils sont involontaires. La volonté, en effet, n'a d'action directe que sur les cellules du cerveau seulement et ne peut mettre en jeu l'activité propre de la moelle. Celle-ci ne peut entrer en action que par *effet réflexe*.

Dans les mouvements réflexes, la volonté n'est plus l'excitant du muscle : celui-ci entre en action sous l'influence d'une impression sensitive.

Qu'on se figure un nerf sensitif ébranlé par une sensation vive. Cet ébranlement est conduit par la fibre nerveuse jusqu'à une cellule centrale de la moelle, d'où part un nerf moteur. Cette cellule est à la fois l'aboutissant du nerf sensitif et l'origine du nerf de mouvement. Il peut arriver que l'impression sensitive, au lieu de continuer à cheminer vers la tête pour aboutir à l'organe des facultés conscientes, s'arrête dans la cellule motrice de la moelle. Celle-ci la renvoie alors, transformée en mouvement, dans la direction du muscle où le nerf moteur la conduit. L'impression *se réfléchit* sur le centre moteur de la moelle et revient sur elle-même, comme pourraient se réfléchir sur la paroi d'une muraille les ondes sonores de la voix qui donnent naissance à *l'écho*.

Nous pouvons dire, sans trop forcer l'image, qu'un mouvement réflexe est l'écho d'une impression sensitive.

En général, les mouvements réflexes sont très simples et semblent se régler sur l'intensité et la durée de l'excitation qui les provoque : — autant de fois on pince la patte d'une grenouille décapitée, autant de fois le membre s'agite par une courte saccade ; — mais il peut arriver que les mouvements réflexes soient plus compliqués et qu'une seule excitation devienne le point de départ de toute une série d'actes musculaires. Il semble alors qu'une impression unique vienne réveiller dans la moelle épinière comme le souvenir d'un grand nombre de mouvements souvent exécutés ; de même, un seul mot prononcé peut réveiller dans le cerveau le souvenir de toute une série de phrases qui redeviennent présentes à l'esprit. C'est ainsi que l'appui du pied sur le sol peut provoquer, par la simple sensation de contact, toute la série des mouvements de la marche. L'être vivant peut marcher alors, et même courir, sans que son cerveau prenne la moindre part à l'acte musculaire.

Un fait de l'histoire romaine, rapporté par M. Mosso dans son livre *la Peur* nous donne une curieuse preuve de la puissance automatique de la moelle épinière. L'empereur Commode donnait au peuple de Rome un spectacle fort goûté. Il faisait lâcher dans le cirque des autruches qu'on excitait à courir, et, aussitôt qu'elles étaient lancées à toute vitesse, on leur tranchait la tête avec des flèches en forme de demi-lune. Les animaux décapités ne s'arrêtaient pas sur le coup, mais continuaient leur course jusqu'au bout de la carrière.

Ce qu'on observe chez un animal décapité qui court nous donne l'image fidèle de ce qui a lieu chez un homme distrait dont les jambes exécutent automatiquement les mouvements de la marche, pendant que son cerveau occupé ailleurs se désintéresse de l'acte effectué. Dans les mouvements automatiques, les choses se passent comme si une série d'actes réflexes venaient se substituer aux actes primitivement volontaires. Le cerveau, après avoir combiné un mouvement, en avoir déterminé la vitesse et le rythme, semble, au bout d'un certain temps, déléguer ses pouvoirs à la moelle épinière ; il se désintéresse peu à peu de l'acte accompli, et intervient seulement de nouveau lorsqu'une circonstance particulière nécessite un changement soit dans la direction des mouvements, soit dans leur énergie, soit dans leur vitesse.

.·.

L'*automatisme* est la faculté qu'ont certains éléments nerveux d'actionner les muscles sans l'intervention de la volonté. Beaucoup d'organes du corps ont la propriété de fonctionner automatiquement ; le cœur, par exemple, est doué d'un mouvement sur lequel nous n'avons aucun empire : il ne dépend pas de notre volonté d'en accélérer ou d'en ralentir les battements.

L'automatisme n'est pas toujours absolu dans les organes, et beaucoup d'entre eux peuvent, suivant les circonstances, obéir aux ordres que nous leur donnons, ou se mouvoir au contraire sans que nous en ayons conscience. C'est ainsi que nous respirons involontairement, même en dormant, et que nous pouvons cependant, à volonté, retenir, accélérer ou suspendre les mouvements respiratoires.

Les mouvements des muscles de la vie de relation peuvent présenter, aussi bien que ceux de la vie organique, le caractère de l'automatisme. Les membres et le corps se déplacent en dormant sans que la volonté le commande, et, pendant l'état de veille, une foule d'actes quelquefois compliqués s'exécutent à notre insu. Un homme fortement préoccupé se lève sans y songer, va et vient sans y prendre garde, et exécute par distraction une foule de mouvements dont il ne conserve pas le souvenir. — Ce sont là des actes automatiques.

Les mouvements de la marche sont, de tous les actes muscu-

laires, ceux qui deviennent le plus facilement automatiques. Il
n'est personne qui n'ait remarqué combien le cerveau s'isole facilement et participe peu au travail des jambes, quand on fait une
promenade à pied : on peut discourir, rêver et même composer
des vers en marchant. Il serait au contraire difficile de détourner
la pensée des muscles qui agissent quand on exécute un tour de
trapèze ou qu'on fait des armes. Plus l'exercice est difficile, plus
l'intervention de la volonté et la concentration de l'esprit sont
nécessaires à son exécution. Et pourtant les exercices qui étaient
le plus difficiles dans les débuts finissent par s'exécuter automatiquement au bout d'un certain temps de pratique. Tous les « gent-
lemen » qu'on voit passer à cheval, se soulevant gracieusement
de la selle à chaque battue du trot, exécutent ce mouvement
sans y donner la moindre attention et laissent aller leur corps à
une impulsion tout à fait automatique. Si vous voulez savoir
combien leur cerveau travaillait à leurs débuts dans le trot à
l'anglaise, regardez passer un dimanche, sur les Champs-Élysées,
ces commis de magasin, raidis sur leur bête de louage, s'effor-
çant en vain de « s'identifier » au mouvement qui les cahote et
témoignant, par la contraction de leur visage, de la profonde tension d'esprit qui les absorbe.

La première condition pour qu'un exercice devienne automatique et s'exécute sans aucun effort d'attention, c'est qu'il soit
parfaitement connu et que l'apprentissage en soit depuis longtemps terminé.

Pour que l'exercice puisse s'exécuter sans l'intervention des
facultés conscientes, diverses autres conditions sont nécessaires,
et en premier lieu l'absence d'*effort*. Nous savons que l'effort est
une contraction de tout le corps ayant pour but de comprimer
énergiquement tous les os du squelette, afin de former de ces différentes pièces mobiles un tout rigide capable de donner un point
d'appui solide aux muscles agissants. Il est impossible de garder
une complète liberté d'esprit quand on fait un effort. Les muscles, obligés d'entrer en jeu avec toute l'énergie possible, semblent avoir détourné à leur profit l'influx nerveux cérébral.

Un homme qui met toute sa vigueur dans un mouvement quel
qu'il soit se sent complètement absorbé par son effort et perd momentanément la notion de ce qui l'entoure. Si l'on vous parle au
moment où vous tirez sur un dynamomètre pour donner la mesure
de toutes vos forces, vous ne gardez qu'un souvenir confus des

mots que vos oreilles ont entendus, vos facultés conscientes
étaient détournées et accaparées par l'effort : tant il est vrai que
les actes cérébraux et les actes musculaires, quoique si différents
dans leur essence, s'exécutent souvent à l'aide du même instrument. Il semble que le cerveau, instrument du travail musculaire
aussi bien que du travail intellectuel, est accaparé par les muscles
quand ceux-ci doivent donner toute la force possible ; dès lors,
la pensée n'en a plus la libre disposition et ne peut se manifester
avec sa lucidité habituelle. Cette prise de possession du cerveau
par les muscles explique l'inintelligence habituelle des athlètes
et des hommes qui se livrent à des travaux grossiers. Le cerveau
d'un homme qui a fait trop d'efforts musculaires est un outil
faussé qui ne peut plus s'adapter au travail d'esprit.

Ainsi l'exercice auquel on est le plus accoutumé et le travail
le plus facile cessent de devenir inconscients dès qu'ils nécessitent un effort.

Deux conditions essentielles s'imposent donc pour que le travail musculaire puisse devenir automatique : ce sont l'habitude
parfaite de l'exercice exécuté et la modération de l'effort musculaire qu'il nécessite.

Beaucoup de circonstances encore favorisent l'automatisme et
permettent au travail de s'exécuter sans l'intervention de la
volonté. L'étude n'en a pas encore été méthodiquement faite, car
personne n'a cherché jusqu'à présent à tirer de ce phénomène si
curieux de l'automatisme les déductions pratiques qui en découlent pour les applications hygiéniques de l'exercice musculaire.

Il est un fait d'observation assez difficile à expliquer, mais dont
personne ne contestera la vérité : c'est que la régularité dans les
mouvements tend à rendre le travail automatique. Chez le marcheur qui a gardé longtemps un pas uniforme, les facultés conscientes ne président plus au mouvement ; le cerveau ne commande plus ; les muscles obéissent à une série d'effets réflexes
dont le point de départ se trouve dans les sensations qui accompagnent l'appui et le lever du pied. Plus régulièrement se reproduit la sensation qui détermine l'effet réflexe, et plus exactement
fonctionne le mécanisme auto-moteur auquel est due la progression. Tout le monde a remarqué l'influence du rythme sur les
mouvements. Il y a des airs de musique qui sont « entraînants » ;
leur cadence bien marquée devient le régulateur des mouvements.

La sensation produite sur l'oreille par les différents temps de la mesure devient le point de départ de l'effet réflexe qui aboutit au déplacement alternatif des jambes.

La marche, qu'on peut citer comme le type des exercices automatiques, nécessite cependant un effort cérébral aussitôt qu'elle se fait dans des circonstances qui la rendent irrégulière. Tous les marcheurs ont remarqué la plus grande fatigue qui résulte de la nécessité de « choisir ses pas ». Quand on passe d'un chemin de traverse coupé de crevasses et encombré de rochers, sur une grande route bien unie, on éprouve un véritable soulagement ; le travail semble moindre de moitié. Pourtant, si on analyse l'exercice, on voit que la marche sur une surface unie ne produit pas une diminution du travail des muscles, mais supprime seulement un travail de direction qui était exécuté par le cerveau. Dans le chemin inégal et raboteux, le cerveau doit procéder avec une attention vigilante aux mouvements des jambes. Il faut, suivant les accidents du chemin, que le pas s'allonge ou se raccourcisse, que le pied vienne avec précision se placer sur telle pierre qui lui offre un appui plus solide, évite telle ornière ou telle flaque d'eau. C'est toujours la marche, et même la marche plus lente que sur un sol uni, mais ce n'est plus l'exercice inconscient de tout à l'heure, et le cerveau ne peut abandonner les muscles à eux-mêmes sous peine de faux pas et de chute. Sur la grande route la marche n'exigeait pas l'intervention des facultés conscientes ; ici, au travail des muscles s'ajoute un travail de direction et de contrôle qui émane du cerveau. C'est à ce travail surajouté qu'est dû le surcroît de fatigue. La marche, en devenant irrégulière, perd son caractère automatique et exige, à travail musculaire égal, une plus grande dépense d'influx nerveux volontaire.

Comment expliquer cette mystérieuse influence de l'alternance régulière des mouvements sur leur exécution automatique ? Nulle interprétation physiologique ne saurait jusqu'à présent en être donnée, mais de nombreuses applications pratiques en sont journellement faites. De tout temps on a compris l'importance de la cadence et du rythme pour faciliter les mouvements et diminuer la fatigue en ôtant au cerveau le soin de diriger les muscles. De tout temps on a associé la musique à la danse. Dans les manœuvres militaires, le tambour dispense le fantassin de porter son attention sur les mouvements de ses jambes : il marque le pas malgré lui.

Si le rythme et la cadence tendent à produire l'automatisme dans les mouvements, il est curieux d'observer combien l'impulsion une fois donnée aux membres se conserve régulière et uniforme pendant un temps très prolongé. Quand l'exécution d'un acte musculaire est une fois confiée aux forces automatiques de l'organisme, cet acte tend à rester toujours soumis à la même mesure, à s'exécuter avec la même vitesse. Si l'exercice se prolonge, le mouvement demeure semblable à lui-même du commencement à la fin.

Tout récemment, j'ai pu observer sur moi-même cette remarquable tendance des mouvements inconscients à rester réguliers malgré l'absence de toute direction cérébrale. Partis de Limoges, un ami et moi, dans un canot à rames, nous avons descendu la Vienne jusqu'à la Loire et la Loire jusqu'à la mer. La manœuvre de la rame nous était assez familière pour être exécutée sans aucune tension du cerveau, et pour ma part, j'avais l'esprit complètement libre au point de vue des changements de manœuvre, la direction du bateau étant confiée à mon ami, canotier émérite.

Nous ramions ensemble avec deux avirons chacun, — « à deux de couple, » — suivant l'expression technique. Maintes fois pendant les douze heures que durait chaque jour le travail, il m'est arrivé d'oublier le bateau et la Vienne; maintes fois l'imagination vagabonde m'emportait à cent lieues de mon compagnon de route, et pourtant le rythme de ma « nage » était toujours d'accord avec le sien. Toujours nos avirons rejetés en arrière, puis ramenés en avant par un mouvement régulier, venaient frapper la surface de l'eau le même nombre de fois dans chaque minute, s'y enfonçant toujours à la même profondeur, rasant toujours d'aussi près la nappe liquide avant d'y plonger de nouveau.

J'ai cherché à plusieurs reprises à m'assurer si ce parfait ensemble n'était pas dû à l'attention plus soutenue de mon ami qui aurait pu, étant placé derrière, accorder ses mouvements aux miens, augmentant ou diminuant en même temps que moi la vitesse. Mais le contrôle le plus sévère a démontré que c'était bien l'uniformité constante de nos mouvements qui en assurait l'ensemble. En effet, à maintes reprises, nous avons, à l'insu l'un de l'autre, compté les coups d'aviron avec la montre à secondes, et, pendant la période d'attention, pendant les moments de conversation sérieuse, de discussion animée ou de profonde rêverie, le résultat constaté par lui ou par moi a été constamment le même : 19 coups d'aviron par minute.

Ainsi, au bout d'un certain temps, cet exercice de la rame, dont l'apprentissage avait été assez laborieux, s'était en quelque sorte stéréotypé dans les organes moteurs et s'exécutait de lui-même. De plus, pendant ce voyage, l'allure de route que nous avions adoptée au départ s'était maintenue toujours la même pendant les neuf jours qu'avait duré le trajet. Chaque matin les muscles reprenaient leur mouvement régulier de la veille, se contractant dix-neuf fois dans chaque minute, avec une régularité d'horloge, sans aucune intervention de nos facultés conscientes. — Notre « nage » était devenue automatique.

Ainsi le cerveau, organe de la pensée, peut cesser de présider à un mouvement sans que celui-ci perde sa régularité et sa précision. Quand un mouvement a été souvent répété, il semble que la moelle épinière en retienne la forme et le mode d'exécution, comme le cerveau retient le son et l'articulation des mots. Comment un mouvement compliqué, tel que celui de la rame, peut-il s'imprimer dans la moelle épinière ? Il est bien difficile de le dire ; mais qui dira comment des mots, des phrases, des pages entières s'écrivent dans le cerveau et nous permettent de répéter, sans en rien omettre, de longues tirades de vers apprises il y a trente ans ?

Il faut donc se borner à accepter le fait bien constaté et à en tirer les conclusions légitimes. On ne peut se refuser à admettre la mémoire de la moelle épinière. Cet organe, qui est primitivement conducteur des mouvements que le cerveau commande, en garde le souvenir et peut les répéter dans certaines conditions, sans que la volonté intervienne autrement que pour ouvrir la série de ces mouvements et pour la clore. La mémoire de la moelle épinière a pour résultat la persistance à l'état automatique d'un mouvement habituellement pratiqué.

Mais la moelle épinière ne garde pas seulement le souvenir des différents temps d'un acte souvent répété : elle conserve aussi fidèlement la mémoire de la mesure, du rythme et de la vitesse avec laquelle ces différents temps se succèdent. C'est de la persistance des impressions laissées au système nerveux par un acte souvent répété que résulte la création des allures lentes ou vives de chaque individu.

On s'habitue à la lenteur comme à la vivacité des mouvements, et souvent la rapidité de la démarche, aussi bien que la lourdeur de l'allure sont le résultat d'une première habitude contractée dès l'enfance et dont il est difficile de se défaire plus tard.

L'automatisme marque d'un cachet indélébile les premiers actes musculaires exécutés, comme la mémoire incruste dans un jeune cerveau les premières phrases apprises par cœur.

Quand un cheval a commencé à galoper dans un train ralenti, il est très difficile de le jeter plus tard dans un mouvement plus rapide. Dans les grandes écuries de course, on utilise des enfants de très jeune âge assez rompus déjà à l'équitation pour qu'on puisse les laisser sur le dos des chevaux qui courent. Avec ce poids léger le cheval peut être lancé, dès le premier galop, à une vitesse qu'il ne pourrait atteindre s'il portait un homme sur la selle au lieu d'un bambin. Les entraîneurs attachent une grande importance à ces premières habitudes du mouvement, et nous avons entendu un de nos sportsmens les plus habiles déplorer l'impossibilité de se procurer en province ces *boys* aussi légers que des singes. Sous eux le cheval prend l'habitude d'un train qui déroute et décourage, dès le début de la course, les chevaux qui ont été entraînés dans un mouvement plus lent.

Les tireurs, dit Bazancourt, n'auront jamais de la vitesse en escrime s'ils s'attardent trop longtemps à régulariser leurs mouvements, ce qui leur ralentit la main.

Il faut un effort de la volonté pour s'opposer à un acte devenu inconscient, et pour changer une allure acquise. Si les muscles sont abandonnés à leur impulsion machinale, ils retombent toujours dans le rythme qui s'est créé par les lois de l'automatisme. Le cheval accoutumé dès le jeune âge à un mouvement ralenti fait une dépense supplémentaire d'influx nerveux quand on veut accélérer son galop normal ; et il ne faut pas attribuer le surcroît de fatigue uniquement au surcroît de travail que produit la vitesse plus grande. En effet, ce malaise nerveux dû à l'effort que nécessite une coordination nouvelle du mouvement, l'animal l'éprouvera aussi si on l'oblige de ralentir outre mesure une allure déjà lente comme le pas.

C'est ainsi que peut s'expliquer la fatigue ressentie par un marcheur habitué à un pas rapide quand il est obligé d'accommoder son allure à celle d'un promeneur qui va trop lentement. Le malaise ressenti quand on reste en deçà de son allure, aussi bien que celui qu'on éprouve quand on veut aller au delà, sont dus à ce qu'un effort de coordination nouveau doit intervenir pour adapter à un train inaccoutumé les mouvements qui d'ordinaire s'exécutaient machinalement, sans l'intervention des facultés dirigeantes.

II.

Quand un homme exécute un mouvement automatique, il fait appel à la mémoire de sa moelle épinière, et détourne son attention du travail. Quand, au contraire, le mouvement est nouveau pour lui, ou difficile, ou qu'il nécessite un effort violent, les facultés conscientes sont obligées d'entrer énergiquement en action ; le sens musculaire apporte ses renseignements précis sur le degré de contraction qu'il faut donner aux muscles ; les facultés qui président à la comparaison et au jugement apprécient ce qu'il faut ajouter ou retrancher à l'effort musculaire pour donner au mouvement toute sa précision ; enfin la volonté intervient pour donner l'impulsion définitive à l'acte musculaire. Ce sont là autant de facteurs qui viennent augmenter la dépense d'influx nerveux, sans faire rendre au muscle plus de travail utile.

L'automatisme dans les mouvements économise le travail du cerveau, comme la mémoire économise le travail d'esprit. Il y a des formules qui abrègent les travaux mathématiques, en nous dispensant de faire plusieurs opérations élémentaires. De même, par des séries de mouvements automatiques nous sommes dispensés de coordonner attentivement chaque acte musculaire dont la moelle épinière a gardé pour ainsi dire la formule.

Si nous entrons à présent dans l'application pratique des faits de physiologie que nous venons d'exposer, nous voyons du premier coup d'œil la grande supériorité hygiénique des exercices qui peuvent s'exécuter automatiquement. Économie d'influx nerveux, repos complet du cerveau, silence absolu des facultés psychiques, telles sont les conditions dans lesquelles l'exercice automatique s'effectue. Le travail de l'organisme humain est alors exécuté par les rouages les plus grossiers de la machine, et c'est sur les agents subalternes du mouvement que la fatigue fait sentir ses effets. Les centres nerveux, n'ayant pris aucune part au travail, ne subissent pas les malaises qui en sont la suite. — La fatigue, après les exercices automatiques, est franchement musculaire : elle atteint plutôt le corps et le membre que la tête et les nerfs.

Il n'est pas difficile, dès lors, de comprendre l'immense avantage que présentent les exercices automatiques, quand on cherche dans le travail musculaire un dérivatif pour les cerveaux fatigués par le surmenage intellectuel.

Nous avons jusqu'ici cherché à établir scientifiquement, par la physiologie, les caractères particuliers qui différencient les exercices où le cerveau n'intervient pas de ceux qui nécessitent un effort de volonté ou un travail de coordination. Il nous reste à appuyer nos déductions théoriques sur des faits d'observation, et, pour cela, il est nécessaire de faire appel aux impressions de tous ceux qui ont pratiqué les exercices du corps.

Rien ne rappelle la fatigue due à l'apprentissage d'un exercice difficile comme celle qui accompagne la solution laborieuse d'un problème difficile. C'est le même effort pénible d'attention pendant le travail, c'est le même affaissement cérébral après. Des deux parts, l'homme fatigué rapporte le siège de son malaise à la tête. C'est que, dans les deux cas, le cerveau a travaillé.

Il faut être bien peu observateur pour n'avoir pas constaté la répugnance instinctive qu'éprouvent pour les exercices difficiles tous les sujets surmenés par le travail intellectuel.

Regardez un jeune écolier en face d'un prévôt qui lui enseigne les premiers éléments de l'escrime. Sa mine renfrognée, sa physionomie maussade exprimant la fatigue et l'ennui semblent dire : — « Qu'on me ramène à la version ! » — Ouvrez au même enfant la porte de son collège et donnez-lui la clef des champs : vous le verrez partir comme un trait, laissant ses jambes l'emporter dans la vive allure d'un temps de course. Il fera en quelques minutes dix fois plus de travail que tout à l'heure en *plastronnant*, mais ce travail est l'affaire de ses jambes : la tête ne s'en mêle pas. Il reviendra bouillant de chaleur, essoufflé, tout en nage, mais l'esprit libre et le cerveau reposé.

Rappelez vos souvenirs de collège. Quels sont les jeunes gens les plus ardents aux exercices du corps, les plus passionnés pour le trapèze, — les « prix de gymnastique », enfin ? Ceux justement dont les facultés intellectuelles ont échappé au surmenage pour cause de paresse, ceux dont la force nerveuse cérébrale ne s'est pas dépensée sur les livres, ouverts devant eux, mais qu'ils ne lisent pas.

Si des observations inverses sont signalées, elles portent sur des sujets d'élite également bien doués du côté du cerveau et du côté des muscles, et qui ont autant de facilité pour le travail d'esprit que d'aptitude aux exercices du corps. — Ce sont de rares exceptions.

On s'accorde, en général, à blâmer l'indolence et l'apathie physique que manifestent les *grands* élèves, ceux justement dont les classes plus sérieuses exigent une tension plus grande des facultés intellectuelles. On voudrait les voir utiliser autrement qu'en conversations et en rêveries le temps qui leur est si parcimonieusement mesuré pour détendre leur cerveau surmené. Tous leurs maîtres les gourmandent à l'envi et les excitent à sortir de ce *farniente* pour se livrer à quelque exercice violent. Tous les engins de la gymnastique sont là, à leur portée, dans la cour de récréation : pourquoi n'en pas faire usage ?

Malgré les exhortations du maître, l'élève, dont la tête a beaucoup travaillé se sent peu porté à faire agir ses membres, et une répugnance instinctive l'éloigne du trapèze et des barres. Est-ce donc, ainsi qu'on le dit souvent, qu'il dédaigne un exercice trop enfantin pour la dignité de ses quinze ans ? N'est-ce pas plutôt qu'il ne trouve pas dans la fatigue des muscles le prétendu dérivatif capable de reposer son esprit ?

Pour nous, si l'enfant surmené par le travail intellectuel ne se sent pas attiré vers l'exercice du corps, c'est que son instinct est plus sûr que l'opinion de ses maîtres ; c'est que la gymnastique à laquelle on le convie coûterait un effort non seulement à ses muscles, mais aussi à son cerveau déjà fatigué par l'étude.

On a jusqu'à présent méconnu l'importance du choix de l'exercice au point de vue de l'hygiène du cerveau, et nul n'a songé à faire ressortir l'avantage que présentent entre tous les autres les *exercices faciles*.

Cet avantage peut se résumer en deux mots: ils produisent la fatigue *musculaire* sans amener la fatigue *nerveuse*. Ils accélèrent le cours du sang, activent la respiration, régularisent les fonctions digestives, sans nécessiter en même temps cette *suractivité* des fonctions cérébrales qui accompagne toujours l'exécution des exercices difficiles.

Personne pourtant, jusqu'à présent, n'a songé à utiliser ces précieux avantages. Personne même ne tient compte des conditions qui peuvent faire varier le degré de difficulté d'un exercice. On ne fait pas de différence, dans l'application hygiénique des exercices corporels, entre ceux qui sont nouveaux pour le sujet et ceux qu'il a déjà pratiqués depuis longtemps ; on ne tient pas compte du travail cérébral qu'exige la période d'apprentissage d'un mouvement inconnu.

Après un certain temps d'étude, les exercices difficiles ont été appris, et peuvent alors devenir automatiques. Leurs effets sont alors tout différents. — N'est-ce pas tout autre chose de *s'amuser* à danser ou de *s'occuper* à apprendre la danse ? La danse, l'équitation, le canotage, la course même, quand on les a longtemps pratiqués, n'exigent pas plus de travail cérébral que la marche, exercice automatique par excellence.

Mais, pour certains exercices du corps, l'apprentissage se continue indéfiniment, et les mouvements nécessitent une direction incessante de la part des centres nerveux et des facultés conscientes, parce que ces mouvements ne peuvent pas être constamment identiques et offrent de l'imprévu. — L'escrime ne peut jamais devenir un exercice automatique, malgré la tendance qu'acquièrent certaines parades, certaines ripostes, à devenir des actes habituels et à se faire instinctivement ; les mouvements ne peuvent s'exécuter toujours de la même manière et suivant le même ordre, puisqu'ils sont subordonnés à ceux de l'adversaire. L'équitation devient exercice automatique si elle est pratiquée toujours sur le même cheval auquel le cavalier accommode ses mouvements. Elle exige au contraire la mise en activité du cerveau, et demande un travail de coordination très attentif, dans le cas où elle se pratique à l'aide de chevaux très difficiles différant entre eux par le caractère et les défenses.

On ne peut donc pas regarder l'automatisme comme caractère qui puisse servir à classer un groupe particulier d'exercices. C'est plutôt un mode d'exécution qui peut s'appliquer à la plupart des exercices connus, quand ces exercices se font suivant les conditions que nous avons cherché à déterminer dans ce chapitre.

L'automatisme musculaire est, en somme, une fonction dévolue aux parties subalternes du système nerveux, dans le but d'économiser le travail du cerveau considéré comme force dirigeante de la machine humaine.

Jusqu'à présent on n'a pas assez compris, dans les diverses méthodes de gymnastique, l'importance de cette économie au point de vue de l'hygiène du système nerveux. On n'a pas encore établi les indications si difftérentes des exercices qui font travailler avec exagération les centres nerveux et de ceux qui n'exigent qu'une très faible action du cerveau.

Ces indications sont pourtant très formelles et très nettes, et peuvent en quelques mots se formuler ainsi:

Toutes les fois que la médication par l'exercice a pour but d'exciter vivement les centres nerveux et de faire travailler le cerveau, les exercices difficiles doivent être préférés aux exercices automatiques.

Les exercices faciles, instinctifs, ou ceux qui sont devenus familiers au sujet par un apprentissage antérieur, ceux, en un mot, qui peuvent être exécutés automatiquement sans nécessiter aucun effort soutenu d'attention, conviennent, au contraire, aux sujets dont il faut ménager le cerveau, tout en fatiguant les muscles.

Qu'on ordonne l'escrime, la gymnastique avec appareils et l'équitation de haute école à tous les désœuvrés de l'esprit dont le cerveau languit faute d'action. L'effort de volonté et le travail de coordination que ces exercices nécessitent donneront aux cellules cérébrales engourdies une excitation salutaire. Mais à l'enfant surmené par le travail des livres, à celui dont les centres nerveux se congestionnent sous l'effort intellectuel persistant dû à la préparation d'un concours, à celui-là il faut prescrire les longues marches, l'exercice si facilement appris de l'aviron, et, faute de mieux, les vieux jeux français de « saute-mouton » et des « barres », les poursuites, la course, tout, enfin, plutôt que les exercices savants et la gymnastique acrobatique.

FIN

TABLE DES MATIÈRES

DEUXIÈME PARTIE

LA FATIGUE

TROISIÈME PARTIE

L'ACCOUTUMANCE AU TRAVAIL

LA RÉSISTANCE A LA FATIGUE. — MODIFICATION DES ORGANES PAR LE TRAVAIL. — MODIFI-
CATION DES FONCTIONS PAR LE TRAVAIL. — L'ENTRAÎNEMENT.

QUATRIÈME PARTIE
LES DIFFÉRENTS EXERCICES

CINQUIÈME PARTIE

LES RESULTATS DE L'EXERCICE

SIXIÈME PARTIE

LE ROLE DU CERVEAU DANS L'EXERCICE

1010. — Tours, imp. E. Arrault et Cⁱᵉ.

www.ingramcontent.com/pod-product-compliance
Lightning Source LLC
Chambersburg PA
CBHW061118220326
41599CB00024B/4085